高职交通运输与土建类专业系列教材

Series of Textbooks for Transportation and Railroad Construction Higher Vocational College

国家特色高水平高职学校和专业建设成果教材

高 等 职 业 教 育 新 形 态 一 体 化 教 材

工程测量

Engineering Surveying

第3版
3RD EDITION

冯建亚　王连华　主　编

王洪章　主　审

人民交通出版社股份有限公司

北　京

内 容 提 要

本书为高职交通运输与土建类专业系列教材之一，以高职教育教学改革和人才培养目标为出发点，针对本课程在交通土建类专业中的教学特点和专业需要，精心编写而成。除绪论外，本书共分两个单元：单元一为测量基本技能部分，包括工程测量的基本概念、基础理论及各种测量仪器构造、使用方法、校正方法和注意事项，以及 GPS 的基本理论及应用、测量误差的基本知识；单元二主要讲述地形图的测绘及应用、测设的基本工作等内容，还介绍了交通线路、桥梁及隧道工程的施工测量知识。

本书可作为高职高专测绘、铁道工程、道路与桥梁工程、城市轨道交通工程、建筑工程等土建类相关专业教材使用，也可作为土建工程技术人员的参考用书。

图书在版编目（CIP）数据

工程测量 / 冯建亚，王连华主编. — 3 版. — 北京：
人民交通出版社股份有限公司，2021.9
 ISBN 978-7-114-16070-7

 Ⅰ. ①工… Ⅱ. ①冯… ②王… Ⅲ. ①工程测量—高
等职业教育—教材 Ⅳ. ①TB22

中国版本图书馆 CIP 数据核字（2021）第 015600 号

Gongcheng Celiang

书　　名：	工程测量（第3版）
主　　编：	冯建亚　王连华
责任编辑：	李　娜
责任校对：	赵媛媛
责任印制：	张　凯
出版发行：	人民交通出版社股份有限公司
地　　址：	（100011）北京市朝阳区安定门外外馆斜街 3 号
网　　址：	http://www.ccpcl.com.cn
销售电话：	（010）59757973
总 经 销：	人民交通出版社股份有限公司发行部
经　　销：	各地新华书店
印　　刷：	北京印匠彩色印刷有限公司
开　　本：	787×1092　1/16
印　　张：	19.5
字　　数：	469 千
版　　次：	2008 年 2 月　第 1 版
	2013 年 8 月　第 2 版
	2021 年 9 月　第 3 版
印　　次：	2023 年 6 月　第 3 版　第 2 次印刷　总第 16 次印刷
书　　号：	ISBN 978-7-114-16070-7
定　　价：	48.00 元

（有印刷、装订质量问题的图书，由本公司负责调换）

第 3 版前言 Preface

　　"工程测量"是高等职业教育土建类专业的一门重要专业技能课程,它主要研究工程测量的基本概念、基础理论,测量误差的基本知识,地形图的测绘与应用,各种测量仪器的构造、使用、检校方法,是将交通线路工程、桥梁工程及隧道工程等施工测量方法融为一体的综合性学科。

　　本书在编写中注重理论联系实际,强调解决实际问题,既保证知识的系统性和完整性,又体现内容的先进性、实用性和可操作性,便于实行现代学徒制,开展项目教学、实践教学和案例教学。本书对传统测量内容进行了删减整合,引入了全站仪、RTK、GPS 等先进测量仪器的测量方法,同时增添了沉降观测、无人机摄影测量技术、BIM 在工程中的应用等内容,便于学生自学和指导工程实践。

　　书中多处引用国家测绘部门的测量规范,文中不一一标明,均用《测规》表达。

　　本书由哈尔滨铁道职业技术学院冯建亚副教授和中铁二十三局集团第四工程有限公司王连华高级工程师担任主编;由哈尔滨铁道职业技术学院王洪章教授担任主审。本书具体编写分工如下:绪论、单元一中的项目一、项目二和项目五,单元二中的项目一、项目二的任务一、任务四、任务五和项目三由哈尔滨铁道职业技术学院冯建亚副教授编写;单元二项目二中的任务二、任务三由山东公路技师学院赵小飞编写;单元二中的项目四、项目五、项目六和项目七由中铁二十三局四公司王连华高级工程师编写;单元一中的项目三由哈尔滨铁道职业技术学院杨敏教授编写;单元一中的项目四由哈尔滨铁道职业技术学院李海洋副教授编写。本书编写过程中,中国中铁和中国铁建的同仁提供了大量的工程测量实例并提出了许多宝贵意见,在此表示衷心的感谢。

　　由于编写时间仓促,水平有限,书中难免有不足之处,恳切希望读者批评指正。

编　者

2021 年 5 月于哈尔滨

第 2 版前言　Preface

　　"工程测量"是高等职业教育土建类专业的一门重要专业技能课程,它主要研究工程测量的基本概念、基础理论,测量误差的基本知识,地形图的测绘与应用,各种测量仪器构造、使用、检校方法,是将交通线路工程、桥梁工程、隧道工程及建筑工程的施工测量方法融为一体的综合性学科。

　　"工程测量"课程具有专业性强、实践性强、技术性强的特点,本书在编写中注意从该特点出发,并结合高等职业教育培养高素质技术技能型人才的目标,注重理论联系实际,强调解决实际问题,既保证知识的系统性和完整性,又体现内容的先进性、实用性、可操作性,便于项目教学、实践教学和案例教学。本书还介绍了全站仪及 GPS 等先进测量仪器的基本原理、构造和测量方法,具有适用性和前瞻性,便于学生自学和指导工程实践。

　　书中多处引用原铁道部、交通运输部、住房和城乡建设部等部门测量规范,文中不一一标明,均用《测规》表达。

　　本书由哈尔滨铁道职业技术学院王洪章教授任主编,由哈尔滨铁道职业技术学院张宪丽教授和西安铁路职业技术学院张晓雅教授任副主编。全书由中铁三局天昇测绘公司郭志广总工程师和哈尔滨铁道职业技术学院梁世栋教授担任主审。本书具体编写分工如下:绪论,单元一中的项目一、项目二由哈尔滨铁道职业技术学院冯建亚编写;单元一中的项目三、项目五由哈尔滨铁道职业技术学院杨敏编写;单元一中的项目四由哈尔滨铁道职业技术学院李海洋编写;单元二中的项目一由中铁三局天昇监测绘公司苏杰高级技师编写;单元二中的项目二、项目三由西安铁路职业技术学院张晓雅编写;单元二中的项目四、项目五由哈尔滨铁道职业技术学院张宪丽编写;单元二中的项目六、项目七由哈尔滨铁道职业技术学院王洪章编写。在本书编写工程中,中铁三局的同仁提供了大量的工程测量实例并提出了许多宝贵意见,在此表示衷心的感谢。

　　由于编写时间仓促,水平有限,书中难免有不足之处,恳切希望读者批评指正。

编　者

2013 年 7 月于哈尔滨

教材配套资源说明

本教材配套了丰富的教学资源,通过多种知识呈现形式,为教学组织和教学实施服务,有效激发学生的学习兴趣和积极性。

具体资源类型包括动画、视频等,列表说明如下,读者可扫描书中二维码直接在线观看学习。

序号	资源名称	类别	正文位置
1	水准测量原理	动画	P13
2	水准仪基本操作	视频	P18
3	整平	动画	P18
4	水准测量一般方法	动画	P22
5	水平角测量原理	动画	P53
6	横轴垂直于竖轴检验方法	动画	P75
7	经纬仪基本操作	视频	P80
8	高墩台的高程放样	动画	P218
9	深基坑的高程放样	动画	P220
10	圆曲线主点测设	动画	P223
11	基平测量	动画	P240
12	中平测量	动画	P240
13	半填半挖路基施工放样	动画	P243
14	桥梁变形观测	动画	P267
15	隧道洞内控制测量	动画	P281

教师可加入高职铁道类教育平台 QQ 群:189546008,索取课件及相关资源。

目录 Contents

绪论 ·· 1

    任务一   测量学的任务及作用 ··· 1

    任务二   地面点位的表示方法 ·· 2

    任务三   用水平面代替水准面的范围 ································· 6

    任务四   测量工作概述 ··· 8

    测量技能等级训练 ·· 9

单元一   测量基本工作 ··· 11

项目一   水准测量 ··· 13

    任务一   水准测量原理 ·· 13

    任务二   水准测量的仪器和工具 ·· 14

    任务三   水准测量的方法 ·· 19

    任务四   水准测量的成果计算 ·· 23

    任务五   水准仪的检验与校正 ·· 26

    任务六   水准测量误差及注意事项 ····································· 29

    任务七   电子水准仪 ··· 31

    测量技能等级训练 ·· 37

项目二   距离测量与直线定向 ································· 40

    任务一   钢尺量距 ·· 40

    任务二   直线定向 ·· 42

    测量技能等级训练 ·· 45

项目三   全站仪测量 ·· 48

    任务一   全站仪简介 ··· 48

    任务二   角度测量与距离测量 ·· 53

    任务三   坐标测量 ·· 63

    任务四   坐标放样 ·· 66

    任务五   全站仪的检验与校正 ·· 74

    测量技能等级训练 ·· 87

项目四　GPS 测量技术 ·· 91

　　任务一　GPS 概述 ·· 91

　　任务二　GPS 的组成 ··· 92

　　任务三　GPS 坐标系统 ·· 93

　　任务四　GPS 卫星定位原理 ·· 93

　　任务五　GPS 测量的设计与实施 ······································ 94

　　任务六　南方测绘灵锐 S82C GPS RTK 操作简介 ························ 96

　　任务七　GPS 常规检校方法 ··· 120

　　任务八　其他定位系统 ··· 121

　　测量技能等级训练 ·· 124

项目五　测量误差的基本知识 ··· 127

　　任务一　测量误差概述 ··· 127

　　任务二　评定精度的指标 ··· 130

　　任务三　误差传播定律 ··· 132

　　任务四　等精度直接观测平差 ··· 135

　　测量技能等级训练 ·· 137

单元二　测量职业技能工作 ··· 141

项目一　小区域控制测量 ··· 143

　　任务一　控制测量概述 ··· 143

　　任务二　卫星定位测量 ··· 145

　　任务三　导线测量 ·· 148

　　任务四　三、四等水准测量 ··· 162

　　任务五　一、二等水准测量 ··· 166

　　测量技能等级训练 ·· 171

项目二　地形图及其应用 ··· 173

　　任务一　大比例尺地形图的基本知识 ···································· 173

　　任务二　全站仪野外数据采集 ··· 183

　　任务三　RTK 野外数据采集 ··· 192

　　任务四　无人机摄影测量 ··· 198

　　任务五　地形图的应用 ··· 204

　　测量技能等级训练 ·· 214

项目三　施工测量的基本知识 ··· 216

　　任务一　施工测量概述 ··· 216

任务二　施工测量的基本工作 ·· 217

任务三　施工测量中点位测设的方法 ·· 220

任务四　线路平面组成和平面位置的标志 ·································· 221

任务五　圆曲线主点、要素及计算 ·· 223

任务六　圆曲线加缓和曲线主点、综合要素及计算 ···················· 224

测量技能等级训练 ·· 228

项目四　线路测量 ·· 230

任务一　中线测量 ·· 230

任务二　既有铁路测量 ·· 237

任务三　线路施工放样 ·· 241

任务四　路基施工放样 ·· 243

任务五　路基工程的变形观测 ··· 245

测量技能等级训练 ·· 251

项目五　桥梁测量 ·· 253

任务一　桥梁勘测 ·· 253

任务二　平面控制测量 ·· 255

任务三　高程控制测量 ·· 260

任务四　桥梁施工放样 ·· 262

任务五　桥梁变形观测 ·· 267

测量技能等级训练 ·· 272

项目六　隧道测量 ·· 274

任务一　隧道勘测 ·· 274

任务二　洞外控制测量 ·· 275

任务三　洞内控制测量 ·· 281

任务四　联系测量和贯通测量 ··· 284

任务五　隧道施工放样 ·· 287

任务六　隧道变形观测 ·· 290

测量技能等级训练 ·· 291

项目七　BIM 在铁路工程的应用 ·· 293

任务一　BIM 的功能及特点 ·· 293

任务二　BIM 与 GIS 的结合 ·· 294

任务三　BIM 在铁路工程中的应用 ·· 296

参考文献 ·· 298

绪　　论

◎ 项目概要

本部分介绍了测量学的基本概念、任务及作用,地面点位的表示方法,用水平面代替水准面的范围及测量工作的原则和要求,这些重要概念是学习本书后续各单元必备的基本知识。

任务一　测量学的任务及作用

一　测量学的概念及分类

测量学是测绘科学的重要组成部分,是研究地球形状和大小以及确定地球表面(含空中、地表、地下和海洋)物体的空间位置,并对这些空间位置信息进行处理、储存、管理的科学。

测绘科学是一门既古老又处于不断发展中的学科。按照研究范围和对象及采用技术的不同,可以分为以下多个学科。

大地测量学:研究和测定地球形状、大小和地球重力场,以及建立大地区域控制网的理论、技术和方法的学科。在大地测量学中,必须考虑地球的曲率。由于空间技术的发展,大地测量学正在从常规大地测量学向空间大地测量学和卫星大地测量学方向发展。

普通测量学:不考虑地球曲率的影响,研究在地球表面局部区域内测绘工作的理论、技术和方法的学科。

摄影测量学:研究利用摄影或遥感技术获取被测物体的信息,以确定其形状、大小和空间位置的学科;根据获得图像的方式不同,摄影测量学又可分为航空摄影测量学、航天摄影测量学、地面摄影测量学和水下摄影测量学等。

海洋测量学:研究以海洋和陆地水域为对象所进行的测量和海图编制工作的学科。

工程测量学:研究工程建设在设计、施工和管理各阶段进行测量工作的理论、技术和方法的学科。

地图制图学:利用测量、采集和计算所得的成果资料,研究各种地图的制图理论、原理、工艺技术和应用的学科。研究内容包括地图编制、地图投影学、地图整饰、印刷等。这门学科正在向制图自动化、电子地图制作及地理信息系统方向发展。

本书主要介绍普通测量学及部分工程测量学的基本知识。

测量工作中有两项不同性质的工作:测定和测设。测定是指使用测量仪器,通过测量和计算得到一系列测量数据,或将地球表面的地物和地貌缩绘成地形图,供经济建设、国防建设、规划设计及科学研究使用;测设是指把图纸上规划设计好的建筑物或设计数据标定在地面上,是将图纸上的建筑物或构筑物付诸实施的过程。

二 测量学的任务及工程测量学的作用

在国民经济建设的勘测、设计、施工、竣工及养护维修各阶段都需要测绘工作,在国防建设中也不例外,地形图是战略部署的重要资料之一,也是测绘工作的成果之一。随着科学技术的发展,测绘科学在国民经济建设和国防建设中的作用日益扩大。近年来,测绘技术在地震预测、海底资料勘测、近海油井钻探、地下电缆埋设、灾情监视与调查、宇宙空间技术以及其他科学研究方面中的应用越来越广泛。科学技术的研究、地壳的形变、地震预报以及地极周期性运动的研究等,都要应用测绘资料。此外,海底资源勘测、海上油井钻探等工作,也都需要提供测绘资料。

在各类土木工程建设中,从勘测设计阶段到施工、竣工阶段,都需要进行大量的测绘工作。例如,铁路、公路在建设之前,为了确定一条最经济合理的路线,事先必须对该地带进行测量,由测量的成果绘制带状地形图,在地形图上进行线路设计,然后将设计路线的位置标定在地面上,以便进行施工;在山地开挖隧道时,开挖之前,必须在地形图上确定隧道的位置,并由测量数据来计算隧道的长度和方向;在隧道施工期间,通常从隧道两端开挖,这就需要根据测量的成果指示开挖方向等,使之符合设计要求。

可见,测量工作贯穿于土木工程建设的整个过程。因此,学习和掌握测量学的基本知识和技能是土木工程及相关专业学生进行专业学习的必要前提。

任务二　地面点位的表示方法

一 地球的形状和大小

1. 水准面和水平面

测量工作是在地球的自然表面进行的,而地球的自然表面是不平坦和不规则的,有高达8848.86m 的珠穆朗玛峰,也有深至 11034m 的北太平洋西部马里亚纳群岛以东的马利亚纳海沟,虽然它们高低起伏悬殊,但与地球的半径 6371km 相比较,还是可以忽略不计的。另外,地球表面海洋面积约占 71%,陆地面积仅占 29%。因此,人们设想以一个静止不动的海水面延伸穿越陆地,形成一个闭合的曲面包围整个地球,这个闭合曲面称为水准面。其特点是水准面上任意一点的铅垂线都垂直于该点的曲面。与水准面相切的平面,称为水平面。

2. 大地水准面

事实上,海水受潮汐及风浪的影响,时高时低,所以水准面有无数个,其中,与平均海水面相吻合的水准面称为大地水准面,也可称为绝对水准面,它是测量工作的基准面。由大地水准面所包围的形体,称为大地体,它代表了地球的自然形状和大小。

3. 铅垂线

由于地球的自转,地球上任一点都同时受到离心力和地球引力的作用,这两个力的合力称为重力,重力的方向线称为铅垂线,它是测量工作的基准线。

4. 地球椭球体

一个和整个大地体最为密合的地球椭球称为地球椭球体,总的地球椭球体对于研究地球形状是必要的。但由于地球内部质量分布不均匀,引起铅垂线的方向产生不规则的变化,致使大地水准面成为一个有微小起伏的复杂曲面,如图0-0-1a)、b)所示,人们无法在这样的曲面上直接进行测量数据的处理。为了解决这个问题,人们选用了一个最接近本国本地区的地球椭球,且能用数学式表示的几何形体来代替地球的形状,我们把这样的椭球叫参考椭球,如图0-0-1c)所示。决定地球椭球体形状和大小的参数为椭圆的长半径 a、短半径 b 及扁率 α,其关系式为

$$\alpha = \frac{a - b}{a} \tag{0-0-1}$$

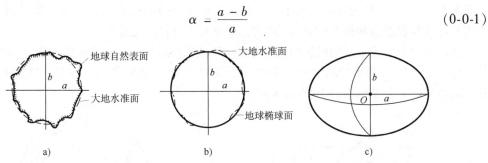

图 0-0-1 大地水准面与地球椭球体

由于地球椭球体的扁率 α 很小,在小范围内进行测量工作时,可以用水平面代替大地水准面。

二 确定地面点位的方法

测量工作的实质是确定地面点的空间位置,通常指投影到平面上的三维平面坐标和该点的高程。

1. 地面点的坐标

根据实际情况,在工程建设中常用的地面点的坐标有以下三种:

(1)地理坐标

用经度 λ 和纬度 ϕ 表示地面点在大地水准面上的投影位置。由于地理坐标是球面坐标,不便于直接进行各种计算,在工程上为了使用方便,常采用平面直角坐标系来表示地面点位。

(2)高斯平面直角坐标

地球椭球面是一个不可展的曲面,必须通过投影的方法将地球椭球面的点位换算到平面上。地图投影方法有多种,我国采用的是高斯投影法。利用高斯投影法建立的平面直角坐标系,称为高斯平面直角坐标系。在广大区域内确定点的平面位置,一般采用高斯平面直角坐标系。

高斯投影法是将地球划分成若干带,然后将每带投影到平面上。如图0-0-2所示,投影带是从首子午线起,每隔经度6°划分一带,称为6°带,将整个地球划分成60个带。带号从首子午线起自西向东编,0°~6°为第1号带,6°~12°为第2号带……位于各带中央的子午线,称为中央子午线,第1号带中央子午线的经度为3°,任

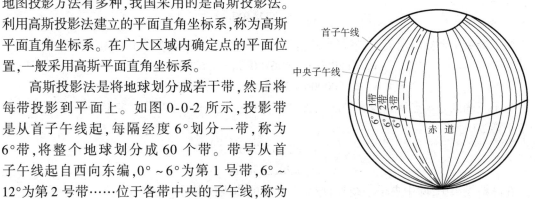

图 0-0-2 高斯平面直角坐标的分带

意号带中央子午线的经度 L_0 可按式（0-0-2）计算。

$$L_0 = 6N - 3 \qquad (0\text{-}0\text{-}2)$$

式中：N——6°带的带号。

为了叙述方便，设想把投影面卷成椭圆柱面套在地球上，如图 0-0-3a）所示，使椭圆柱的轴心通过圆球的中心，并与某 6°带的中央子午线相切。在球面图形与柱面图形保持等角的条件下，将该 6°带上的图形投影到椭圆柱面上。然后，将椭圆柱面沿过南、北极的母线剪开，并展开成平面，这个平面称为高斯投影平面。如图 0-0-3b）所示，投影后在高斯投影平面上中央子午线和赤道的投影是两条互相垂直的直线，其他的经线和纬线是曲线。

我们规定中央子午线的投影为高斯平面直角坐标系的纵轴 x，赤道的投影为高斯平面直角坐标系的横轴 y，两坐标轴的交点为坐标原点 O，并令 x 轴向北为正，y 轴向东为正，由此建立了高斯平面直角坐标系，如图 0-0-4 所示。

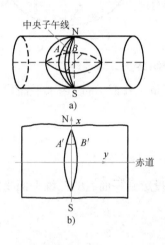

图 0-0-3　高斯投影方法

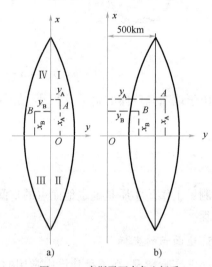

图 0-0-4　高斯平面直角坐标系
a）坐标原点西移前的高斯平面直角坐标；
b）坐标原点西移后的高斯平面直角坐标

在图 0-0-4a）中，地面点 A、B 的平面位置可用高斯平面直角坐标 x、y 来表示。由于我国位于北半球，x 坐标均为正值，y 坐标则有正有负，如图 0-0-4a）所示。

$$y_A = +136780\text{m}$$

$$y_B = -272440\text{m}$$

为了避免 y 坐标出现负值，将每带的坐标原点向西移 500km，如图 0-0-4b）所示，则

$$y_A = (500000 + 136780)\text{m} = 636780\text{m}$$

$$y_B = (500000 - 272440)\text{m} = 227560\text{m}$$

为了正确区分某点所处投影带的位置，规定在横坐标值前冠以投影带带号。如 A、B 两点均位于第 20 号带，则

$$y_A = 20636780\text{m}$$

$$y_B = 20227560\text{m}$$

在高斯投影中，除中央子午线外，球面上其余的曲线投影后都会产生变形。离中央子午线近的部分变形小，离中央子午线越远则变形越大，两侧对称。当要求投影变形更小时，可采用

3°带投影。

　　如图 0-0-5 所示,3°带是从东经 1°30′ 开始,自西向东,每隔经度 3° 划分一带,将整个地球划分成 120 个带。每一带按前面所叙方法,建立各自的高斯平面直角坐标系。各带中央子午线的经度 L_0' 可按式(0-0-3)计算。

$$L_0' = 3n \tag{0-0-3}$$

式中:n——3°带的带号。

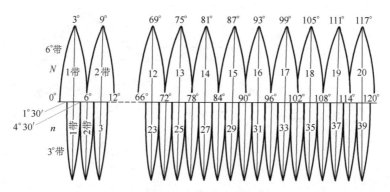

图 0-0-5　高斯平面直角坐标系 6°带投影和 3°带投影的关系

　　(3)独立平面直角坐标

　　当测区范围较小时,可以用测区中心点 A 的水平面来代替大地水准面,如图 0-0-6 所示。在这个平面上建立的测区平面直角坐标系,称为独立平面直角坐标系。在局部区域内确定点的平面位置,可以采用独立平面直角坐标系。

　　在独立平面直角坐标系中,规定南北方向为纵坐标轴,记作 x 轴,x 轴向北为正,向南为负;以东西方向为横坐标轴,记作 y 轴,y 轴向东为正,向西为负;坐标原点 O 一般选在测区的西南角,使测区内各点的 x、y 坐标均为正值;坐标象限按顺时针方向编号,如图 0-0-7 所示,其目的是便于将数学中的公式直接应用到测量计算中,而不需做任何变更。

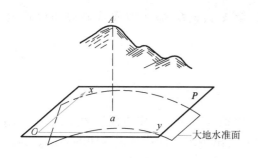

图 0-0-6　地面点位的确定

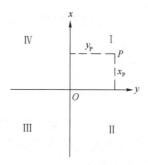

图 0-0-7　坐标象限

　　2.地面点的高程

　　(1)绝对高程

　　地面点到大地水准面的铅垂距离,称为该点的绝对高程,又称海拔,在工程测量中习惯称为高程,用 H 表示。如图 0-0-8 所示,地面点 A、B 的高程分别为 H_A、H_B。

　　我国在青岛设立验潮站,长期观测和记录黄海海水面的高低变化,取其平均值作为绝对高程的基准面。目前,我国采用的"1985 年国家高程基准",是以 1952—1979 年青岛验潮站观测资料确定的黄海平均海水面作为绝对高程基准面。由此推算出高程为 72.260m。

（2）相对高程

个别地区采用绝对高程有困难时,也可以假定一个水准面作为高程起算基准面,这个水准面称为假定水准面。地面点到假定水准面的铅垂距离,称为该点的相对高程或假定高程。在图 0-0-8 中,A、B 两点的相对高程为 H'_A、H'_B。

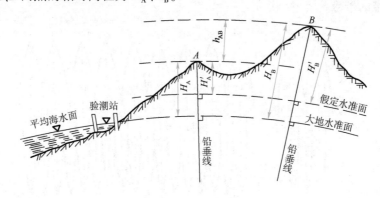

图 0-0-8　高程和高差

（3）高差

地面两点间的高程之差,称为高差,用 h 表示。高差有方向和正负。如图 0-0-8 中,A、B 两点的高差为

$$h_{AB} = H_B - H_A \tag{0-0-4}$$

当 h_{AB} 为正时,B 点高于 A 点;当 h_{AB} 为负时,B 点低于 A 点。

B、A 两点的高差为

$$h_{BA} = H_A - H_B \tag{0-0-5}$$

由此可见,A、B 两点的高差与 B、A 两点的高差绝对值相等,符号相反,即

$$h_{AB} = -h_{BA} \tag{0-0-6}$$

综上所述,我们只要知道地面点的三个参数 x、y、H,那么地面点的空间位置就可以确定了。

任务三　用水平面代替水准面的范围

在前面我们介绍了,当测区范围较小时,可以把水准面看作水平面。为此,要讨论用水平面代替水准面对距离、角度和高差的影响,以便给出用水平面代替水准面的限度。为叙述方便,假定水准面为球面。

一　对距离的影响

如图 0-0-9 所示,地面上 A、B 点在大地水准面上的投影点是 a、b,用过 a 点的水平面代替大地水准面,则 B 点在水平面上的投影为 b'。

设 ab 的弧长为 D,ab' 的长度为 D',球面半径为 R,D 所对应的圆心角为 θ,则以水平长度 D' 代替弧长 D 所产生的误差 ΔD 为

$$\Delta D = D' - D = R\tan\theta - R\theta = R(\tan\theta - \theta) \tag{0-0-7}$$

将 $\tan\theta$ 用级数展开为

$$\tan\theta = \theta + \frac{1}{3}\theta^3 + \frac{5}{12}\theta^5 + \cdots$$

因为 θ 角很小,所以只取前两项代入式(0-0-7)得

$$\Delta D = R\left(\theta + \frac{1}{3}\theta^3 - \theta\right) = \frac{1}{3}R\theta^3 \tag{0-0-8}$$

又因 $\theta = \dfrac{D}{R}$,则

$$\Delta D = \frac{D^3}{3R^2} \tag{0-0-9}$$

$$\frac{\Delta D}{D} = \frac{D^2}{3R^2} \tag{0-0-10}$$

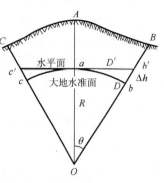

图 0-0-9 水平面代替水准面

取地球半径 $R = 6371\text{km}$,并以不同的距离 D 值代入式(0-0-9)和式(0-0-10),则可求出距离误差 ΔD 和相对误差 $\Delta D/D$,见表 0-0-1。

水平面代替水准面的距离误差和相对误差　　　　　　　　　　表 0-0-1

距离 $D(\text{km})$	距离误差 $\Delta D(\text{mm})$	相对误差 $\Delta D/D$	距离 $D(\text{km})$	距离误差 $\Delta D(\text{mm})$	相对误差 $\Delta D/D$
10	8	1:1220000	50	1026	1:49000
25	128	1:200000	100	8212	1:12000

由表 0-0-1 可知,当距离 D 为 10km 时,用水平面代替水准面所产生的距离相对误差为 1:1220000,这样小的误差,在精密的距离测量中也是允许的。因此,在半径为 10km 的范围内进行距离测量时,可以用水平面代替水准面,而不必考虑地球曲率对距离的影响。

二 对水平角的影响

从球面三角学可知,同一空间多边形在球面上投影的各内角和,比在平面上投影的各内角和大一个球面角超值 ε。

$$\varepsilon = \rho \frac{S}{R^2} \tag{0-0-11}$$

式中:ε——球面角超值,$''$;

　　　S——球面多边形的面积,km^2;

　　　R——地球半径,km;

　　　ρ——1 弧度的秒值,$\rho = 206265''$。

以不同的面积 S 代入式(0-0-11),可求出球面角超值,见表 0-0-2。

水平面代替水准面的水平角误差　　　　　　　　　　表 0-0-2

球面多边形面积 $S(\text{km}^2)$	球面角超值 $\varepsilon('')$	球面多边形面积 $S(\text{km}^2)$	球面角超值 $\varepsilon('')$
10	0.05	100	0.51
50	0.25	300	1.52

由表 0-0-2 可知,当面积 S 为 100km² 时,用水平面代替水准面所产生的角度误差仅为 0.51″,所以在一般的测量工作中,可以忽略不计。

三 对高程的影响

如图 0-0-9 所示,地面点 B 的绝对高程为 H_B,用水平面代替水准面后,B 点的高程为 H'_B,H_B 与 H'_B 的差值即为水平面代替水准面产生的高程误差,用 Δh 表示,则

$$\Delta h = \frac{D'^2}{2R + \Delta h}$$

上式中,可以用 D 代替 D',Δh 相对于 $2R$ 很小,可略去不计,则

$$\Delta h = \frac{D^2}{2R} \tag{0-0-12}$$

以不同的距离 D 值代入式(0-0-12),可求出相应的高程误差 Δh,见表 0-0-3。

水平面代替水准面的高程误差 　　　　　　表 0-0-3

距离 D(km)	0.1	0.2	0.3	0.4	0.5	1	2	5	10
Δh(mm)	0.8	3	7	13	20	78	314	1962	7848

由表 0-0-3 可知,用水平面代替水准面,对高程的影响是很大的,在 0.2km 的距离上,就有 3mm 的高程误差,这是不能允许的。因此,在进行高程测量时,即使距离很短,也应考虑地球曲率对高程的影响。

任务四　测量工作概述

一 测量的基本工作

地球表面的外形是复杂多样的,在测量工作中,将其分为地物和地貌两大类:地面上的物体如河流、道路、房屋等称为地物;地面高低起伏的形态称为地貌。地物和地貌统称为地形。地形图由为数众多的地形特征点所组成。在测区中具有准确可靠平面坐标参数和高程参数的基准点构成一个骨架,起着控制的作用,可以将它们称为控制点,测量控制点的工作称为控制测量。以控制点为基础,测量它周围的地形,这一工作称为碎部测量。

地面点的平面直角坐标和高程一般不是直接测定,而是间接测定的。通常是测出待定点与已知点(已知平面直角坐标和高程的点)之间的几何关系,然后推算出待定点的平面直角坐标和高程。测定地面点平面直角坐标的主要测量工作是测量水平角和水平距离。测定地面点高程的主要工作是测量高差。

综上所述,测量的基本工作是:高差测量、角度测量、水平距离测量。通常,将水平角(方向)、距离和高程称为确定地面点位的三要素。

二 测量工作的基本原则

1.“从整体到局部”“先控制后碎部”的原则

无论是测绘地形图还是建筑物的施工放样,最基本的问题都是测定或测设地面点的位置。

在测量过程中,为了避免误差的积累,保证测量区域内所测点位具有必要的精度,首先要在测区内选择若干对整体具有控制作用的点作为控制点,用较精密的仪器和精确的测量方法测定这些控制点的平面位置和高程,然后根据控制点进行碎部测量和测设工作。这种"从整体到局部""先控制后碎部"的方法是测量工作的一个基本原则,它可以减少误差的积累,并且可同时在几个控制点上进行测量,加快测量工作进度。

2."前一步工作未做检核不进行下一步工作"的原则

当测定控制点的相对位置有错误时,以其为基础所测定的碎部点或测设的放样点也必然有错。为避免错误的结果对后续测量工作的影响,测量工作必须重视检核,因此,"前一步工作未做检核不进行下一步工作"是测量工作的又一个基本原则。

三 测量工作的基本要求

1."质量第一"的观念

为了确保施工质量符合设计要求,需要进行相应的测量工作,测量工作的精度会影响施工质量。因此,施工测量人员应有"质量第一"的观念。

2.严肃认真的工作态度

测量工作是一项科学工作,它具有客观性。在测量工作中,为避免产生差错,应进行相应的检查和检核,杜绝弄虚作假、伪造成果、违反测量规则的错误行为。因此,施工测量人员应有严肃认真的工作态度。

3.保持测量成果的真实、客观和原始性

测量的观测成果是施工的依据,需长期保存。因此,应保持测量成果的真实、客观和原始性。

4.爱护测量仪器与工具

每一项测量工作,都要使用相应的测量仪器,测量仪器的状态直接影响测量观测成果的精度。因此,施工测量人员应爱护测量仪器与工具。

测量技能等级训练

一、填空题

1.测量工作的程序是( )、( )。

2.测定地面点平面直角坐标的主要测量工作是测量( )和( )。

3.测量的基本工作是( )、( )和( )。

4.测绘科学是一门既古老而又在不断发展中的学科。按照研究范围和对象及采用技术的不同,可以分为( )、( )、( )、( )、( )和( )六个学科。

5.普通测量学及部分工程测量学,主要包括( )和( )两个方面的内容。

6.测量学的基本原则包括( )、( )。

7.测量使用的平面直角坐标系是以( )为坐标原点,( )为 x 轴,( )为 y 轴。

8.地面两点间高程之差,称为该两点间的( )。

9.地面点的平面位置可以用( )和( )表示。

10.平面直角坐标有( )、( )。

11.地面点的高程分( )、( )。

12.地面点到大地水准面的铅垂距离称为该点的( )。

13.测量工作的基准面是( )。

二、单选题

1.绝对高程的起算面是( )。

  A.水平面   B.大地水准面   C.假定水准面

2.测定是指使用测量仪器和工具,通过测量和计算,得到一系列测量数据或成果,将地球表面的( )缩绘成地形图。

  A.地物和地貌   B.地物   C.地貌

三、判断题

1.我国的大地坐标原点在山西省泾阳县永乐镇。   ( )

2.高斯投影法是按照3°和9°带划分。   ( )

3.绝对高程的起算面是水平面。   ( )

4.地面两点间的高程之差,称为高差,高差无方向但有大小。   ( )

5.地面点在大地水准面上的位置,称为地面点的平面位置。   ( )

6.地面点到大地水准面的铅垂距离,称为该点的绝对高程,简称高程。 ( )

7.测量中规定,未经校核与调整的成果不能使用。   ( )

8.测定地面点平面直角坐标的主要测量工作是测量水平角和水平距离。 ( )

9.测量工作是一项科学工作,它具有客观性和主观性。   ( )

四、实操题

1.绘图并说明测量学中独立坐标平面直角坐标系与数学中平面直角坐标系的相同点与不同点。

2.试绘图说明大地水准面以及绝对高程。

单元一

测量基本工作

[知识目标]

掌握工程测量基本工作的相关知识。包括工程测量仪器的结构、构造、原理、测量方法、检验校正、误差的分析及改正办法等。

[能力目标]

能熟练运用普通水准仪、电子水准仪进行水准测量;能正确使用全站仪和 GPS 进行测站的全部测量工作,能熟练使用钢尺进行距离测量;能熟练分析测量误差并在测量过程中减免测量误差的影响。

[素质目标]

灵活运用所学的普通水准仪、电子水准仪、全站仪和 GPS 等专业知识,能正确解决实际测量工作中遇到的基本问题;具有团队合作精神,善于同团队工程测量人员进行工作协调,具有"质量第一"的观念、严肃认真的工作态度、高尚的情操、良好的职业道德和高度的社会责任感。

项目一　水准测量

项目概要

水准测量是精确测定地面点高程的一种主要方法。本项目主要介绍水准测量的有关知识：水准测量的原理、方法、成果计算、误差分析，微倾式水准仪、自动安平水准仪和电子水准仪的构造、操作、使用、检验方法以及水准测量的注意事项。

任务一　水准测量原理

动画：水准测量原理

一　原理

水准测量是一种利用水平视线测量两个地面点高差的方法。实现这种方法的仪器称为水准仪。

如图 1-1-1 所示，地面上有 A、B 两点，设已知 A 点的高程为 H_A，现要测定 B 点的高程 H_B。在 A、B 两点上各铅直竖立一根有刻划的尺子——水准尺，并在 A、B 两点之间安置一台能提供水平视线的仪器——水准仪，利用水准仪提供的水平视线，在 A、B 两点水准尺上截取读数 a、b，则 A、B 两点间高差 h_{AB} 为

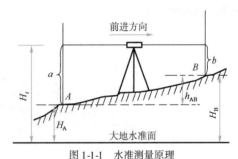

图 1-1-1　水准测量原理

$$h_{AB} = a - b \qquad (1-1-1)$$

设水准测量是由 A 向 B 进行的，则 A 点为后视点，A 点尺上的读数 a 称为后视读数；B 点为前视点，B 点尺上的读数 b 称为前视读数。因此，高差等于后视读数减去前视读数。如果 a 大于 b，则高差 h_{AB} 为正，表示 B 点高于 A 点；如果 a 小于 b，则高差 h_{AB} 为负，表示 B 点低于 A 点。

由以上可见：水准测量的基本原理是利用水准仪建立一条水平视线，借助水准尺来测定两点间的高差，从而由已知点的高程推算出未知点的高程。

二　计算未知点高程

1. 高差法

测得 A、B 两点间高差 h_{AB} 后，如果已知 A 的高程 H_A，则 B 点的高程 H_B 为

$$H_B = H_A + h_{AB} \qquad (1-1-2)$$

这种直接利用高差计算未知点 B 高程的方法,称为高差法。当两点相距较远或高差太大时,可进行分段连续测量,如图 1-1-2 所示。

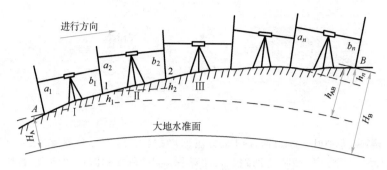

图 1-1-2 连续水准测量原理

2.视线高法(仪高法)

如图 1-1-1 所示,B 点高程也可以通过水准仪的视线高程 H_i 来计算,即

$$\begin{cases} H_i = H_A + a \\ H_B = H_i - b \end{cases} \qquad (1\text{-}1\text{-}3)$$

这种利用仪器视线高程 H_i 计算未知点 B 点高程的方法,称为视线高法(仪高法)。如图 1-1-3 所示,在施工测量中,有时安置一次仪器,需测定多个地面点的高程,这时,采用视线高法就比较方便。

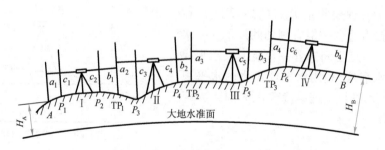

图 1-1-3 仪高法线路水准测量

任务二 水准测量的仪器和工具

水准测量所使用的仪器为水准仪,工具有水准尺和尺垫。国产水准仪按其精度分,有 DS_{05}、DS_1、DS_3 及 DS_{10} 等几种型号。D、S 分别为"大地测量"和"水准仪"的汉语拼音第一个字母,05、1、3 和 10 表示水准仪精度等级。在工程测量中常使用 DS_3 型水准仪,因此,本任务重点介绍 DS_3 水准仪。

一 微倾式水准仪

DS_3 微倾式水准仪,主要由望远镜、水准器及基座三部分组成,其外观和具体组成如图 1-1-4所示。

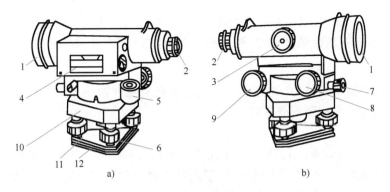

图 1-1-4　DS₃ 微倾式水准仪

1-物镜;2-目镜;3-物镜对光螺旋;4-管水准器;5-圆水准器;6-脚螺旋;7-制动螺旋;8-微动螺旋;9-微倾螺旋;

10-轴座;11-三脚压板;12-底板

1. 望远镜

望远镜是用来精确瞄准远处目标并对水准尺进行读数的仪器。DS₃ 水准仪望远镜的构造如图 1-1-5 所示,它主要由物镜、目镜、对光透镜和十字丝分划板组成。

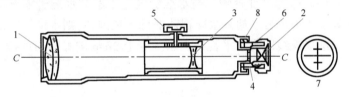

图 1-1-5　望远镜的构造

1-物镜;2-目镜;3-对光透镜;4-十字丝分划板;5-物镜对光螺旋;6-目镜对光螺旋;7-十字丝放大镜;8-分划板座止头螺钉

（1）十字丝分划板

十字丝分划板上刻有两条互相垂直的长线(如图 1-1-5 中的 7),称为十字丝。竖直的长线称为竖丝,中间横的长线称为中丝(也称横丝),用来瞄准目标和读数。在中丝的上、下还有两根对称的短横丝,用来测量距离,称视距丝(亦分别称为上丝和下丝)。

（2）物镜和目镜

物镜和目镜多采用复合透镜组,望远镜成像原理如图 1-1-6 所示。目标 AB 经过物镜成像后形成一个倒立而缩小的实像 ab,移动对光透镜,不同距离的目标均能清晰地成像在十字丝平面上,再通过目镜的作用,便可看清同时放大了的十字丝和目标影像 a'b'。

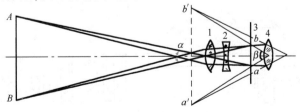

图 1-1-6　望远镜成像原理

1-物镜;2-对光透镜;3-十字丝平面;4-目镜

（3）视准轴

十字丝交点与物镜光心的连线,称为视准轴(如图 1-1-5 中的 CC)。视准轴的延长线即为视线,水准测量就是在视准轴水平时,用十字丝的中丝在水准尺上截取读数。

2. 水准器

水准器是用来整平仪器的一种装置。可用它来指示视准轴是否水平,仪器的竖轴是否竖直。水准器有管水准器和圆水准器两种。

（1）管水准器

管水准器(亦称水准管)用于精确整平仪器,如图 1-1-7 所示。它是用玻璃管制成的,其纵剖面方向的内壁研磨成一定半径的圆弧形,管内装入酒精和乙醚的混合液,加热融封,冷却后留有一个气泡,由于气泡较轻,它恒处于管内最高位置。

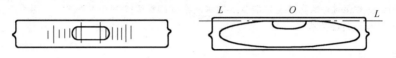

图 1-1-7　管水准器

水准管上一般刻有间隔为 2mm 的分划线,分划线的中点 O 称为水准管零点,通过零点与圆弧相切的纵向切线 LL 称为水准管轴。当水准管气泡中心与水准管零点重合时,称气泡居中,这时水准管轴处于水平位置。如果水准管轴平行于视准轴,则水准管气泡居中时,视准轴也处于水平位置,水准仪视线即为水平视线。水准管上 2mm 圆弧所对的圆心角 τ,称为水准管的分划值,即

$$\tau = \frac{2}{R}\rho \tag{1-1-4}$$

式中：ρ——1 弧度秒值,$\rho = 206265''$；

　　　R——圆弧半径,mm；

　　　τ——水准管分划值,''。

显然,圆弧半径越大,水准管分划值越小,水准管灵敏度越高,用其整平仪器的精度也越高。DS_3 型水准仪的水准管分划值为 $20''$,记作 $20''/2mm$。

目前生产的微倾式水准仪,都在水准管上方装有一组符合棱镜装置,如图 1-1-8a) 所示。通过符合棱镜的反射作用,使气泡两端的半个影像成像在望远镜目镜左侧的水准管气泡观察窗中。当气泡两端的半个影像吻合时,表示气泡居中,如图 1-1-8d) 所示。如果气泡两端的半个影像错开,则表示气泡不居中,如图 1-1-8b) 、c) 所示。这种装有符合棱镜组的水准管,称为符合水准器。

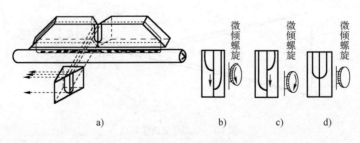

图 1-1-8　符合水准器

（2）圆水准器

圆水准器装在水准仪基座上,用于粗略整平。如图 1-1-9 所示,圆水准器是一个玻璃圆盒,顶面为球面,球面的正中刻有圆圈,其圆心称为圆水准器的零点。过零点的球面法线 $L'L'$,称为圆水准器轴。当圆水准气泡居中时,该轴处于铅垂位置。当气泡中心偏离零点 2mm 时竖轴所倾斜的角值,称为圆水准器的分划值,一般为 $8' \sim 10'$,精度较低。

3. 基座

基座的作用是支承仪器的上部,并通过连接螺旋与三脚架连接。它主要由轴座、脚螺旋、底板和三脚压板组成,如图 1-1-4 所示。转动脚螺旋,可使圆水准器气泡居中。

二 水准尺和尺垫

1. 水准尺

水准尺是进行水准测量时与水准仪配合使用的标尺,由干燥的优质木材、铝合金或硬塑料等材料制成,要求尺长稳定、分划准确且不容易变形。为了判定立尺是否竖直,尺上还装有水准器。常用的水准尺有双面尺和塔尺两种。

（1）双面尺如图 1-1-10a)所示,尺长为 3m,两根尺为一对。尺的双面均有刻划,一面为黑白相间,称为黑面尺(也称主尺);另一面为红白相间,称为红面尺(也称辅尺)。两面的刻划均为 1cm,在分米处注有数字。两根尺的黑面尺尺底为 0,而红面尺尺底一根从 4.687m 开始,另一根从 4.787m 开始,在视线高度不变的情况下,同一根水准尺的红面和黑面读数之差等于常数 4.687m 或 4.787m,这个常数称为尺常数,用 K 来表示,可以检核读数是否正确。

（2）塔尺如图 1-1-10b)所示,是一种逐节缩小的组合尺,其长度为 $2 \sim 5m$,由两节或三节连接在一起,尺的底部为零点,尺面上黑白格相间,每格宽度为 1cm,有的为 0.5cm,在米和分米处有数字注记。

2. 尺垫

尺垫用于转点处,由生铁铸成,如图 1-1-11 所示,一般为三角形板座,其下方有三个脚,可以踏入土中。尺垫上方有一突起的半球体,水准尺立在半球顶面。

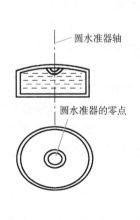
图 1-1-9　圆水准器

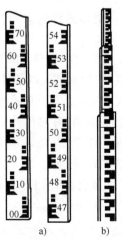
图 1-1-10　水准尺

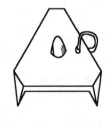
图 1-1-11　尺垫

三 微倾式水准仪的基本操作

微倾式水准仪的基本操作程序为：安置仪器、粗略整平、瞄准水准尺、精确整平和读数。

视频：水准仪基本操作

1. 安置仪器

（1）在测站上松开三脚架架腿的固定螺旋，按需要的高度调整架腿长度，再拧紧固定螺旋，张开三脚架将架腿踩实，并使三脚架架头大致水平。

（2）从仪器箱中取出水准仪，用连接螺旋将水准仪固定在三脚架架头上。

2. 粗略整平

粗略整平简称粗平。通过调节脚螺旋使圆水准器气泡居中，从而使仪器的竖轴大致铅垂，视准轴大致处于水平。具体操作步骤如下：

（1）如图1-1-12所示，用两手按箭头所指的方向相对转动脚螺旋1和2，使气泡沿着1、2连线方向由 a 移至 b。

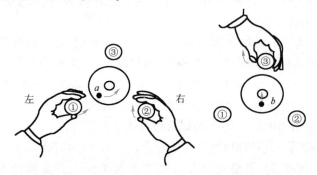

图1-1-12 圆水准器整平

动画：整平

（2）用左手按箭头所指方向转动脚螺旋3，使气泡由 b 移至中心。整平时，气泡移动的方向与左手大拇指旋转脚螺旋时的移动方向一致，与右手大拇指旋转脚螺旋时的移动方向相反。

3. 瞄准水准尺

（1）目镜调焦。松开制动螺旋，将望远镜转向明亮的背景，转动目镜对光螺旋，使十字丝成像清晰。

（2）初步瞄准。通过望远镜筒上方的照门和准星瞄准水准尺，旋紧制动螺旋。

（3）物镜调焦。转动物镜对光螺旋，使水准尺的成像清晰。

（4）精确瞄准。转动微动螺旋，使十字丝的竖丝瞄准水准尺边缘或中央，如图1-1-13所示。

（5）消除视差。眼睛在目镜端上下移动，有时可看见十字丝的中丝与水准尺影像之间相对移动，这种现象叫视差。产生视差的原因是水准尺的尺像与十字丝平面不重合，如图1-1-14a)所示视差的存在将影响读数的正确性，应予消除。消除视差的方法是仔细地转动物镜对光螺旋，直至尺像与十字丝平面重合，如图1-1-14b)所示。

4. 精确整平

精确整平简称精平。眼睛观察水准气泡观察窗内的气泡影像，用手缓慢地转动微倾螺旋，使气泡两端的影像严密吻合，此时视线即为水平视线。微倾螺旋的转动方向与左侧半气泡影像的移动方向一致，如图1-1-8b)所示。

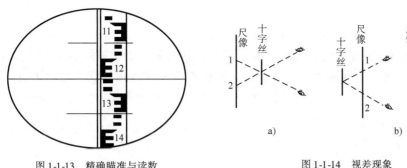

图 1-1-13　精确瞄准与读数

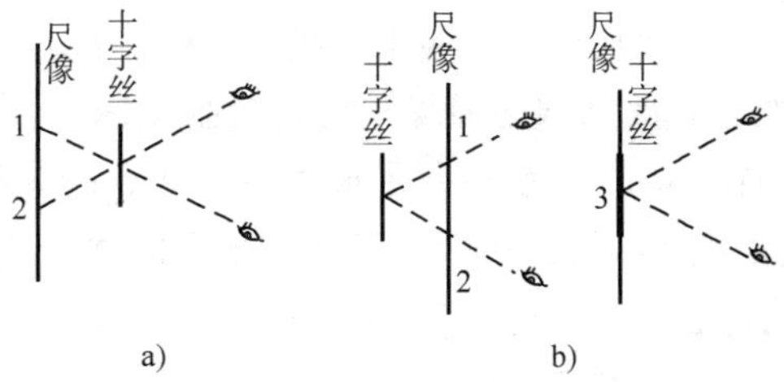

图 1-1-14　视差现象
a)存在视差;b)没有视差

5.读数

水准器气泡居中后,应立即用十字丝中丝在水准尺上读数。读数时,应从小数向大数读取,如果从望远镜中看到的水准尺影像是倒像,在尺上应从上到下读取。直接读取米、分米和厘米,并估读出毫米,共四位数。读数后再检查符合水准器气泡是否居中,若不居中,应再次精平,重新读数。

四　自动安平水准仪

自动安平水准仪与微倾式水准仪的区别在于:自动安平水准仪没有水准管和微倾螺旋,而是在望远镜的光学系统中装置了补偿器。

1.视线自动安平的原理

如图 1-1-15 所示,当圆水准器气泡居中后,视准轴仍存在一个微小倾角。在望远镜的光路上放置一补偿器,使通过物镜光心的水平光线经过补偿器后偏转一个 β 角,仍能通过十字丝交点,这样十字丝交点上读出的水准尺读数,即为视线水平时应该读出的水准尺读数。

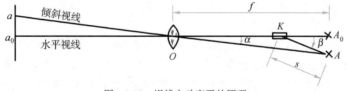

图 1-1-15　视线自动安平的原理

由于无须精平,这样不仅可以缩短水准测量的观测时间,而且对于施工现场地面的微小震动、松软土地的仪器下沉以及大风吹刮等原因引起的视线微小倾斜,能迅速自动安平仪器,从而提高了水准测量的观测精度。

2.自动安平水准仪的使用

使用自动安平水准仪时,首先将圆水准器气泡居中,然后瞄准水准尺,等待 2~4s 后,即可进行读数;有的自动安平水准仪配有补偿器检查按钮,每次读数前按一下该按钮,确认补偿器能正常作用再读数。

任务三　水准测量的方法

一　水准点

用水准测量的方法测定的高程控制点,称为水准点,记为 BM。水准点有永久性水准点和临时性水准点两种。

（1）永久性水准点。国家等级永久性水准点分为四个等级，即一、二、三、四等水准点。永久性水准点一般用钢筋混凝土或石料制成标石，在标石顶部嵌有不锈钢的半球形标志，其埋设形式如图1-1-16a)所示。有些永久性水准点的金属标志也可镶嵌在稳定的墙角上，称为墙上水准点，如图 1-1-16b)所示。建筑工地上的永久性水准点，一般用混凝土制成，顶部嵌入半球形金属作为标志。

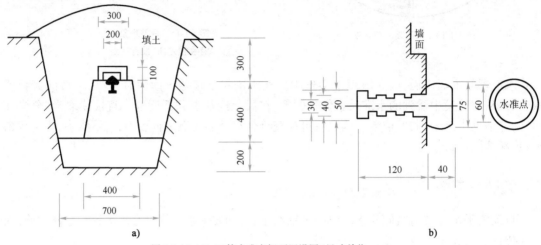

图 1-1-16　二、三等水准点标石埋设图（尺寸单位：mm）

（2）临时性水准点。临时性水准点可用地面上突出的坚硬岩石或用大木桩打入地下，桩顶钉以半球状铁钉作为水准点的标志。水准点埋设后，应绘出水准点点位略图，称为点之记，以便于日后寻找和使用。

二　水准路线及成果检核

在水准点间进行水准测量所经过的路线，称为水准路线。相邻两水准点间的路线称为测段。在水准测量中，为了保证水准测量成果能达到一定的精度要求，必须对水准测量进行成果检核。检核方法是将水准路线布设成某种形式，利用水准路线布设形式的条件，检核所测成果的正确性。在一般的工程测量中，水准路线的布设形式有附合水准路线［图 1-1-17a)］、闭合水准路线［图 1-1-17b)］、支线水准路线［图 1-1-17c)、d)］和水准网［图 1-1-17e)］，但在施工测量中主要有以下三种形式。

1. 附合水准路线

（1）附合水准路线的布设方法。如图 1-1-17a)所示，从已知高程的水准点 BM_A 出发，沿待定高程的水准点进行水准测量，最后附合到另一已知高程的水准点 BM_B 所构成的水准路线，称为附合水准路线。

（2）成果检核。从理论上讲，附合水准路线各测段高差代数和应等于两个已知高程的水准点之间的高差，即

$$\sum h = H_B - H_A$$

由于实测中存在误差，使得实测的各测段高差代数和与其理论值并不相等，两者的差值称为高差闭合差，用 f_h 表示，即

$$f_h = \sum h - (H_{终} - H_{起}) \tag{1-1-5}$$

式中:$H_{终}$——终点高程;

$H_{起}$——起点高程。

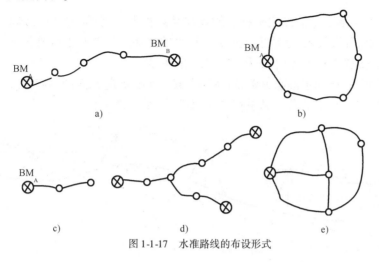

图 1-1-17 水准路线的布设形式

2. 闭合水准路线

(1)闭合水准路线的布设方法。如图 1-1-17b)所示,从已知高程的水准点 BM_A 出发,沿各待定高程的水准点进行水准测量,最后又回到原出发点 BM_A 的环形路线,称为闭合水准路线。

(2)成果检核。从理论上讲,闭合水准路线各测段高差代数和应等于零,即

$$\sum h = 0$$

如果不等于零,则高差闭合差为

$$f_h = \sum h \tag{1-1-6}$$

3. 支线水准路线

(1)支线水准路线的布设方法。如图 1-1-17c)所示,从已知高程的水准点 BM_A 出发,沿待定高程的水准点进行水准测量,这种既不闭合又不附合的水准路线,称为支线水准路线。支线水准路线要进行往返测量。

(2)成果检核。从理论上讲,支线水准路线往测高差与返测高差的代数和应等于零,即

$$\sum h_{往} + \sum h_{返} = 0$$

如果不等于零,则高差闭合差为

$$f_h = \sum h_{往} + \sum h_{返} \tag{1-1-7}$$

在不同等级的各种路线形式的水准测量中,都规定了高差闭合差的限值即高差闭合差的容许值,一般用 $f_{h容}$ 表示。其高差闭合差均不应超过容许值,否则,认为观测结果不符合要求。

在图根水准测量中:

$$\begin{cases} 平地 & f_{h容} = \pm 40 \sqrt{L} \ \text{mm} \\ 山区 & f_{h容} = \pm 12 \sqrt{n} \ \text{mm} \end{cases} \tag{1-1-8}$$

式中:L——水准路线的总长,km;

n——总测站数。

为了保证水准测量成果的正确可靠,除了进行成果检核以外,还有其他的检核方法,即计算检核和测站检核。在每一段测段结束后必须进行计算检核。

三　水准测量的施测方法

当已知高程的水准点距欲测定高程点较远或高差很大时，就需要在两点间加设若干个立尺点，分段设站，连续进行观测。加设的这些立尺点并不需要测定其高程，它们只起传递高程的作用，故称为转点，用 TP 表示。

动画：水准测量
一般方法

如图 1-1-18 所示，已知水准点 BM_A 的高程为 H_A，现欲测定 B 点的高程 H_B，由于 A、B 两点相距较远，需分段设站进行测量，具体施测步骤如下。

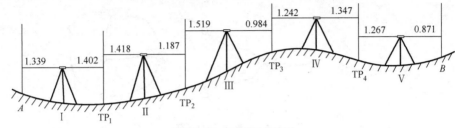

图 1-1-18　水准测量的施测

1. 观测与记录

（1）在 BM_A 点立直水准尺作为后视尺，在路线前进方向适当位置处设转点 TP_1，安放尺垫，在尺垫上立直水准尺作为前视尺。

（2）在 BM_A 点和 TP_1 两点大致中间位置 I 处安置水准仪，使圆水准器气泡居中。

（3）瞄准后视尺，转动微倾螺旋，使水准管气泡严格居中，按中丝读取后视读数 $a_1 = 1.339m$，记入"水准测量手簿"表 1-1-1 第 3 栏内。

（4）瞄准前视尺，转动微倾螺旋，使水准管气泡严格居中，读取前视读数 $b_1 = 1.402m$，记入表 1-1-1 第 4 栏内。计算该站高差 $h_1 = a_1 - b_1 = -0.063m$，记入表 1-1-1 第 5 栏内。

水　准　测　量　手　簿　　　　　　　　　　表 1-1-1

日期_____　　　　仪器_____　　　　观测_____

天气_____　　　　地点_____　　　　记录_____

测站	站点	水准尺读数（m）		高差（m）		高程（m）	备　注
		后视读数	前视读数	+	−		
1	2	3	4	5		6	7
1	BM_A	1.339			0.063	51.903	
	TP_1		1.402				
2	TP_1	1.418		0.231			
	TP_2		1.187				
3	TP_2	1.519		0.535			
	TP_3		0.984				
4	TP_3	1.242			0.105		已知 A 点高程为 51.903m
	TP_4		1.347				
5	TP_4	1.267		0.396			
	BM_B		0.871			52.897	
	Σ	6.785	5.791	0.994			
计算校核		$\sum a - \sum b = +0.994$ $\sum h = +0.994$　$H_B - H_A = 0.994$					

（5）将 BM_A 点水准尺移至转点 TP_2 上，转点 TP_1 上的水准尺不动，水准仪移至 TP_1 和 TP_2 两点大致中间位置Ⅱ处，按上述相同的操作方法进行第二站的观测。如此依次操作，直至终点 B 为止。其观测记录见表 1-1-1。

2. 计算与计算检核

（1）计算每一测站都可测得前、后视两点的高差，即

$$h_1 = a_1 - b_1$$
$$h_2 = a_2 - b_2$$
$$\vdots$$
$$h_5 = a_5 - b_5$$

将上述各式相加，得

$$H_{AB} = \sum h = \sum a - \sum b$$

则 B 点高程为

$$H_B = H_A + h_{AB} = H_A + \sum h$$

（2）计算检核。为了保证记录表中数据的正确，应对记录表中计算的高差和高程进行检核，即后视读数总和减前视读数总和、高差总和、B 点高程与 A 点高程之差，这三个数字应相等，否则，计算有误。例如表 1-1-1 中

$$\sum a - \sum b = 6.785\text{m} - 5.791\text{m} = +0.994\text{m}$$

$$\sum h = +0.994\text{m}$$

$$h_{AB} = H_B - H_A = 52.897\text{m} - 51.903\text{m} = +0.994\text{m}$$

3. 水准测量的测站检核

如上所述，B 点的高程是根据 A 点的已知高程和转点之间的高差计算出来的。如果其中间测错任何一个高差，B 点的高程就不正确。因此，对每一站的高差，为了保证其正确性，必须进行检核，这种检核称为测站检核。测站检核通常采用变动仪器高法或双面尺法。

（1）变动仪器高法。此法是在同一个测站上用两次不同的仪器高度，测得两次高差进行检核。即测得第一次高差后，改变仪器高度（大于 10cm），再测一次高差。两次所测高差之差不超过容许值（例如，等外水准测量容许值为 ±6mm），则认为符合要求。取其平均值作为该测站最后结果，否则须重测。

（2）双面尺法。此法是仪器的高度不变，而分别对双面水准尺的黑面和红面进行观测。这样可以利用前、后视的黑面和红面读数，分别算出两个高差。在理论上这两个高差应相差 100mm（同为一对双面尺的尺常数分别为 4.687m 和 4.787m），如果不符值不超过规定的限差（例如，四等水准测量容许值为 ±5mm），取其平均值作为该测站最后结果，否则须重测。

任务四　水准测量的成果计算

水准测量外业工作结束后，首先要检查外业观测手簿，计算相邻各点间高差。经检查无误后，才能按水准路线布设形式进行成果计算。

一 附合水准路线的计算

图 1-1-19 是一附合水准路线等外水准测量示意图,A、B 为已知高程的水准点,1、2、3 为待定高程的水准点,h_1、h_2、h_3 和 h_4 为各测段观测高差,n_1、n_2、n_3 和 n_4 为各测段测站数,L_1、L_2、L_3 和 L_4 为各测段水准路线长度。现已知 $H_A = 65.376\text{m}$,$H_B = 68.623\text{m}$,各测段站数、长度及高差均注于图 1-1-19 中,计算步骤如下。

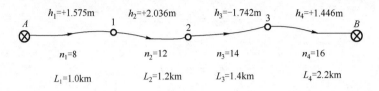

图 1-1-19　附合水准路线示意图

1. 填写观测数据和已知数据

依次将图 1-1-19 中点号、测段水准路线长度、测站数、观测高差及已知水准点 A、B 的高程填入附合水准路线成果计算表(表 1-1-2)中有关各栏内。

附合水准路线成果计算表　　　　　　　　　　　　　　　　　　　　　表 1-1-2

点　　号	距离(m)	测　站　数	实测高差(m)	改正数(mm)	改正数高差(m)	高程(m)	备　　注
1	2	3	4	5	6	7	8
BM_A						65.376	
	1.0	8	+1.575	−12	+1.563		
1						66.939	
	1.2	12	+2.036	−14	+2.022		已知 A 点高程为 65.376m;已知 B 点高程为 68.623m
2						68.961	
	1.4	14	−1.742	−16	−1.758		
3						67.203	
	2.2	16	+1.446	−26	+1.420		
BM_B						68.623	
Σ	5.8	50	+3.315	−68	+3.247		
辅助计算	\multicolumn{7}{}{$f_h = \Sigma h - (H_B - H_A) = 3.315\text{m} - (68.623\text{m} - 65.376\text{m}) = +0.068\text{m} = 68\text{mm}$; $f_{h容} = \pm 40\sqrt{L}\text{mm} = \pm 40\sqrt{5.8}\text{mm} = \pm 96\text{mm},\	f_h	<	f_{h容}	$}

2. 计算高差闭合差

采用式(1-1-5)计算附合水准路线高差闭合差。

$$f_h = \Sigma h - (H_终 - H_起) = 3.315\text{m} - (68.623\text{m} - 65.376\text{m}) = +0.068\text{m} = 68\text{mm}$$

根据附合水准路线的测站数及路线长度求出每公里测站数,以便确定采用平地或山地高差闭合差容许值的计算公式。在本例中

$$\frac{\Sigma n}{\Sigma L} = \frac{50}{5.8} = 8.6 \text{ 站/km} < 16 \text{ 站/km}$$

故高差闭合差容许值采用平地公式计算。由式(1-1-8)知,图根水准测量平地高差闭合差

容许值的计算公式为

$$f_{h容} = \pm 40\sqrt{L}\,mm = \pm 96mm$$

由于 $f_h < f_{h容}$，说明观测成果精度符合要求，可对高差闭合差进行调整。如果 $f_h > f_{h容}$，说明观测成果不符合要求，必须重新测量。

3. 调整高差闭合差

高差闭合差调整的原则和方法，是按与测站数或测段长度成正比例的原则，将高差闭合差反号分配到各相应测段的高差上，得出改正后高差，即

$$v_i = -(f_h / \sum n) \times n_i \quad 或 \quad v_i = -(f_h / \sum L) \times L_i \tag{1-1-9}$$

式中：v_i——第 i 测段的高差改正数，mm；

$\sum n$、$\sum L$——水准路线总测站数与总长度；

n_i、L_i——第 i 测段的测站数与测段长度。

本例中，各测段改正数为

$$v_1 = -(f_h / \sum L) \times L_1 = -(68mm/5.8km) \times 1.0km = -12mm$$

$$v_2 = -(f_h / \sum L) \times L_2 = -(68mm/5.8km) \times 1.2km = -14mm$$

$$v_3 = -(f_h / \sum L) \times L_3 = -(68mm/5.8km) \times 1.4km = -16mm$$

$$v_4 = -(f_h / \sum L) \times L_4 = -(68mm/5.8km) \times 2.2km = -26mm$$

计算检核 $\qquad\qquad\qquad \sum v_i = -f_h$

将各测段高差改正数填入表1-1-2中第5栏内。

4. 计算各测段改正后高差

各测段改正后高差等于各测段观测高差加上相应的改正数，各测段改正数的总和应与高差闭合差的大小相等，符号相反，如果绝对值不等，则说明计算有误。每测段高差加相应的改正数便得到改正后的高差值。

本例中，各测段改正后高差为

$$h_1 = +1.575m + (-0.012m) = 1.563m$$

$$h_2 = +2.036m + (-0.014m) = 2.022m$$

$$h_3 = -1.742m + (-0.016m) = -1.758m$$

$$h_4 = +1.446m + (-0.026m) = +1.420m$$

计算检核 $\qquad\qquad \sum v_i = 68mm，-f_h = -(-68mm) = 68mm$

将各测段改正后高差填入表1-1-2中第6栏内。

5. 计算待定点高程

根据已知水准点 A 的高程和各测段改正后高差，即可依次推算出各待定点的高程，最后推算出的 B 点高程应与已知 B 的点高程相等，以此作为计算检核。将推算出各待定点的高程填入表1-1-2中第7栏内。

二 闭合水准路线成果计算

闭合水准路线成果计算的步骤与附合水准路线相同。

三 支线水准路线的计算

图 1-1-20 支线水准路线

图 1-1-20 为一支线水准路线等外水准测量示意图，A 为已知高程的水准点，其高程 H_A 为 45.276m，1 点为待定高程的水准点，$\sum h_{往} = +2.532m$，$\sum h_{返} = -2.520m$，往、返测的测站数共16 站，则 1 点的高程计算如下。

1. 计算高差闭合

$$f_h = \sum h_{往} + \sum h_{返} = +2.532m + (-2.520m) = +0.012m = +12mm$$

2. 计算高差容许闭合差

$$测站数\ n = 16 \div 2 = 8\ 站$$

$$f_{h容} = \pm 12\sqrt{n} = \pm 12\sqrt{8} = \pm 34mm$$

因 $|f_h| < |f_{h容}|$，故精确度符合要求。

3. 计算改正后高差

取往测和返测的高差绝对值的平均值作为 A 和 1 两点间的高差，其符号和往测高差符号相同，即

$$h = \frac{|h_{往}| + |h_{返}|}{2} = +2.526m$$

4. 计算待定点高程

$$H_1 = 45.276m + 2.526m = 47.802m$$

任务五 水准仪的检验与校正

一 水准仪应满足的几何条件

根据水准测量的原理，水准仪必须能提供一条水平的视线，才能正确地测出两点间的高差。为此，水准仪在结构上应满足如图 1-1-21 所示的条件。

(1) 圆水准器轴应平行于仪器的竖轴（$L'L' // VV$）。

(2) 十字丝的横丝应垂直于仪器的竖轴（横丝 $\perp VV$）。

(3) 水准管轴应平行于视准轴（$LL // CC$）。

水准仪应满足上述各项条件，这些条件在水准仪出厂时经检验都是满足的，但由于仪器在长期使用和运输过程中受到振动等因素的影响，使各轴线之间的关系发生变化，若不及时检验校正，将会影响测量成果的精度。因此，在水准测量之前，应对水准仪进行认真的检验与校正。

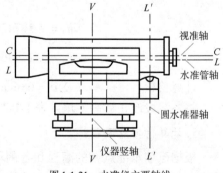

图 1-1-21 水准仪主要轴线

二 微倾式水准仪的检验与校正

1. 圆水准器轴平行于仪器竖轴的检验与校正

(1) 目的。使圆水准器轴平行于仪器竖轴，圆水准器气泡居中时，竖轴位于铅垂位置。

（2）检验方法。旋转脚螺旋使圆水准器气泡居中，然后将仪器绕竖轴旋转180°，如果气泡居中，则表示该几何条件满足；如果气泡偏出分划圈外，则需要校正。

（3）校正方法。当圆水准器气泡居中时，圆水准器轴处于铅垂位置。校正前应先稍松中间的固定螺钉，用脚螺旋使气泡向中央方向移动偏离量的一半，然后拨圆水准器的三个校正螺钉使气泡居中。如图1-1-22所示，由于一次拨动不易使圆水准器校正得很完善，所以需重复上述的检验和校正，使仪器上部旋转到任何位置气泡都能居中为止。最后应注意旋紧固定螺钉。

2. 十字丝中丝垂直于仪器的竖轴的检验与校正

（1）目的。使十字丝的横丝垂直于竖轴，这样，当仪器粗略整平后，横丝基本水平，用横丝上任意位置所得读数均相同。

（2）检验方法。安置水准仪，使圆水准器的气泡居中后，先用十字丝交点瞄准某一明显的点状目标P，如图1-1-23所示，然后旋紧制动螺旋，转动微动螺旋，如果目标点P不离开中丝[图1-1-23a)]，则表示中丝垂直于仪器的竖轴，不需要校正；否则，条件不满足，需校正。

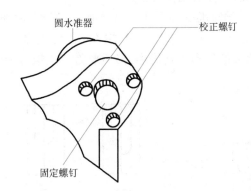

图1-1-22　圆水准器的校正

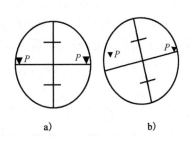

图1-1-23　十字丝的检验

（3）校正方法。松开十字丝分划板座的固定螺钉，转动十字丝分划板座，使中丝一端对准目标点，再将固定螺钉拧紧。此项校正也需反复进行，如图1-1-24所示。

3. 水准管轴平行于视准轴的检验与校正

（1）目的。使水准管轴和视准轴在垂直面上的投影相平行，当水准管气泡符合时，视准轴就处于水平位置。

（2）检验方法。如图1-1-25所示，在较平坦的地面上选择相距约80m的A、B两点，打下木桩或放置尺垫。用皮尺丈量，定出AB的中间点Ⅰ。

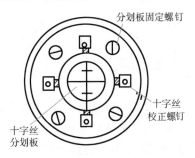

图1-1-24　十字丝的校正

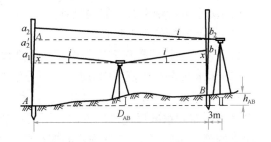

图1-1-25　水准管轴平行于视准轴的检验

①在Ⅰ点处安置水准仪，用变动仪器高法，连续两次测出A、B两点的高差，若两次测定的误差x（由于前后视距相等，视准轴与水准管轴不平行所产生的前、后视读数误差）相等，则高

差 h_{AB} 不受视准轴误差的影响。

②在离 B 点大约 3m 的 Ⅱ 点处安置水准仪，精平后读得 B 点尺上的读数为 b_2，因水准仪离 B 点很近，两轴不平行引起的读数误差 x 可忽略不计。根据 b_2 和高差 h_{AB} 得出 A 点尺上视线水平时的读数应为 $a_2' = b_2 + h_{AB}$。

然后，瞄准 A 点水准尺，读出中丝的读数 a_2，如果 a_2' 与 a_2 相等，表示两轴平行，否则存在角度 i，其值为

$$i = \left[(a_2' - a_2)/D_{AB} \right] \times \rho \tag{1-1-10}$$

式中：D_{AB}——A、B 两点间的水平距离，m；

　　　　i——视准轴与水准管轴的夹角，″；

　　　　ρ——1 弧度的秒值，$\rho = 206265″$。

对于 DS$_3$ 型水准仪来说，i 值不得大于 $20″$，如果超限，则需要校正。

（3）校正方法。转动微倾螺旋，使十字丝的中丝对准 A 点尺上应读读数 a_2'，此时，视准轴处于水平位置，而水准管气泡不居中。用校正针先拨松水准管一端左、右校正螺钉，如图 1-1-26 所示，再拨动上、下两个校正螺钉，使偏离的气泡重新居中，最后要将校正螺钉旋紧。此项校正工作需反复进行，直至达到要求为止。

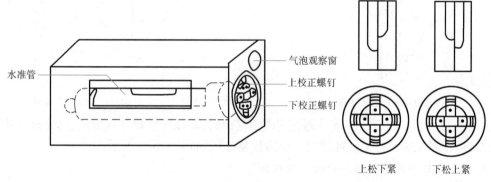

图 1-1-26　水准管的校正

三　自动安平水准仪的检验和校正

自动安平水准仪应满足的条件如下：

（1）圆水准器轴平行仪器的竖轴。

（2）十字丝横丝垂直竖轴。

以上两项的检验校正方法与微倾式水准仪的检校方法完全相同。

（3）水准仪在补偿范围内，应能起到补偿作用。

在离水准仪约 50m 处竖立水准尺，仪器安置如图 1-1-27 所示，即使其中两个脚螺旋的连线垂直于仪器到水准尺连线的方向。用圆水准器整平仪器，读取水准尺上的读数。旋转视线方向上的第三个脚螺旋，让气泡中心偏离圆水准器零点少许，使竖轴向前稍倾斜，读取水准尺上的读数。然后再次旋转这个脚螺旋，使气泡中心向相反方向偏离零点并读数。重新整平仪器，用位于垂直于视线方向的两个脚螺旋，先后使仪器向左右两侧倾斜，分别在气泡中心稍偏离零点后读数。如果仪器竖轴向前后左右倾斜时所得读数与仪器整平时所得读数之差不超过

2mm;则可认为补偿器工作正常,否则应检查原因或送工厂修理。检验时圆水准器气泡偏离的大小,应根据补偿器的工作范围及圆水准器的分划值来决定。例如,补偿工作范围为 ±5′,圆水准器的分划值为 8′/2mm,则气泡偏离零点不应超过 $5/8 \times 2 = 1.2$mm。补偿器工作范围和圆水准器的分划值在仪器说明书中均可查得。

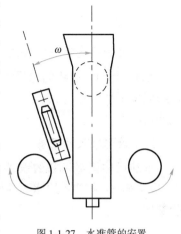

图 1-1-27　水准管的安置

(4)视准轴经过补偿后应与水平线一致。

若视准轴经补偿后不能与水平线一致,则也构成 i 角,产生读数误差。这种误差的检验方法与微倾式水准仪 i 角的检验方法相同,但校正时应校正十字丝。拨十字丝的校正螺钉(图 1-1-23),使图 1-1-25 中 A 点的读数从 a_2 改变到 a_2',使之得出水平视线的读数。对于 DS_3 水准仪也应使 i 角不大于 20″。

四　水准仪作业前的检视

(1)外观:各部件是否清洁;是否有划痕、污点、脱胶、镀膜脱落等现象。

(2)转动部件:转动部件、各转动轴和调整制动螺旋等转动是否灵活、平稳;各部件有无松动、失调、明显晃动;螺纹是否完整和磨损程度等。

(3)光学性能:望远镜视场成像是否明亮、清晰、均匀、调焦性能是否正常等。若距离 100～150m 的标尺分划成像模糊,则此望远镜不能使用。

(4)补偿性能:自动安平水准仪的补偿器是否正常,有无黏摆现象。

(5)设备件数:仪器部件、附件和备用零件是否齐全。

(6)数字水准仪屏幕及各按键的电子功能是否正常;蓄电池与充电设备是否正常;记录卡与输出设备是否正常。

任务六　水准测量误差及注意事项

水准测量误差包括仪器误差、观测误差和外界条件的影响误差三方面。在水准测量作业中,应根据产生误差的原因,采取相应措施,尽量减弱或消除误差的影响。

一　仪器误差

1. 水准管轴与视准轴不平行误差

水准管轴与视准轴不平行,虽然经过校正,仍然可存在少量的残余误差。这种误差的影响与距离成正比,只要观测时注意使前、后视距相等,便可消除此项误差对测量结果的影响。

2. 水准尺误差

由于水准尺刻划不准确、尺长变化、弯曲等原因,会影响水准测量的精度。因此,水准尺要经过检核才能使用。

二 观测误差

1.水准管气泡的居中误差

水准测量时,视线的水平是根据水准管气泡居中来实现的。由于气泡居中存在误差,致使视线偏离水平位置,从而带来读数误差。为减小此误差的影响,每次读数时,都要使水准管气泡严格居中。

2.估读水准尺的误差

水准尺估读毫米数的误差大小与望远镜的放大倍率以及视线长度有关。在测量工作中,应遵循不同等级的水准测量对望远镜放大倍率和最大视线长度的规定,以保证估读精度。

3.视差的影响误差

当存在视差时,由于十字丝平面与水准尺影像不重合,若眼睛的位置不同,便读出不同的读数,而产生读数误差。因此,观测时要仔细调焦,严格消除视差。

4.水准尺倾斜的影响误差

水准尺倾斜,将使尺上读数增大,从而带来误差。如水准尺倾斜 $3°30'$,在水准尺上1m处读数时,将产生2mm的误差。为了减少这种误差的影响,水准尺必须扶直。

三 外界条件的影响误差

1.水准仪下沉误差

水准仪下沉会使视线降低,而引起高差误差。如采用"后、前、前、后"的观测顺序可减弱其影响,如图1-1-28a)所示。

2.尺垫下沉误差

如果在转点发生尺垫下沉,将使下一站的后视读数增加,也将引起高差的误差。采用往返观测的方法,取成果的中数,可减弱其影响,如图1-1-28b)所示。

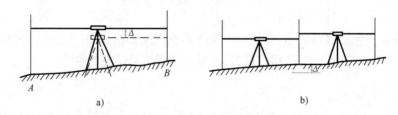

图1-1-28　水准仪及水准尺下沉的误差

为了防止水准仪和尺垫下沉,测站和转点应选在土质坚实处,并踩实三脚架和尺垫,使其稳定。

3.地球曲率及大气折光的影响

(1)地球曲率的影响。理论上,水准测量应根据水准面来求出两点的高差(图1-1-29),但视准轴是一直线,因此,读数中含有由地球曲率引起的误差。

(2)大气折光的影响。事实上,水平视线经过密度不同的空气层折射,一般情况下形成一向下弯曲的曲线,它与理论水平线所得读数之差,就是大气折光引起的误差。试验得出,在一般大气情况下,大气折光误差是地球曲率误差的1/7,地球曲率和大气折光的影响是同时存在的,当前、后视距相等时,两者对读数总的影响值(误差)可在计算高差时自行消除。但是离近地面的大气折光变化十分复杂,在同一测站的前视和后视距离上就可能不同,所以即使保持前、后视距相等,大气折光误差也不能完全消除。限制视线的长度可大大减小这种误差,此外使视线离地面尽可能高些,也可减弱大气折光变化的影响。精密水准测量时还应选择良好的观测时间,一般认为在日出后或日落前2h为好。

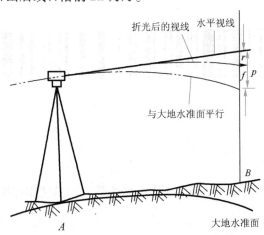

图 1-1-29　地球曲率及大气折光的影响

4. 温度的影响误差

温度的变化不仅会引起大气折光的变化,而且当烈日照射水准管时,由于水准管本身和管内液体温度的升高,气泡向着温度高的方向移动,从而影响了水准管轴的水平,产生了气泡居中误差。所以,测量中应随时注意为仪器打伞遮阳。

任务七　电子水准仪

随着科学技术的不断进步及电子技术的迅猛发展,水准仪正从光学时代跨入电子时代,电子水准仪的主要优点是:

(1)操作简捷。自动观测和记录,并立即用数字显示测量结果。

(2)整个观测过程在几秒钟内即可完成,从而大大减少了观测错误和误差。

(3)仪器还附有数据处理器及与之配套的软件,从而可将观测结果输入计算机后进行处理,实现测量工作自动化和流水线作业,大大提高功效。

因此,可以预言,电子水准仪将成为水准仪研制和发展的方向,随着价格的降低必将日益普及开来,成为光学水准仪的换代产品。

一　电子水准仪的观测精度

电子水准仪的观测精度高,如南方测绘公司开发的DL201型电子水准仪,每千米往返测量标准差为2.0mm;测量时间一般条件下小于3s。

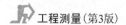
 电子水准仪测量原理简述

与电子水准仪配套使用的水准尺为条形编码尺,通常由玻璃纤维或铟钢制成,如图 1-1-30 所示。在电子水准仪中装置有行阵传感器,它可识别水准标尺上的条形编码。电子水准仪摄入条形编码后,经处理器转变为相应的数字。再通过信号转换和数据化,在显示屏上直接显示中丝读数和视距。

图 1-1-30　条形编码尺

 电子水准仪的使用

以南方测绘公司开发的 DL201 型电子水准仪为例说明其使用方法。

1.部件名称

电子水准仪构造如图 1-1-31 所示。

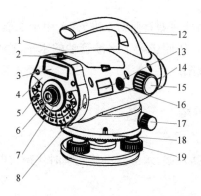 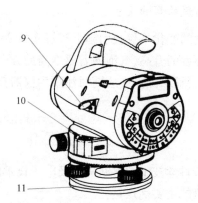

图 1-1-31　电子水准仪构造

1-电池;2-粗瞄器;3-液晶显示屏;4-面板;5-按键;6-目镜(用于调节十字丝的清晰度);7-目镜护罩(旋下此目镜护罩可以进行分划板的机械调整以调整光学视准线误差);8-数据输出插口(用于连接电子手簿或计算机);9-圆水准器反射镜;10-圆水准器;11-基座;12-提柄;13-型号标贴;14-物镜;15-调焦手轮;用于标尺调焦;16-电源开关/测量键(用于仪器开关机和测量);17-水平微动手轮(用于仪器水平方向的调整);18-水平度盘(用于将仪器照准方向的水平方向值设置为零或所需值);19-脚螺旋

2.操作方法

以线路测量模式[水准测量 1:后前前后(BFFB)]为例,其操作方法见表 1-1-3。

操 作 过 程	操 作	显 示
1.［ENT］键	［ENT］	主菜单　　　　　　　　　1/2 标准测量模式 ▶线路测量模式 检校模式
2.按［ENT］键	［ENT］	线路测量模式 ▶开始线路测量 继续线路测量 结束线路测量
3.输入作业名并按［ENT］	输入作业名 ［ENT］	线路测量模式 作业? =＞J01
4.按［▲］或［▼］选择线路测量模式并按［ENT］	［ENT］	线路测量模式 ▶后前前后（BFFB） 后后前前（BBFF） 后前/后中前（BF/BIF）
5.按［▲］或［▼］选择手动输入水准基准点高程或者调用已存入的基准点高程并按［ENT］	［ENT］	线路测量模式 ▶输入后视点 调用已存点
6.输入水准点点号并按［ENT］	［ENT］或［ESC］	线路测量模式 BM #? =＞B01
7.输入注记并按［ENT］； 如果不需输入直接按［ENT］	［ENT］	线路测量模式 注记:# 1? =＞1 线路测量模式 注记:# 2? =＞1 线路测量模式 注记:# 3? =＞1
8.输入后视点高程并按［ENT］	［ENT］	线路模式 输入后视高程? =100m

操 作 过 程	操 作	显 示
9. 紧接着"开始线路测量",屏幕出现"Bkl(后视)"提示。若前一步为开始线路测量,则显示水准点号		线路　　　　BFFB Bk1 BM # : B01 按[MEAS]开始测量
10. 瞄准后视点上的标尺[后视1]	瞄准 Bk1[MEAS]	线路　　　　BFFB Bk1 BM # : B01 　>>>>>>>>
11. 按[MEAS]键; 　[例]　测量次数为3,则当测量完成后,显示均值 M 秒	连续测量按[ESC]	线路　　　　BFFB B1 标尺:0.8259m B1 视距:3.914m 　　N:3 >>>>>>>
12. 显示屏提示变为"Fr1"并自动地增加或减少前视点号。此时按[ESC]可修改前视点号。瞄准前视点上的标尺[前视1]	瞄准 Fr1[MEAS]	线路　　　　BFFB　1/2 B1 标尺:0.8259m B1 视距:3.914m N3　　　　　σ:0.00mm
13. 按[MEAS]键; 测量完毕,显示平均值 M 秒		线路　　　　BFFB Fr1 点号:P01 按[MEAS]开始测量
14. 再次瞄准前视点上的标尺并按[MEAS]键[前视2]	瞄准 Fr2[MEAS]	线路　　BFFB　1/2 F1 标尺:0.8260m F1 视距:3.914m N3　　　　　σ:0.02mm
15. 测量完毕,显示平均值 M 秒		线路　　　　BFFB Fr2 点号:P01 按[MEAS]开始测量

操 作 过 程	操 作	显 示
16.再次瞄准后视点上的标尺调焦并按[MEAS]键[后视2]	瞄准 Bk2[MEAS]	线路　BFFB　1/2 F2 标尺:0.8260m F2 视距:3.913m N3　　　σ:0.02mm
17.若需更多的后视点和前视点需采集,则继续进行第2步操作		线路　BFFB Bk2 BM #:B01 按[MEAS]开始测量 线路　BFFB　1/2 B2 标尺:0.8261m B2 视距:3.915m N3　　　σ:0.02mm

测量完毕,按[▲]或[▼]键可翻页显示下列数据。

当后视1(Bk1)测量完毕,按[▲]或[▼]显示表1-1-4中屏幕。

后视1 测量完毕屏幕结果　　　　　　　　表1-1-4

显 示	含 义
线路　　BFFB　1/2 B1 标尺均值:0.8259m B1 视距均值:3.914m N:3　　　σ:0.00mm	到后视点的距离 N 次测量:平均值 连续测量:最后一次测量值 N:总的测量次数 σ:标准偏差
线路　　BFFB　2/2 BM #:B01	后视点号

当前视1(Fr1)测量完毕后,按[▲]或[▼]显示表1-1-5中屏幕。

前视 1 测量完毕屏幕结果 表 1-1-5

显　　示	含　　义
线路　　　　BFFB　　　1/2 F1 标尺均值：0.8259m F1 视距均值：3.914m N：3　　　　σ：0.02mm	到前视点的距离 N 次测量：平均值 连续测量：最后一次测量值 N：总的测量次数 σ：标准偏差
线路　　　　BFFB　　　2/2 高差 1：－0.0001m FrGH1：99.9999m 点号：P01	后视 1 至前视 1 的高差 前视点地面高程

当前视 2（Fr2）测量完毕，按［▲］或［▼］显示表 1-1-6 中屏幕。

前视 2 测量完毕屏幕结果 表 1-1-6

显　　示	含　　义
线路　　　　BFFB　　　1/2 F2 标尺均值：0.8260m F2 视距均值：3.913m N：3　　　　σ：0.02mm	到前视点的距离 N 次测量：平均值 连续测量：最后一次测量值 N：总的测量次数
线路　　　　BFFB　　　2/2 点号：P01	σ：标准偏差 前视点号

当后视 2（Br2）测量完毕，按［▲］或［▼］显示表 1-1-7 中屏幕。

后视 2 测量完毕屏幕结果 表 1-1-7

显　　示	含　　义
线路　　　　BFFB　　　1/3 B1 标尺均值：0.8260m B1 视距均值：3.915m N：3　　　　σ：0.02mm	到后视点的距离 N 次测量：平均值 连续测量：最后一次测量值 σ：标准偏差
线路　　　　BFFB　　　2/3 E.V 值：0.0mm d：　　　0.001m E：　　　7.828m	E.V：高差之差 ＝（后 1 － 前 1）－（后 2 － 前 2） d ＝ 后视距离总和 － 前视距离总和 E ＝ 后视距离总和 ＋ 前视距离总和
线路　　　　BFFB　　　3/3 高差 2：0.0000m FrGH1：100.0000m BM#：B01	后视 2 至前视 2 之高差 前视点地面高程 后视点号

测量技能等级训练

一、填空题

1. 用水准测量方法测定的高程控制点,称为( ),常用( )表示。

2. 水准测量误差包括( )、( )及( )的影响。

3. 转动物镜( )可使对光透镜前后移动,从而使目标影像清晰。

4. 水准仪的主要轴线有( )、( )、( )、( )。

5. 闭合水准路线各测段高差代数和,理论上应等于( )。

6. 水准器是用来整平仪器的一种装置。可用它来指示视准轴是否水平,仪器的竖轴是否竖直。水准器有( )和( )两种。

7. 在水准点间进行水准测量所经过的路线,称为( )。

8. 在一般的工程测量中,水准路线的布设形式有( )、( )、( )和( )。

9. 对每一站的高差,为了保证其正确性,必须进行检核,这种检核称为测站检核。测站检核通常采用( )或( )。

10. 水准点设置完毕后,即可按选定的( )进行水准测量。

11. 水准仪精确整平之后,应立即用十字丝的中丝中的( )在水准尺上读数。

12. 永久性水准点可用金属标志埋设于基础稳固的建筑物的墙上,称为( )。

13. 水准测量记录时数字若有错误,不得( ),也不能( ),而应在错误数字上划一斜杠,将( )记于旁边。

14. 变动仪器高法是在( )上用两次不同的仪器高度,测得两次高差进行检核。

15. 水准仪上的望远镜主要是由( )、对光透镜、( )和目镜等组成。

二、单选题

1. 水准测量所使用的仪器和标尺检定的周期为( )。
   A. 一年   B. 半年   C. 四个月

2. 在水准测量中转点的作用是传递( )。
   A. 方向   B. 高程   C. 距离

3. 水准测量时,为了消除 i 角误差对一测站高差值的影响,可将水准仪置在( )处。
   A. 靠近前尺   B. 两尺中间   C. 靠近后尺

4. 高差闭合差的分配原则为( )成正比例进行分配。
   A. 与测站数   B. 与高差的大小 C. 与距离或测站数

5. 水准测量中,同一测站,当尺读数大于前尺读数时说明尺点( )。
   A. 高于前尺点   B. 低于前尺点   C. 与距离或测站数

6. 水准测量中要求前后视距相等,其目的是消除( )的误差影响。
   A. 水准管轴不平行于视准轴

B. 圆水准轴不平行仪器竖轴

C. 十字丝横丝不水平

7. 视准轴是指(　　)的连线。

A. 物镜光心与目镜光心

B. 目镜光心与十字丝中心

C. 物镜光心与十字丝中心

8. 从观察窗中看到符合水准器泡影像错动间距较大时,需(　　)使符合水准器泡影像符合。

A. 转动微倾螺旋　　　　　B. 转动微动螺旋　　　　　C. 转动三个脚螺旋

9. 转动目镜对光螺旋的目的是(　　)。

A. 看清十字丝　　　　　B. 看清远处目标　　　　　C. 消除视差

10. 从已知水准点 BM_A 开始,沿各待测高程点 1、2、3 进行水准测量,最后附合到另一已知水准点 BM_B 上,这种水准路线称为(　　)。

A. 附合水准路线　　　　B. 闭合水准路线　　　　C. 支水准路线

11. 从已知水准点 BM_A 开始,沿待测高程点 1、2 进行水准测量,即不附合到其他已知点上,也不自行闭合,这种水准路线称为(　　)。

A. 附合水准路线　　　　B. 闭合水准路线　　　　C. 支水准路线

12. 对于每一测站,为了保证观测数据的正确性,必须进行测站检核,测站检核的方法有(　　)。

A. 仪器高法　　　　　B. 双面尺法　　　　　C. 仪器高法和双面尺法

三、判断题

1. 转动水准仪目镜对光螺旋不能使目标影像清晰。　　　　　　　　　　　　(　　)

2. 基座的作用是支承仪器的上部,它不是通过连接螺旋将仪器与三脚架相连。　(　　)

3. 对于成正像的望远镜,读数时应从上往下读取。　　　　　　　　　　　　(　　)

4. 双面尺仅用于普通水准测量,塔尺多用于三、四等水准测量。　　　　　　(　　)

5. 当自动安平水准仪圆水准器气泡居中后,借助自动补偿器,视准轴可在数秒内自动成水平状态,从而读出视线水平时的读数。　　　　　　　　　　　　　　　　　　(　　)

6. 转动水准仪的目镜对光螺旋,可以使水准尺的影像清晰。　　　　　　　　(　　)

7. 水准仪圆水准气泡移动方向与大拇指运动方向一致的过程是水准仪粗略整的过程。

(　　)

8. 水准仪在粗略整平过程中,圆水准器气泡的移动方向和左手大拇指运动方向一致。

(　　)

四、计算题

1. 为了测得图根控制点 A、B 的高程,由四等水准点 BM_1(高程为 29.826m)以附合水准路线测量至另一个四等水准点 BM_5(高程为 30.586m),观测数据及部分成果如图 1-1-32 所示。试列表(按表 1-1-1 格式)进行记录,并计算下列问题:

(1)将第一段观测数据填入记录手簿,求出该段高差 h_1;

(2)根据观测成果算出 A、B 点的高程。

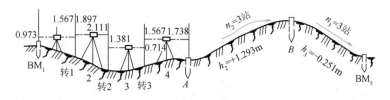

图 1-1-32　附合水准路线测量示意图

2. 如图 1-1-33 所示为一闭合水准路线等外水准测量示意图,水准点 BM_2 的高程为 45.515m,1、2、3、4 点为特定高程点,各测段高差及测站数均标注在图中,试计算各待定点的高程。

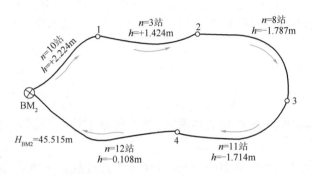

图 1-1-33　闭合水准路线示意图

五、实操题

1. 后视点的高程为 55.318m,读得其水准尺的读数为 2.212m,在前视点 B 尺上读数为 2.522m,问高差 h_{AB} 是多少?B 点比 A 点高,还是比 A 点低?B 点高程是多少?试绘图说明。结合本例说明水准仪是根据什么原理来测定两点之间的高差的。

2. 已知 A、B 两水准点的高程分别为:$H_A = 44.286m$,$H_B = 44.175m$。水准仪安置在 A 点附近,测得 A 尺上读数 $a = 1.966m$,B 尺上读数 $b = 1.845m$。问这架仪器的水准管轴是否平行于视准轴?若不平行,当水准管的气泡居中时,视准轴是向上倾斜,还是向下倾斜?如何校正?

3. 精密水准仪的认识与使用。

(1)小组由 3~5 人组成。

(2)设备为每组电子水准仪 1 台,条码标尺 2 根,记录板 1 块,记录表格,铅笔,测伞 1 把,尺垫 2 个。

(3)场地安排不同高度的 2 个点,分别立 2 根条码标尺(编号为 A、B),全班共用,便于检核实操结果。

(4)每人按步骤独自完成仪器安置,整平、准、对光、读数等技术操作。

(5)练习观测 A、B 条码标尺,读数记录在实操报告中。

(6)实操结束时,每人上交一份实操报告。

项目二 距离测量与直线定向

项目概要

距离测量是确定地面点相对位置的三项基本外业工作之一，本项目主要介绍了两个问题：距离测量和直线定向。距离测量介绍了钢尺量距的方法；直线定向介绍了与直线定向有关的概念以及方位角的传递。

任务一 钢尺量距

距离测量是要确定空间两点在某基准面（参考椭球面或水平面）上的投影长度，即水平距离。

测量上用的钢尺名义长度有 20m、30m 和 50m 等几种规格。通常，钢尺量距分为直线定线和距离丈量两个步骤。

一 直线定线

当距离较长时，一般要分段丈量。为了不使距离丈量偏离直线方向，通常要在直线方向上设立若干标记点（例如，插上花秆或测钎），这项工作称为直线定线。直线定线一般可采用下面两种方法。

图 1-2-1 目估法定线

（1）目估法。如图 1-2-1 所示，欲测 A、B 两点之间的距离，在 A、B 两点上各设一根花秆，观测者位于 A 点之后 1～2m 处单眼目估 AB 视线，指挥中间持花秆者左右移动花秆至直线上，同法定位其他各点。此法多用于普通精度的钢尺量距。

（2）全站仪法。在一点上架设全站仪；用全站仪照准另一点，将照准部水平方向制动。然后，用全站仪指挥在视线上定点。此法多用于精密钢尺量距。

二 距离丈量

1. 一般量距方法

当量距精度要求为 1/3000～1/2000 时，用一般量距方法。

（1）平坦地区的距离丈量

如图 1-2-2 所示，后尺手站在 A 点，手持钢尺的零端，前尺手拿着尺盒，沿丈量方向前进，走到一整尺段处，按定线时标出的直线方向，将钢尺拉紧、拉平，后尺手将钢尺的零点对准 A 点后，喊"好"。这时前尺手把测钎对准尺末端整尺段处的刻划垂直插入地面上，就量得 A～1

的水平距离。

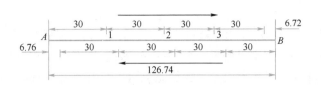

图 1-2-2　平坦地区距离丈量(尺寸单位:m)

同法依次丈量其他各尺段,最后不足一整尺段时,由前尺手用尺上某刻划线对准 B 点,后尺手在尺的零端附近读数至毫米,即得余长 q。由于后尺手手中的测钎数等于量过的整尺段数 n,所以 AB 的水平距离总长 D 为

$$D = nl + q$$

式中:l——整尺段长度。

（2）山区的距离丈量

①平量法

如图 1-2-3 所示,当山区的地面坡度不大时,可将钢尺抬平丈量。丈量 AB 两点的距离时,甲测量员立于 A 点,指挥乙测量员将尺拉在 AB 方向线上,甲将尺的零点对准 A 点,乙将尺抬高,并由记录者目估使尺拉水平,然后用垂球将尺的末端投于地面上,再插以测钎,若地面倾斜度较大,将整尺段拉平有困难时,可将一尺段分为几段来平量。为了减少垂球投点误差,可借助垂球架上的垂球线,作为各段丈量的端点,这样可以提高平量法的精度。

②斜量法

如图 1-2-4 所示,当地面倾斜的坡度均匀时,也可沿斜坡量出 AB 的斜距 L,然后计算 AB 的水平距离 D。为了计算水平距离 D,可测出 AB 两点的高差 h 或测出倾斜角 α,则水平距离 D 为

$$D = \sqrt{L^2 - h^2}$$

或

$$D = L\cos\alpha$$

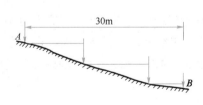

图 1-2-3　山区平量法

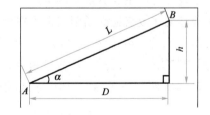

图 1-2-4　斜量法

（3）精度要求

为保证精度,提高观测结果的可靠性,通常采用往返丈量的方法,例如由 A 测至 B 为往测 $D_{往}$,由 B 测至 A 为返测 $D_{返}$,往返测均值为 $D_{均}$,其相对误差 K 为

$$K = \frac{|D_{往} - D_{返}|}{D_{均}} \tag{1-2-1}$$

一般要求 K 在 1/3000～1/1000 之间,若 K 不超过限差要求,则取往返测均值作为最后结

果,相对误差作为成果的精度;若相对误差超过限差要求,则应重新观测。

2. 精密量距方法

当量距要求达到 1/30000 ~ 1/10000 的精度时,需采用精密量距方法。首先用经纬仪法进行直线定线,沿丈量方向先用钢尺概量,打下一系列木桩,用经纬仪在桩顶标出直线方向线及其垂直方向线,交点作为丈量各尺段距离的标志。用水准仪测出相邻两桩顶之间的高差,以便进行倾斜改正。量距时,每一测段均需在尺的两端用弹簧秤施加标准拉力,并记录丈量时的温度。

任务二　直　线　定　向

地面两点的相对位置,不仅与两点之间的距离有关,还与两点连成的直线方向有关。确定直线的方向称直线定向,即确定直线和某一参照方向(称标准方向)的关系。

一　标准方向的种类

标准方向应有明确的定义并在一定区域的每一点上能够唯一确定。在测量中经常采用的标准方向有三种,即真子午线方向、磁子午线方向和坐标纵轴方向。

1. 真子午线方向

过地球某点及地球的北极和南极的半个大圆为该点的真子午线,通过该点真子午线的切线方向称为该点的真子午线方向,它指出地面上某点的真北和真南方向。真子午线方向是用天文测量方法或用陀螺经纬仪来测定的。

由于地球上各点的真子午线都收敛于两极,所以地面上不同经度的两点,其真子午线方向是不平行的。过一点的真北方向与坐标北方向之间的夹角称为子午线收敛角。

2. 磁子午线方向

自由悬浮的磁针静止时,其轴线所指的方向是磁子午线方向,磁北极所指方向又称磁北方向。磁子午线方向可用罗盘仪来测定。

由于地球南北极与地磁场南北极不重合,故真子午线方向与磁子午线方向也不重合,它们之间的夹角为 δ,称为磁偏角,如图 1-2-5 所示。磁子午线北端在真子午线以东为东偏,其符号为正;在真子午线以西为西偏,其符号为负。磁偏角 δ 的符号和大小因地而异,在我国,磁偏角 δ 的变化在 +6°(西北地区)到 – 10°(东北地区)之间。

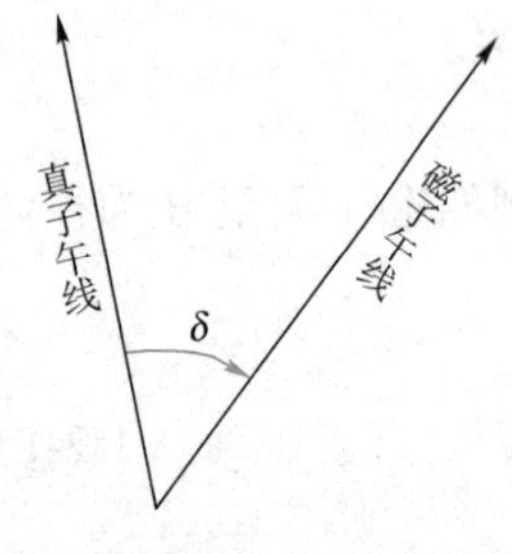

3. 坐标纵轴方向

由于地面上任何两点的真子午线方向和磁子午线方向都不平行,这会给直线方向的计算带来不便。采用坐标纵轴作为标准方向,在同一坐标系中,任何点的坐标纵轴方向都是平行的,这给使用上带来极大方便。因此,在平面直角坐标系中,一般采用坐标纵轴作为标准方向,称坐标纵轴方向;坐标纵轴正向所指的方向称坐标北方向。

前已述及,我国采用高斯平面直角坐标系,在每个 6°带或 3°带内都以该带的中央子午线作为坐标纵轴。如采用假定坐标系,则用假定

图 1-2-5　磁偏角

的坐标纵轴(x轴),如图 1-2-6 所示,以过 O 点的真子午线作为坐标纵轴,任意点 A 或 B 的真子午线方向与坐标纵轴方向间的夹角就是任意点与 O 点间的子午线收敛角 γ,当坐标纵轴方向的北端偏向真子午线方向以东时,γ 定为正值,偏向西时 γ 定为负值。

方位角、象限角

1. 方位角

(1)定义

从标准方向的北端量起,沿着顺时针方向量到直线的水平角称为该直线的方位角,如图 1-2-7 所示,方位角的取值范围是 $0° \sim 360°$。

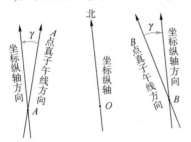

图 1-2-6　坐标纵轴

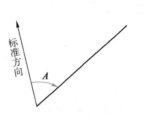

图 1-2-7　方位角定义

当标准方向取为真子午线时,方位角称真方位角,用 $A_{真}$ 表示。当标准方向为磁子午线时,方位角称磁方位角,用 $A_{磁}$ 表示。真方位角和磁方位角的关系为

$$A_{真} = A_{磁} + \delta$$

在平面直角坐标系中,当标准方向取为坐标纵轴时,称坐标方位角,用 α 表示,如图 1-2-8 所示。真方位角和坐标方位角的关系为

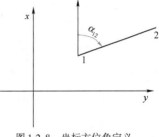

图 1-2-8　坐标方位角定义

$$A_{真} = \alpha + \gamma$$

(2)正反方位角

若规定直线一端量得的方位角为正方位角,则直线另一端量得的方位角为反方位角,正反方位角是不相等的。

对于真方位角,其正反方位角的关系为

$$A_{12} = A_{21} + \gamma \pm 180° \qquad (1\text{-}2\text{-}2)$$

式中:γ——直线两端点的子午线收敛角。

对于坐标方位角,由于在同一坐标系内坐标纵轴方向都是平行的,如图 1-2-9 所示,正反坐标方位角的关系为

$$\alpha_{12} = \alpha_{21} \pm 180°$$

(3)坐标方位角的传递

在测量工作中,一般不是直接测定每条边的方位角,而是通过与已知方向的联测,推算出各边的坐标方位角。如图 1-2-10 所示,A、B 为已知坐标的点,则 AB 边的坐标方位角 α_{AB} 可以

通过 A、B 的坐标计算求得,通过联测 AB 边与 $A1$ 边的连接角 β,并测出其余各点处的左角或右角(指以编号顺序为前进方向各点处位于左边或右边的角度,图中为右角)β_A、β_1、β_2、β_3,即可利用 α_{AB} 和已测出的角度计算出 $A1$、23、$3A$ 边的坐标方位角。

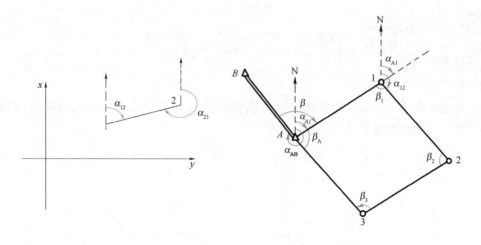

图 1-2-9　正反坐标方位角　　　　　　图 1-2-10　坐标方位角的推算

由图可见,

$$\alpha_{A1} = \alpha_{AB} + \beta$$

所以

$$\alpha_{12} = \alpha_{A1} + 180° - \beta_1(右)$$
$$\alpha_{23} = \alpha_{12} + 180° - \beta_2(右)$$
$$\alpha_{3A} = \alpha_{23} + 180° - \beta_3(右)$$
$$\alpha_{A1} = \alpha_{3A} + 180° - \beta_A(右)$$

将算得的 α_{A1} 值与已知值进行比较,可用来检核计算中有无错误。

如果用左角推算坐标方位角,则计算公式变为

$$\alpha_{12} = \alpha_{A1} + 180° - \beta_1(右)$$
$$\alpha_{12} = \alpha_{A1} - 180° + \beta_1(左)$$

由上述可推算坐标方位角的一般公式为

$$\begin{cases} \alpha_{前} = \alpha_{后} + 180° - \beta(右) \\ \alpha_{前} = \alpha_{后} - 180° + \beta(左) \end{cases} \tag{1-2-3}$$

推算坐标方位角时,当计算结果出现负值时,则加上 $360°$;当计算结果大于 $360°$ 时,则减去 $360°$。

2. 象限角

直线与标准方向所夹的锐角称象限角,象限角由标准方向的指北端或指南端开始向东或向西计量,其取值范围为 $0° \sim 90°$,以角值前加上直线所指的象限名称来表示,例如,北东 $41°$,如图 1-2-11 所示,象限角与坐标方位角的互换关系见表 1-2-1。

象限角与坐标方位角关系			表 1-2-1	
象限	象限角与坐标方位角的关系	象限	象限角与坐标方位角的关系	
象限 I	北东 $R = \alpha$	象限 III	西南 $R = \alpha - 180°$	
象限 II	南东 $R = 180° - \alpha$	象限 IV	北西 $R = 360° - \alpha$	

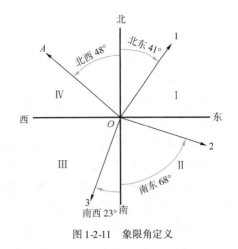

图 1-2-11　象限角定义

测量技能等级训练

一、填空题

1. 直线定线一般采用( )和( )两种。

2. 北东、第 I 象限,由坐标方位角推算象限角的公式是( );由象限角推算坐标方位角的公式是( )。

3. 正、反方位角的关系为( )。

4. 方位角的范围为( )。

5. 水平距离是指地面上两点( )投影到水平面上的直线距离。

6. 在测量工作中通常采用的标准方向有( )、( )、( )。

7. 真子午线方向过地面某点指向地球( )的方向。

8. 在距离测量中地面两点间的距离一般都大于一个整尺段,需要在( )标定若干个分段点,使分段点在( ),以便分段丈量,这项工作叫直线定线。

9. 低精度时,应采用( )定线。

10. 钢尺检定的目的是求得钢尺的( )。

11. 钢尺一般量距的精度只能达到( )。

12. 由基本方向的北端起,顺时针方向量到直线的水平角称为该直线的( )。

13. 坐标方位角的取值范围是( )。

14. 确定直线方向的工作称为( )。

15. 在距离测量中,一般丈量读数要求读至( )。

16. 坐标北方位角,是以( )为起始方向的方位角。

17. 象限角的取值范围是( )。

18. 真方位角是以( )为起始方向的方位角。

二、单选题

1.( )方位角的角值范围是 0°～360°。

  A. 磁方位角   B. 坐标方位角   C. 真方位角

2. 测量中常以通过测区坐标原点的纵轴为标准,过测区某点与坐标纵轴平行的方向线,就是该点的( )。

  A. 真子午线方向   B. 坐标纵轴方向   C. 磁子午线方向

3. 过地面某点指向地球南北两极的方向,称为该点的( )。

  A. 磁子午线方向   B. 坐标纵轴方向   C. 真子午线方向

4. 直线的象限角角值范围为( )。

  A. 0°～90°   B. 0°～180°   C. 90°～180°

5. 方位角从直线起点的标准方向北端起,( )方向量到直线的角度叫该直线的方位角。

  A. 顺时针   B. 逆时针   C. 标准

6. 在距离丈量中衡量精度的方法是( )。

  A. 往返误差   B. 相对误差   C. 绝对误差

7. 规定量距的精度为 1/2000,则测量 100m 的标准误差不得超过( )。

  A. 5m   B. 10m   C. 15m

8. 量得两点的倾斜距离为 S,倾斜角为 α,则该两点间的水平距离为( )。

  A. $S \cdot \sin\alpha$ B. $S \cdot \cos\alpha$ C. $S \cdot \tan\alpha$

9. 依据两个已知点的平面坐标值,可计算得此两点间的( )。

  A. 倾斜距离   B. 垂直距离   C. 水平距离

10. 下列( )不是直接量距用的仪器。

  A. 经纬仪   B. 钢尺   C. 光电测距仪

11. 直线定向中,采用象限角时,若以坐标纵轴方向为基本方向,正反象限角的关系是( )。

  A. 角值不变,象限相同   B. 角值不变,象限相反   C. 角值改变,象限相反

12. 某直线的坐标方位角为 121°23′36″,则其反坐标方位角为( )。

  A. 238°36′24″   B. 301°23′36″   C. 58°36′24″

13. 已知直线 AB 的坐标方位角 $\alpha_{AB} = 150°$,则直线 AB 的象限角 $R_{AB} = ($)。

  A. SE30°   B. NW30°   C. NE30°

14. 方位角 300° 改为象限角为( )。

  A. NE30°   B. NW120°   C. NW60°

15. 用钢尺丈量两条直线,第一条长 1500m,第二条长 300m,中误差均为 ±20mm,( )的精度高。

  A. 第一条精度高   B. 第二条精度高   C. 两条直线的精度相同

三、判断题

1. 过地面某点指向地球南北两极的方向,称为该点的磁子午线方向。   ( )

2. 以真子午线方向作为标准方向的方位角称为坐标方位角。　　　　　　　（　　）

3. 水平测量的目的是测定地面两点之间的水平距离。　　　　　　　　　（　　）

4. 精密丈量是指要求精度高,读数至毫米的量距。　　　　　　　　　　（　　）

5. 用钢尺量得距离的方法称为直接量距。　　　　　　　　　　　　　　（　　）

6. 量距时,为使钢尺能准确位于所测线,一般由前尺手指挥后尺手的测线方向。（　　）

7. 某一钢尺的长度较标准尺稍短,则用该尺量距所产生的误差为系统误差。（　　）

8. 如果钢尺长度比标准尺长度小时,则所量距离比实际距离长。　　　　（　　）

9. 斜坡上量距直接由高处往坡下量,每次拉尺时应特别注意钢尺的水平。（　　）

10. 量距须往返测量各一次或多次,如测量结果相近,则结果取其平均值。（　　）

四、计算题

1. 已知 A 点的磁偏角为 $-5°15'$,过 A 点的真子午线与中央子午线的收敛角 $\gamma = +2'$,直线 AC 的坐标方位角 $\alpha_{AC} = 110°16'$,求 AC 的真方位角与磁方位角,并绘图说明之。

2. 在图 1-2-12 中,已知 $\alpha_{12} = 65°$,β_2 及 β_3 的角值均标注于图上,试求 23 边的正坐标方位角及 34 边的反坐标方位角。结合本例说明什么是水平距离?为什么测量距离的结果都要换算为水平距离?坐标方位角的定义是什么?用它来确定直线的方向有什么优点?

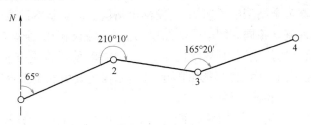

图 1-2-12　坐标方位角示意图

3. 用花杆目估定线时,在距离为 30m 处花杆中心偏高直线方向为 0.30m,由此产生的量距误差为多大?若用 30m 钢尺量距时,钢尺两端高差为 0.30m,则此产生多大的量距误差?

五、实操题

两点间过山头目估定线(不通视),如图 1-2-13 所示,要求在地面上互相不通视的 A、B 间定出两点 C、D 于一直线,两点间距离大于一尺段。测量工具:标杆规格 4m,4 根;测钎规格 30cm,5 根。

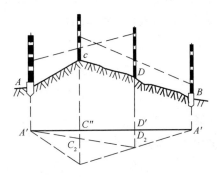

图 1-2-13　直径定线示意图

项目三　全站仪测量

项目概要

随着全站仪的推广普及，其在工程测量中发挥着越来越重要的作用，普遍受到人们的重视。本项目主要介绍全站仪的基本结构及利用全站仪进行角度测量、距离测量、坐标测量和工程放样的方法。

任务一　全站仪简介

当今科学技术的发展和计算机的广泛应用，使集测距装置、测角装置和微处理器为一体的新型测量仪器应运而生。这种能自动测量和计算、并通过电子手簿或直接实现自动记录、存储和输出的测量仪器，称为全站型电子速测仪，简称全站仪。对于基本性能相同的各种类型的全站仪，其外部可视部件基本相同。同电子经纬仪、光学经纬仪相比，全站仪增加了许多特殊部件，因此，使全站仪具有比其他测角、测距仪器更多的功能，使用也更方便、更智能。这些特殊部件构成了全站仪在结构方面独树一帜的特点。全站仪主要由五个系统组成：控制系统、测角系统、测距系统、记录系统和通信系统。

全站仪的发展经历了从组合式（由测距头、光学经纬仪及电子计算部分拼装组成）到整体式（即在一个机器外壳内含有电子测距、测角、补偿、记录、计算、存储等部分）的过渡。

全站仪作为最常用的测量仪器之一，它的发展改变着测量作业方式，极大地提高了生产效率。其应用范围已不仅局限于测绘工程、建筑工程、交通与水利工程、地籍与房地产测量等领域，而且在大型工业生产设备和构件的安装调试、船体设计施工、大桥水坝的变形观测、地质灾害监测及体育竞技等领域中都得到了广泛的应用。

光电测距技术的问世，开始了以全站仪光电测量技术风行土木工程领域的时代。世界各地相继出现全站仪研制、生产热潮，主要研制生产厂家有拓普康（Topcon）、宾得（PENTAX）、索佳、尼康等。20 世纪 90 年代末，我国研制生产全站仪的厂家有北京测绘仪器厂、广州南方测绘仪器公司、苏州第一光学仪器厂、常州大地测量仪器厂等。

现介绍几款全站仪。

一　南方 NTS 全站仪（以 NTS-300 为例）

1. NTS 全站仪显示屏操作键

NTS 全站仪显示屏操作键如图 1-3-1 所示。

2. NTS 全站仪部件名称

NTS 全站仪部件名称如图 1-3-2、图 1-3-3 所示。

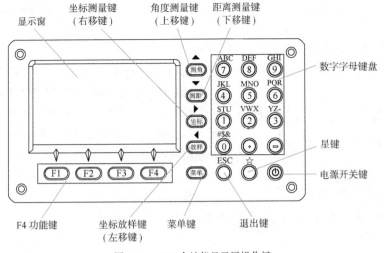

图 1-3-1　NTS 全站仪显示屏操作键

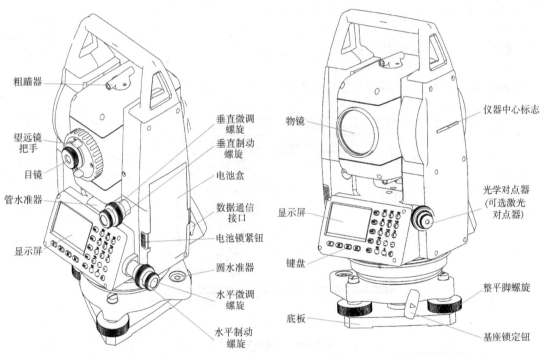

图 1-3-2　NTS 全站仪部件名称(一)　　　　图 1-3-3　NTS 全站仪部件名称(二)

3. NTS 全站仪安置仪器操作方法

将仪器安置在三脚架上,精确整平和对中,以保证测量成果的精度,应使用专用的中心连接螺旋的三脚架。

(1)安置三脚架:将仪器安置在三脚架上。

(2)对中器对中。

可以选择利用光学对中器对中,方法同经纬仪光学对中器(参见本章后小常识)。但对于现在激光对中型全站仪,也可以直接利用激光对中器对中,方法如下:

以南方 NTS-300 系列全站仪为例,开机按"＊"键,按 F4 (对点)键,按 F1 打开激光对点器。松开中心连接螺旋、轻移仪器,将激光对点器的光斑对准测站点,然后拧紧连接螺旋。在轻移仪器时,不要让仪器在架头上有转动,以尽可能减少气泡的偏移。按 Esc 键退出,激光对点器自动关闭。

（3）利用圆水准器粗平仪器。

调节三脚架,使圆水准气泡居中,方法同经纬仪的使用方法(参见本项目后小常识)。

脚螺旋C

脚螺旋B

脚螺旋A

图1-3-4　精平仪器

（4）利用长水准器精平仪器(图1-3-4)。

①松开水平制动螺旋、转动仪器使管水准器平行于某一对脚螺旋 A、B 的连线。再旋转脚螺旋 A、B,使管水准器气泡居中。

②将仪器竖轴旋转 90°,再旋转另一个脚螺旋 C,使管水准器气泡居中。

③再次旋转 90°,重复①、②,直至四个位置上气泡居中为止。

（5）精平仪器。

移动基座,精确对中(只能前后、左右移动,不能旋转)。

（6）重复（4）、（5）两步骤,直到完全对中、整平。

二 Topcon 拓普康全站仪

Topcon 拓普康全站仪显示屏操作键如图 1-3-5 和表 1-3-1 所示。

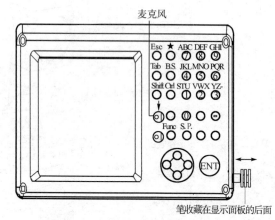

图1-3-5　Topcon 拓普康全站仪显示屏操作键

显示屏操作键名称和功能　　　　　　　　　　　　　　　　表1-3-1

按键	名称	功　能	按键	名称	功　能
0~9	数字键	输入数字	Ctrl	Ctrl 键	同计算机 Ctrl 键功能
A~Z	字母键	输入字母	Alt	Alt 键	同计算机 Alt 键功能
Esc	退出键	退回到前一个显示屏或前一个模式	Func	功能键	执行由软件定义的具体功能
★	星键	用于若干仪器常用功能的操作	α	字母切换键	切换到字母输入模式
ENT	回车键	数据输入结束并认可时按此键	⬡	光标键	上下左右移动光标
Tab	Tab 键	光标右移,或下移一个字段	POWER	电源键	控制电源的天/关 (位于仪器支架侧面上)
Shift	Shift	同计算机 Shift 键功能	S. P.	空格键	输入空格
B. S.	后退键	输入数字或字母时,光标向左删除一位	●	输入面板键	显示软输入面板

（1）Topcon 拓普康全站仪构造部件如图 1-3-6 所示。
（2）安置仪器的操作方法同上，但这款全站仪可以自动激光对点。

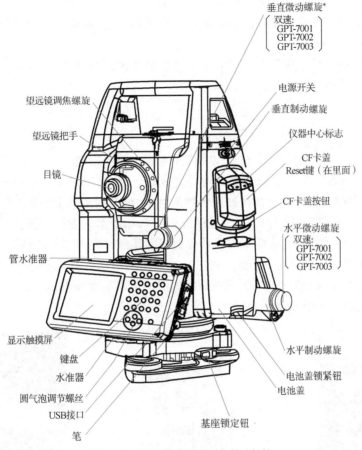

图 1-3-6　Topcon 拓普康全站仪构造部件

注：* 对于不同的市场，垂直微动和制动螺旋的位置可能不同。

三 天宝 SPS930 全站仪

　　天宝 SPS930 全站仪（图 1-3-7）是一台全能全站仪，可以满足现场定位、坡度控制的所有需求；仪器可以实现随动、自动锁定、机器人、无反射器和 ATS 坡度控制五种操作模式，能够在作业现场轻松应对任何测量、监视、无反射器测量或坡度控制任务，堪称五位一体全能。动态定位更新速率业内领先，高达 20Hz；DR300＋长距离无反射器测量，无须冒险带着目标在测量表面上行走，就能毫无延迟地进行高精度测量；提供无与伦比的仪器旋转和跟踪速度，实现寂静无声的精密操作；可以对于丢失的水准面自动改正仪器瞄准，因此，用户将始终能够捕获精确的三维信息。

四 拓普康 GPT-9000A 系列全站仪

　　拓普康 GPT-9000A 系列全站仪如图 1-3-8 所示，其主要特点如下：

（1）无棱镜测距2000m（超长测距模式）采用最安全的1级激光，在无棱镜超长测距模式下，可以轻松使测距达到2000m。对灾区、危险地带以及机场等禁止通行的地方也能让测量变得简单。

（2）配备自动追踪，自动照准功能和Windows CE操作系统，可以用于几乎所有的测量领域。在自动跟踪/照准模式下能够自动锁定反射棱镜等目标，精确地进行观测。200m处自动锁定指向精度小于2mm。

（3）具有XTRAC棱镜跟踪技术/RC-3快速锁定系统，瞬间重捕获跟踪锁定技术，是快速锁定技术和lR通信技术的完美结合。

五 徕卡 TPS1200 + 系列全站仪

徕卡TPS1200+系列全站仪（图1-3-9）被誉为该级别全站仪的引领者。这是因为它将高精度、多功能及GNSS定位系统的软硬件精巧集成在一起。TPS1200+系列全站仪，主要的改进是测距部分（EDM），为了进一步提高望远镜的性能，徕卡利用单个激光二极管，既用于有棱镜距离测量，也用于无棱镜距离测量，独特的光机技术和新型的激光二极管，使激光光斑在小尺寸、圆形形状、光束传播、可见性等方面具有更好的几何特性。这些特性有利于进一步改进距离测量的性能，使之对墙角、小边缘目标的无棱镜距离测量更加准确可靠。它在有棱镜模式时的测距精度为$1mm + 1.5 \times 10^{-6}D$，无棱镜模式时的测距精度为$2mm + 2 \times 10^{-6}D$。在无棱镜测距模式时的测程可大于1000m。

图1-3-7　天宝SPS930全站仪　　　图1-3-8　拓普康GPT-9000A　　　图1-3-9　徕卡TPS1200 +
　　　　　　　　　　　　　　　　　　　　　　系列全站仪　　　　　　　　　　　　系列全站仪

六 全站仪操作常规注意事项

（1）日光下测量应避免将物镜直接对准太阳。

（2）避免高温或低温下存放仪器。

（3）在架仪器时，若有可能，应使用木脚架。使用金属脚架时，可能引起振动，影响测量精度。

（4）若基座安装不正确，也会影响测量精度。应经常检查基座上的调节螺旋，确保处于锁紧状态。

（5）务必正确关上电池护盖，套好数据输出和外接电源插口的护套；禁止电池护盖和插口进水或受潮，保持电池护盖和插口内部干燥、无尘；确保装箱前仪器和箱内干燥。

（6）作业前应仔细全面检查仪器，确定仪器的各项指标、功能、电源、初始设置和改正参数均符合要求时再进行作业。

（7）若发现仪器功能异常，非专业维修人员不可擅自拆开仪器，以免发生不必要的损坏。

任务二　角度测量与距离测量

全站仪具有角度测量、距离(斜距、平距、高差)测量、三维坐标测量、导线测量、交会定点测量和放样测量等多种用途。内置专用软件后，功能还可进一步拓展。

 一 角度的概念

角度测量包括水平角测量和竖直角测量。

1. 水平角

水平角是指地面上某点到两目标的方向线垂直投影到水平面上所成的夹角。如图 1-3-10 所示，A 点到 B、C 两目标点的方向线 AB 和 AC 在某水平面 H 上的垂直投影 $A'B'$ 和 $A'C'$ 的夹角 $\angle B'A'C'$ 即称为水平角 β，其角值范围为 $0° \sim 360°$。由此可见，地面上任意两直线间的水平夹角，就是通过两直线所作铅垂面间的两面角。

2. 竖直角

竖直角是指同一铅垂面内，某方向线的视线与水平线的夹角（又称垂直角或高度角）。其角值范围为 $0° \sim 90°$。竖直角由水平线起算，视线在水平线之上为正，称仰角；反之为负，称俯角。

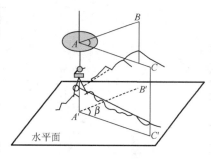

图 1-3-10　角度测量原理

 二 角度测量原理

1. 水平角测量原理

根据水平角的概念，设在过角顶 A 点的铅垂线上任一点 O 安置一水平、且按顺时针方向 $0° \sim 360°$ 增加的分划刻度圆盘，使刻度盘圆心正好位于过 A 点的铅垂线上。如图 1-3-10 所示，设 A 点到 B、C 目标方向线在水平刻度盘上的投影读数分别为 b 和 c，则水平角

动画:水平角
测量原理

$$\beta = c - b$$

该公式即右目标读数减左目标读数。

2. 竖直角测量原理

同理，根据竖直角的概念，在 OB（或 OC）铅垂面内安置一个竖直度盘，也使点 O 与刻度盘

中心重合。则 OB(或 OC)和铅垂面内过 O 点的水平线在竖直度盘上的读数之差即为 OB(或 OC)的竖直角。

用于测量水平角、竖直角的仪器有经纬仪、全站仪等。

三 角度测量

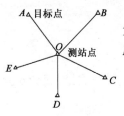

图1-3-11 角度测量

角度测量是测定测站点至两个目标(或多个目标)点之间的水平夹角,同时可以测定相应目标点的竖角。如图1-3-11所示,O 为测站点,A、B、C、D、E 为目标点。

1.功能键介绍

以南方 NTS-300 系列全站仪为例,见表1-3-2。

角度测量模式(三个界面菜单)及功能　　　　　　　表1-3-2

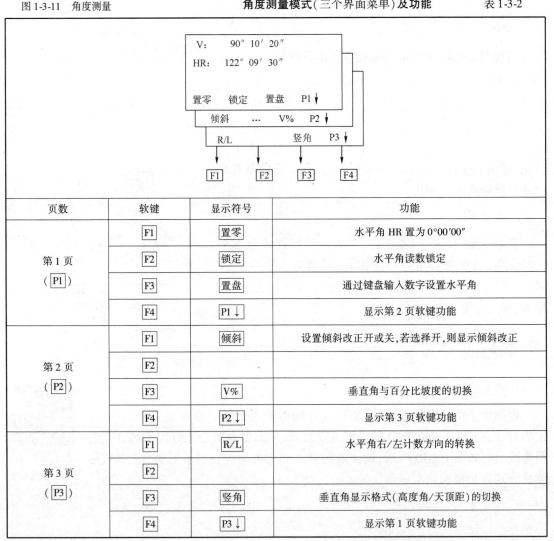

页数	软键	显示符号	功能
第1页 (P1)	F1	置零	水平角 HR 置为 0°00′00″
	F2	锁定	水平角读数锁定
	F3	置盘	通过键盘输入数字设置水平角
	F4	P1↓	显示第 2 页软键功能
第2页 (P2)	F1	倾斜	设置倾斜改正开或关,若选择开,则显示倾斜改正
	F2		
	F3	V%	垂直角与百分比坡度的切换
	F4	P2↓	显示第 3 页软键功能
第3页 (P3)	F1	R/L	水平角右/左计数方向的转换
	F2		
	F3	竖角	垂直角显示格式(高度角/天顶距)的切换
	F4	P3↓	显示第 1 页软键功能

2.观测方法步骤(观测方法与小常识中测回法相同)

(1)全站仪的使用分为 7 个步骤,见表1-3-3。

步　　骤	图　　示	说　　明
1. 检查仪器		将三个脚螺旋旋转至中间位置,确保精平时有足够的旋转空间;将水平、竖直制动螺旋旋转至中间位置;将望远镜中十字丝调节至最清晰;将对中器中小黑圈调节至最清晰
2. 安置三脚架		固定一个脚架,呈等边三角形拉开另两个脚架,使三个脚尖大致等距,且应保持架面尽量水平;并使连接螺旋中心孔尽量对准测站点
3. 安装仪器		(1)打开仪器箱盖,一手拿住提手,一手托住基座底部,平稳地取出仪器
		(2)将仪器小心地放在三脚架上,以基座的一个边为轴微抬起仪器,将连接螺旋与基座连接孔相连,将仪器可靠紧固

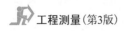

步 骤	图 示	说 明
4. 对中		对中的目的是使仪器的中心与测站点位于同一铅垂线上,现在常用的对中方法有光学对中器和激光对中器两种,其操作步骤如下: 先固定一个三脚架腿,用两手分别握住并轻轻抬起另两只脚架腿,前、后、左、右缓慢移动该两个脚架腿,同时用眼睛从光学对中器中观察对中器的中心是否对准测站点。使用激光对中器时,可直接观察激光点是否对准测站点。当对中器的中心对准测站点后,放下该两个三脚架架腿并踏牢,再转动脚螺旋精确对中
5. 整平仪器		(1)粗平:松开一个三脚架腿制动螺旋,伸缩架腿,调整该三脚架架腿高度,使圆水准气泡中心与小黑圈中心连线平行于另一根架腿的中心线,再伸缩该架腿,调整该架腿的高度,使圆水准器气泡居中
		(2)精平: ①转动照准部,使水准管轴线与任意两脚螺旋的连线平行; ②两手同时向内(或向外)旋转两个脚螺旋,使水准管气泡居中(气泡移动方向和左手大拇指转动的方向相同); ③将照准部绕竖轴旋转90°,使水准管轴线与这两个脚螺旋的连线垂直; ④旋转第三只脚螺旋使水准管气泡居中; ⑤按上述方法反复进行,直至水准管转到任何位置时气泡都居中为止; ⑥精平后再检查对中器是否对中,若偏离,则应再反复进行对中和整平,直至既对中又整平为止

步　骤	图　示	说　明
6.瞄准		(1)用准星和照门粗略照准目标,旋紧照准部和望远镜制动螺旋
	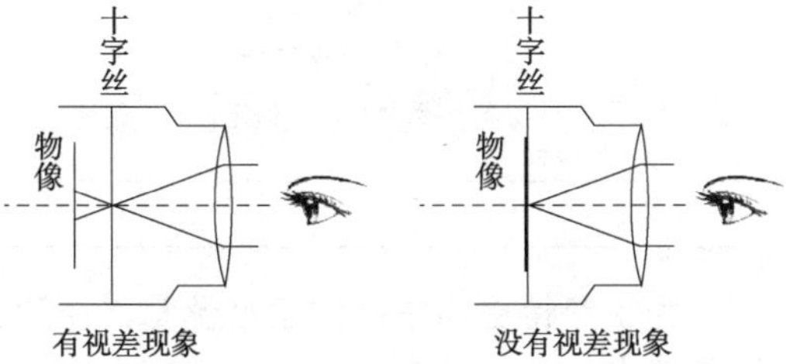 十字丝　　　　　　十字丝　物像　　　　　　物像　有视差现象　　　没有视差现象	(2)消除视差:将眼睛在目镜端作上、下移动,若物像与十字丝有明显任何相对位移,则存在视差。反复调节目镜对光螺旋和物镜对光螺旋,使十字丝和物像都清晰(此时十字丝和物像位于同一平面),无相对运动,即消除了视差
		(3)旋转照准部和望远镜的微动螺旋,使十字丝交点精确对准目标
7.读数	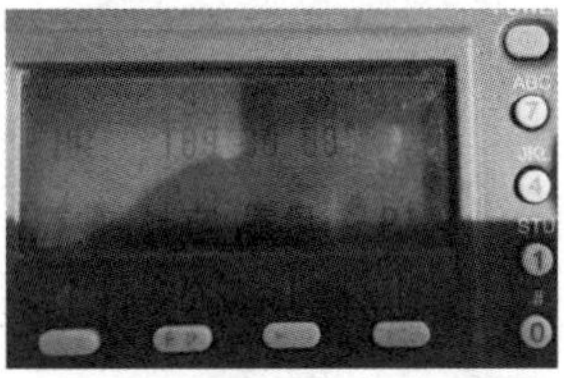	读出显示器上显示的角度读数

(2)在 O 点安置仪器,开机并进行度盘设置。

(3)右角模式见表1-3-4。

南方 NTS-300 系列全站仪右角模式　　　　　　　　　　　表 1-3-4

操 作 过 程	操 作	显 示
①照准第一个目标 A	照准 A	V:82°09′30″ HR:90°09′30″ 置零　锁定　置盘　P1
②设置目标 A 的水平角为 0°00′00″，按 F1（置零）键和 F3（确定）键	F1	水平角置零 ＞OK? 确认　退出
	F3	V:82°09′30″ HR:0°00′00″ 置零　锁定　置盘　P1
③照准第二个目标 B，显示目标 B 的 V/H	照准目标 B	V:92°09′30″ HR:67°09′30″ 置零　锁定　置盘　P1
④依次进行照准测量		

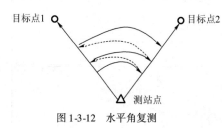

图 1-3-12　水平角复测

目标点1　目标点2　测站点

为了获得更高精度的角度测量结果，可对水平角进行复测（图 1-3-12）。

其原理是对某一个角度进行多次观测后取平均值。

拓普康 GPT-7000 系列全站仪右角模式同表 1-3-4。

（4）水平角（右角/左角）切换见表 1-3-5。

南方 NTS-300 系列全站仪右角模式　　　　　　　　　　　表 1-3-5

操 作 过 程	操 作	显 示
①按 F4（P1↓）键两次，转到第 3 页功能	F4 两次	V:122°09′30″ HR:90°09′30″ 置零　锁定　置盘　P1↓ 倾斜　　　V%　P2↓ R/L　　　竖角　P3↓
②按 F1（R/L）键。右角模式（HR）切换到左角模式（HL）	F1	V:122°09′30″ HL:269°50′30″ R/L　　　竖角　P3↓
③以左角 HL 模式进行测量		

注：每次按 F1（R/L）键，右角模式（HR）和左角模式（HL）交替切换。

距离测量一般选用与全站仪配置的合作目标,即反光棱镜。由于电子测距为仪器中心到棱镜中心的倾斜距离,因此仪器站和棱镜站均需要精确对中、整平。在距离测量前,应进行气象改正设置和棱镜常数的设置,再进行距离测量。

1. 功能键介绍

以南方 NTS-300 系列全站仪为例,其距离测量模式见表 1-3-6。

距离测量模式(两个界面菜单)　　　　　　　　　表 1-3-6

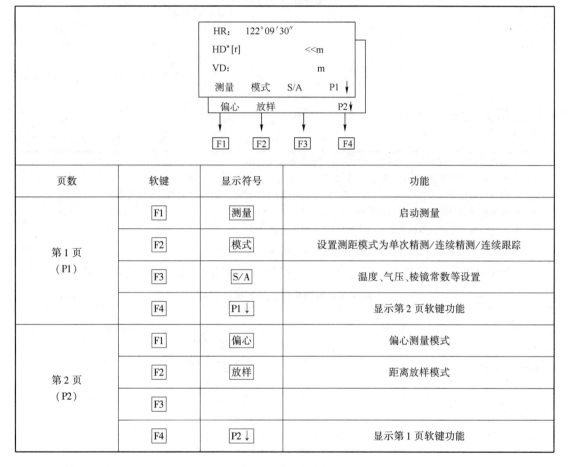

页数	软键	显示符号	功能
第 1 页 （P1）	F1	测量	启动测量
	F2	模式	设置测距模式为单次精测/连续精测/连续跟踪
	F3	S/A	温度、气压、棱镜常数等设置
	F4	P1↓	显示第 2 页软键功能
第 2 页 （P2）	F1	偏心	偏心测量模式
	F2	放样	距离放样模式
	F3		
	F4	P2↓	显示第 1 页软键功能

2. 大气改正的设置

当设置大气改正时,通过测量温度和气压求得改正数。

3. 棱镜常数的设置

拓普康 GPT-7000 系列全站仪的棱镜常数为 0,因此,棱镜常数改正应设置为 0。
南方 NTS-300 系列全站仪的棱镜常数为 –30,因此,棱镜常数改正应设置为 –30。

4. 距离测量

(1)连续测量

南方 NTS-300 系列全站仪连续测量的操作方法如表 1-3-7 所示。

确认处于测角模式的操作方法　　　　　　　　　　　　　　　表 1-3-7

操 作 过 程	操　　作	显　　示
①照准棱镜中心	照准	V:90°10′20″ HR:170°30′20″ 置零　锁定　置盘　P1↓
②按距离测量键 ◢，距离测量开始	距离测量 ◢	HR:170°30′20″ HD ∗〔N〕 VD: 测量　模式　S/A　P1↓ HR:170°30′20″ HD ∗　　　　　　235.343m VD:　　　　　　36.551m 测量　模式　S/A　P1↓
③显示测量的距离,再次按距离测量键 ◢，显示变为水平角（HR）、垂直角（V）和斜距（SD）	距离测量 ◢	V:90°10′20″ HR:170°30′20″ SD ∗　　　　　　238.164m 测量　模式　S/A　P1↓

注:1.当光电测距(EDM)正在工作时,"∗"标志就会出现在显示窗。

　　2.将模式从精测转换到跟踪,参阅"精测/跟踪测量模式"。

　　3.距离的单位表示为"m"(米)或"ft""fi"(英尺),并随着蜂鸣声在每次距离数据更新时出现。

　　4.如果测量结果受到大气抖动的影响,仪器可以自动重复测量工作。

　　5.要从距离测量模式返回正常的角度测量模式,可按测角 ANG 键。

　　6.对于距离测量,初始模式可以选择显示顺序(HR,HD,VD)或(V,HR,SD)。

拓普康 GPT-7000 系列全站仪连续测量的操作方法如表 1-3-8 和表 1-3-9 所示。

确认在角度测量模式下的操作方法　　　　　　　　　　　　　表 1-3-8

角度模式					
V:73°42′00″			↙	ESC	
HR:47°38′20″			◢	ANG	
				REC	
置零	保持	置盘	P1	PSM(mm)	0.0
F1	F2	F3	F4	PPM(ppm)	0.0

距离模式操作方法　　　　　　　　　　　　　　　　　　　　表 1-3-9

距离模式					
V:73°42′50″			↙	ESC	
HR:47°38′40″			◢	ANG	
HD:235.343				REC	
VD:36.551			∗ F R		
			n		
观测	模式	…	P1	PSM(mm)	0.0
F1	F2	F3	F4	PPM(ppm)	0.0

（2）连续测量/单次测量

当预置了观测次数时，仪器就会按设置的次数进行距离测量并显示出平均距离值，若预置次数为1，则表示是单次观测，不显示平均距离。仪器出厂时设置的是单次测量。

南方 NTS-300 系列全站仪连续测量/单次测量的操作方法见表 1-3-10，①、②方法同上。

操 作 方 法　　　　　　　　　　　　　　　表 1-3-10

③当不再需要连续测量时，可按 F1（测量）键，测量模式为 N 次测量模式，当光电测距（EDM）正在工作时，再按 F1（测量）键，模式转变为连续测量模式	F1	HR:170°30′20″　　HD* ⌊ n ⌋　　　　　　< < m　　VD:　　　　　　　　　　　　m　　测量　模式　S/A　P1　↓　　HR:170°30′20″　　HD　　　　　　　566.346m　　VD:　　　　　　　89.678m　　测量　模式　S/A　P1　↓

注:1. 在仪器开机时，测量模式可设置为 N 次测量模式或都连续测量模式。

　　2. 在测量中，要设置测量次数（N 次）。

拓普康 GPT-7000 系列全站仪连续测量/单次测量的操作方法见表 1-3-11 和表 1-3-12。

确认在角度测量模式下的操作方法　　　　　　　　　　表 1-3-11

角度模式					
V:73°42′00″				∠	ESC
HR:47°38′20″				◢	ANG
					REC
置零	保持	置盘	P1	PSM(mm)	0.0
F1	F2	F3	F4	PPM(ppm)	0.0

距离模式操作方法　　　　　　　　　　　　　　表 1-3-12

距离模式					
V:82°31′35″				∠	ESC
HR:5°32′40″				◢	ANG
HD:235.343					REC
VD:36.551				*F R	
				n	
观测	模式	…	P1	PSM(mm)	0.0
F1	F2	F3	F4	PPM(ppm)	0.0

具体操作过程如下：

①照准棱镜中心。

②按 ◢ 键选择测量模式，N 次观测开始。

显示出平均距离并伴随着蜂鸣声。

a. 显示在窗口第四行右边的字母表示如下测量模式。

F:精量模式　　C:粗量模式　　T:跟踪模式

R:连续(重复)测量模式　　S:单次测量模式　　N:N 次测量模式

b. 精度模式/跟踪模式。

南方 NTS-300 系列全站仪精度模式/跟踪模式的操作方法见表 1-3-13。

确认在距离测量模式下的操作方法　　　　　　　　　　　　表 1-3-13

操 作 过 程	操　　作	显　　示
①在距离测量模式下,按 F2 (模式)键所设置模式的首字符 (F/T)	F2	HR:170°30′20″ HD　　　　　　566.346m VD:　　　　　　89.678m 测量　模式　S/A　P1　↓
②按 F3 (连续跟踪)键精测, 进入跟踪模式	F3	测距模式设置 F1:单次精测 F2:【连续精测】 F3:连续跟踪 HR:170°30′20″ HD　　　　　　566.346m VD:　　　　　　89.678m 测量　模式　S/A　P1　↓

拓普康 GPT-7000 系列全站仪精度模式/跟踪模式的操作方法见表 1-3-14 和表 1-3-15。

确认在距离测量模式下的操作方法　　　　　　　　　　　　表 1-3-14

距离模式		
V:82°31′35″		＼ ESC
HR:5°32′40″		◢ ANG
HD:235.343		REC
VD:36.551		*F S
		n
观测　模式　…　P1		PSM(mm)　0.0
F1　F2　F3　F4		PPM(ppm)　0.0

距离模式操作方法　　　　　　　　　　　　　　　　　　　表 1-3-15

距离模式		
V:82°31′35″		＼ ESC
HR:5°32′45″		◢ ANG
HD:235.343		REC
VD:36.551		*F S
		n
精测　TRK　粗测　…		PSM(mm)　0.0
F1　F2　F3　F4		PPM(ppm)　0.0

具体操作过程如下:

①照准棱镜中心。

②按 F2 (模式)。

显示当前模式的第一个英文字母。

③按 F1 、 F2 或 F3 键,选择测量模式,TRK 为跟踪测量模式。

模式设置完毕,开始距离测量。

a. 显示在窗口第四行右边的字母表示如下测量模式。

F:精测模式　C:粗量模式　T:跟踪模式

b. 按 ESC 键,取消该设置。

任务三　坐 标 测 量

 一　坐标测量模式

以南方 NTS-300 系列全站仪为例,键盘页面及功能见表 1-3-16。

键盘页面及功能　　　　　　　　　　　　表 1-3-16

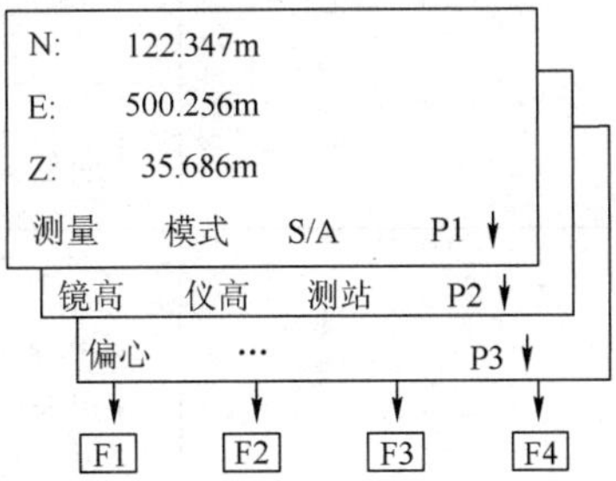

N:	122.347m
E:	500.256m
Z:	35.686m

测量　　模式　　S/A　　　P1 ↓
　　　镜高　　仪高　　测站　　P2 ↓
　　　　偏心　　…　　　　P3 ↓

F1　　F2　　F3　　F4

页数	软键	显示符号	功能
第 1 页 （P1）	F1	测量	启动测量
	F2	模式	设置测距模式为单次精测/连续精测/连续跟踪
	F3	S/A	温度、气压、棱镜常数等设置
	F4	P1↓	显示第 2 页软键功能
第 2 页 （P2）	F1	镜高	设置棱镜高度
	F2	仪高	设置仪器高度
	F3	测站	设置测站坐标
	F4	P2↓	显示第 3 页软键功能
第 3 页 （P3）	F1	偏心	偏心测量模式
	F2		
	F3		
	F4	P3↓	显示第 1 页软键功能

二 南方 NTS-300 系列全站仪坐标测量的步骤

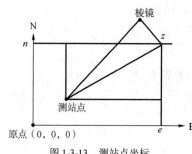

图 1-3-13　测站点坐标

通过输入仪器高和棱镜高后测量坐标时,可直接测定未知点的坐标。

1. 测站点坐标值的设置

设置仪器相对于坐标原点的坐标,仪器可自动转换和显示未知点(棱镜点)在该坐标系中的坐标(图 1-3-13,表 1-3-17)。

电源关闭后,将保存测站点坐标。

测站点坐标值的设置　　　　　　　　　　　　　　　　　表 1-3-17

操 作 过 程	操 作	显 示
①在坐标测量模式下,按 F4 (P1↓)键,转到第 2 页功能	F4	N:286.245m E:76.233m Z:14.568m 测量　模式　S/A　P1↓ 镜高　仪高　测站　P2↓
②按 F3 (测站)键	F3	N:0.000m E:0.000m Z:0.000m 输入　　　　回车
③输入 N 坐标	F1 输入数据 F4	N:36.976m E:0.000m Z:0.000m 输入　　　　回车
④按同样方法输入 E 和 Z 坐标,输入数据后,显示屏返回坐标测量显示		N:36.976m E:298.578m Z:45.330m 测量　模式　S/A　P1↓

2. 保存仪器高和目标高

电源关闭后,可保存仪器高,操作方法见表 1-3-18。

保 存 仪 器 高　　表 1-3-18

操作过程	操　作	显　示
①在坐标测量模式下,按 [F4] (P1↓)键,转到第 2 页功能	[F4]	N:286.245m E:76.233m Z:14.568m [测量]　[模式]　[S/A]　[P1↓] [镜高]　[仪高]　[测站]　[P2↓]
②按 [F2] (仪高)键,显示当前值	[F2]	输入仪器高度 仪高:0.000m [输入]　[回车]
③输入仪器高	[F1] 输入仪器高 [F4]	N:286.245m E:76.233m Z:14.568m [测量]　[模式]　[S/A]　[P1↓]

电源关闭后,可保存目标高,操作方法见表 1-3-19。

保 存 目 标 高　　表 1-3-19

操作过程	操　作	显　示
①在坐标测量模式下,按 [F4] (P1↓)键,转到第 2 页功能	[F4]	N:286.245m E:76.233m Z:14.568m [测量]　[模式]　[S/A]　[P1↓] [镜高]　[仪高]　[测站]　[P2↓]
②按 [F1] (镜高)键,显示当前值	[F1]	输入棱镜高度 镜高:0.000m [输入]　[回车]
③输入棱镜高	[F1] 输入棱镜高 [F4]	N:286.245m E:76.233m Z:14.568m [测量]　[模式]　[S/A]　[P1↓]

3. 进行坐标测量

进行坐标测量时要先设置测站坐标、测站高、棱镜高及后视方位角,如图 1-3-14 和表 1-3-20所示。

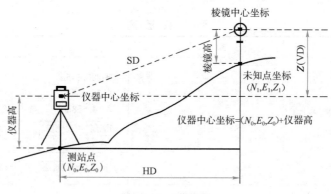

图1-3-14　坐标测量

坐标过程测量方法　　　　　　　　　　　　　　　　　　　　　　表1-3-20

操　作　过　程	操　　作	显　　示
①设置已知点 A 的方向角	设置方向角	V:122°09′30″ HR:90°09′30″ 　置零　　锁定　　置盘　　P1↓
②照准目标 B,按 坐标 键	照准棱镜 坐标	N*286.245m E:76.233m Z:14.568m 　测量　　模式　　S/A　　P1↓

注:1.在测站点的坐标未输入的情况下,(0,0,0)作为缺省的测站点坐标。
　　2.当仪器高未输入时,仪器高以0计算;当棱镜高未输入时,棱镜高以0计算。

任务四　坐标放样

　　放样模式有两个功能,即测定放样点和利用内存中的已知坐标数据设置新点,如果坐标数据未被存入内存,则可从键盘输入坐标,坐标数据也可从个人计算机通过传输电缆导入仪器内存。

一　放样步骤

放样步骤如下:
(1)选择数据采集文件,将采集的数据存储在该文件中。
(2)选择坐标数据文件,可进行测站坐标数据及后视坐标数据的调用。
(3)置测站点。
(4)置后视点,确定方位角。
(5)输入所需的放样坐标,开始放样。

二 在放样实施之前的准备工作(以南方 NTS-30 系列全站仪为例)

1. 设置测站点

设置测站点的方法有如下两种:

(1)利用内存中的坐标设置测站点,见表 1-3-21。

利用内存中的坐标设置测站点 表 1-3-21

操作过程	操作	显示
①在坐标放样菜单 1/2 按 [F1] (输入测站点)键,即显示原有数据	[F1]	测站点 点名: [输入] [调用] [坐标] [回车]
②按 [F1] (输入)键	[F1]	测站点 点名: [回退] [空格] [回车]
③按输入点名,按 [F4] (回车)键	输入点名 [F4]	输入仪器高度 仪高:0.000m [输入] [回车]
④按同样方法输入仪器高,显示屏返回到放样单 1/2	[F1] 输入仪器高 [F4]	坐标放样 1/2 F1:输入测站点 F2:输入后视点 F3:输入放样点 P↓

(2)直接输入测站点坐标,见表 1-3-22。

直接输入测站点坐标设置测站点 表 1-3-22

操作过程	操作	显示
①在放样菜单 1/2 按 [F1] (输入测站点)键,即显示原有数据	[F1]	测站点 点名: [输入] [调用] [坐标] [回车]
②按 [F3] (坐标)键	[F3]	N→0.000m E:0.000m Z:0.000m [输入] [回车]

操 作 过 程	操 作	显 示
③按 F1 (输入)键,输入坐标值,按 F4 (回车)键	F1 输入坐标 F4	N:10.000m E:25.000m Z:63.000m 输入　　　　　　　回车 输入仪器高度 仪高:0.000m 输入　　　　　　　回车
④按同样方法输入仪器高,显示屏返回到放样单1/2	F1 输入仪器高 F4	坐标放样　　　　　　　1/2 F1:输入测站点 F2:输入后视点 F3:输入放样点 　　　　　　　　　　P↓

2.设置后视点

后视点设置方法有如下两种:

(1)利用内存中的坐标数据文件设置后视点,见表1-3-23。

利用内存中的坐标数据文件设置后视点　　　　　　　　表1-3-23

操 作 过 程	操 作	显 示
①在坐标放样菜单按 F2 (输入后视点)键	F2	后视点 点名: 输入　　调用　　坐标　　回车
②按 F1 (输入)键	F1	后视点 点名: 回退　　空格　　　　　　回车
③按 F1 (输入)键,输入坐标值,按 F4 (回车)键	F1 输入点名 F4	照准后视点 HB = 120°30′20″ >照准? 　　　　　　　否　　　　是
④照准后视点,按 F4 (是)键显示屏返回到放样单1/2	照准后视点 F4	坐标放样　　　　　　　1/2 F1:输入测站点 F2:输入后视点 F3:输入放样点 　　　　　　　　　　P↓

（2）直接输入后视点坐标，见表1-3-24。

直接输入后视点坐标设置后视点   表1-3-24

操作过程	操作	显示
①在坐标放样菜单按 F2（输入后视点）键	F2	后视点 点名： 输入　　调用　　坐标　　回车
②按 F3（坐标）键	F3	N -> 　　　　　　　m E: 　　　　　　　m 输入　　　角度　　回车
③按输入点名，按 F4（回车）键	输入点名 F4	照准后视点 HB = 120°30′20″ 　>照准? 　　　　　否　　　　是
④照准后视点，按 F4（是）键显示屏返回到放样单1/2	照准后视点 F4	坐标放样　　　　　　1/2 F1:输入测站点 F2:输入后视点 F3:输入放样点 　　　　　　　　　　P↓

三　实施放样

实施放样有以下两种方法可供选择。

（1）通过点号调用内存中的坐标值，见表1-3-25。

通过点号调用内存中的坐标值放样   表1-3-25

操作过程	操作	显示
①在坐标放样菜单1/2按 F3（输入放样点）键	F3	坐标放样　　　　　　1/2 F1:输入测站点 F2:输入后视点 F3:输入放样点　　　　P↓ 放样点 点名： 输入　　调用　　坐标　　回车
②按 F1（输入）键，输入点号，按 F4（回车）键	F1 输入点号 F4	输入棱镜高度 镜高:0.000m 输入　　　　　　　　回车

续上表

操 作 过 程	操 作	显 示
③按同样方法输入反射镜高,当放样点设定后,仪器就进行放样元素的计算 HR:放样点的水平角计算值 HD:仪器到放样点的水平距离计算值	F1 输入镜高 F4	放样参数计算 HR:120°30′20″ HD:245.777m 　　　　　　　　　　继续
④照准棱镜,按 F4 继续键 HR:实际测量的水平角 dHR:对准放样点仪器应转动的水平角＝实际水平角－计算的水平角 当 dHR＝0°00′00″时,即表明放样方向正确	照准	角度差调为零 HR: 2°09′30″ dHR:22°39′30″ 距离　　坐标　　换点
⑤按 F2 (距离)键 HD:实际测量的水平距离 dHD:对准放样点尚差的水平距离 dz＝实测高差－计算高差	F2	HD dHD: dz : 模式　角度　坐标　换点 HD＊245.777m dHD:－3.223m dz :－0.067m 模式　角度　坐标　换点
⑥按 F1 (模式)键进行精测	F1	HD＊T dHD: dz : 模式　角度　坐标　换点 HD＊244.789m dHD:－0.998m dz :－0.047m 模式　角度　坐标　换点
⑦当显示值 dHR、dHD 和 dz 均为0时,则放样点的测设已经完成	—	—
⑧按 F3 (坐标)键,即显示坐标值	F3	N:12.322m E:34.286m Z:1.557m 模式　角度　　　　换点
⑨按 F4 (换点)键,进入下一个放样点的测设	F4	放样点 点名: 输入　调用　坐标　回车

注:若文件中不存在所需的坐标数据,则无须输入点名,直接按(坐标)键输入放样坐标。

（2）直接键入坐标值放样。

四　设置新点

当现有控制点与放样点之间不通视时，就需要设置新点。

具体方法有以下两种：

1. 极坐标法

将仪器安置在已知点上，用极坐标法测定新点的坐标，见表1-3-26。

极坐标法设置新点 表1-3-26

操 作 过 程	操 作	显 示
①在坐标放样菜单1/2 按 F4 （P↓）键，进入放样菜单2/2	F4	坐标放样　　　　　　　1/2 F1:输入测站点 F2:输入后视点 F3:输入放样点　　　　　P↓ 坐标放样　　　　　　　2/2 F1:选择文件 F2:新点 F3:格网因子　　　　　　P↓
②按 F2 （新点）键	F2	新点 F1:极坐标法 F2:后方交会法
③按 F1 （极坐标法）键	F1	选择一个文件 FN: 　输入　　　调用　　　　　　回车
④按 F2 （调用）键显示坐标文件	F2	CESESDATA　　　　　　/C322 →&SOUTHDATA　　　　　/C228 　SATADDATA　　　　　　/C080 　　　查找　　　　　　　回车
⑤按【▲】或【▼】键可使文件表向上下滚动，选定一个文件	【▲】或【▼】	→&SOUTHDATA　　　　　/C228 　SATADDATA　　　　　　/C080 　KLLLSDATA　　　　　　/C085 　　　查找　　　　　　　回车
⑥按 F4 （回车）键，文件被确认	F4	极坐标法 点名: 　输入　　　查找　　　　　　回车
⑦按 F1 （输入）键，输入新点名，按 F4 （回车）键	F1 输入点名 F4	输入棱镜高度 镜高:0.000m 　输入　　　　　　　　　回车

操 作 过 程	操 作	显 示
⑧按同样的方法输入反射镜高	F1 输入镜高 F4	输入棱镜高度 镜高：— 输入　　　　　回车
⑨照准新点,按 F1 (测量)键进行距离测量	照准 F1	HR：2°09′30″ HD* VD： 测量 N：12.322m E：34.286m Z：1.557m 记录? 否　　是
⑩按 F4 (是)键,点名与坐标值存入坐标数据文件显示下一个新点输入菜单,点号自动加1	F3	极坐标法 点名：NF-11 输入　　查找　　回车

2. 后方交会法

在新站上安置仪器时,用最多可达7个已知点的坐标和这些点的测量数据计算新坐标,见图1-3-15及表1-3-27。

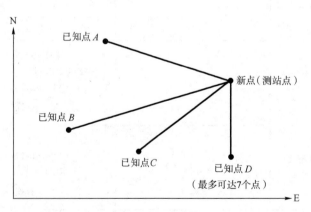

图 1-3-15　后方交会

后方交会法设置新点　　　　　　　　　　　　表 1-3-27

操 作 过 程	操 作	显 示
①在坐标放样菜单1/2按 F4 (P↓)键,进入放样菜单2/2	F4	坐标放样　　　　　　　　1/2 F1：输入测站点 F2：输入后视点 F3：输入放样点　　　　　P↓

操作过程	操作	显示
①在坐标放样菜单 1/2 按 F4 (P↓)键,进入放样菜单 2/2	F4	坐标放样 2/2 F1:选择文件 F2:新点 F3:格网因子 P↓
②按 F2 (新点)键	F2	新点 F1:极坐标法 F2:后方交会法 P↓
③按 F2 (后方交会法)键	F2	选择一个文件 FN: 输入 调用 回车
④按 F1 (输入)键	F1 输入 FN F4	后方交会法 点名: 输入 查找 跳过 回车
⑤按 F1 (输入)键,输入新点名	F1 输入点名 F4	后方交会法 F1:距离后方交会法
⑥按 F1 (距离后方交会法)键	F1	输入仪器高度 仪高:0.000m 输入 回车
⑦按 F1 (输入)键,输入仪器高	F1 输入仪器高 F4	NO01 点名: 输入 调用 坐标 回车
⑧输入已知点 A 的点名	F1 输入点名 F4	输入棱镜高度 镜高:0.000m 输入 回车
⑨输入棱镜高	F1 输入镜高 F4	镜高 输入 镜高:1.000m >照准? [角度] [距离]
⑩照准已知点 A,按 F1 (测量)	照准 A F1	HR:2°9′30″ HD*1.789m VD:2.000m 测量
		<设置>
进入已知点 B 输入显示屏		NO02 点名: 输入 查找 跳过 回车

按表1-3-27中步骤⑦~⑩对已知点进行测量。

<h2>任务五　全站仪的检验与校正</h2>

一　全站仪轴线应满足的条件

如图1-3-16所示,全站仪的主要轴线有:竖轴 VV、横轴 HH、望远镜视准轴 CC 和照准部水准管轴 LL。由测角原理可知,观测角度时,全站仪的水平度盘必须水平,竖盘必须铅垂,望远镜上下转动的视准面必须为铅垂面;观测竖直角时,竖盘指标还应处于正确位置。因此,全站仪主要部件及轴系应满足下述几何条件:

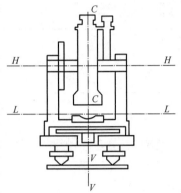

（1）照准部水准管轴应垂直于仪器竖轴（ $LL \perp VV$ ）。

（2）十字丝竖丝应垂直于仪器的横轴。

（3）望远镜的视准轴应垂直于仪器的横轴（ $CC \perp HH$ ）。

（4）仪器的横轴应垂直于仪器的竖轴（ $HH \perp VV$ ）。

（5）竖盘指标处于正确位置（ $i = 0$ ）。

（6）光学对中器的视准轴经棱镜折射后,应与仪器竖轴重合。

图1-3-16　全站仪轴系示意图

在全站仪使用前,必须对以上各项条件按下列顺序进行检验,如不满足应进行校正。对校正后的残余误差,还应采取正确的观测方法消除影响。

二　全站仪的检验与校正

1. 照准部水准管的检验与校正

检验与校正的目的:使照准部水准管轴垂直于仪器的竖轴,这样可以利用调整照准部水准管气泡居中的方法使竖轴铅垂,从而整平仪器。

1）检验方法

架设仪器并将其大致整平,转动照准部使照准部水准管平行于任意两个脚螺旋的连线,旋转这两个脚螺旋使气泡居中,此时水准管轴水平。将照准部旋转180°,若水准管气泡仍居中,表明条件满足,即水准管轴垂直于仪器竖轴,否则应进行校正。

2）校正方法

（1）在检验时,若管水准器的气泡偏离了中心,先用与管水准器平行的脚螺旋进行调整,使气泡向中心移近一半的偏离量。剩余的一半用校正针转动水准器校正螺钉（在水准器右边）进行调整,直至气泡居中。

（2）将仪器旋转180°,检查气泡是否居中。如果气泡仍不居中,重复步骤（1）,直至气泡居中。

（3）将仪器旋转90°,用第三个脚螺旋调整气泡中。

重复检验与校正步骤,直至照准部较至任何方向气泡均居中为止。

2. 十字丝竖丝的检验与校正

检验与校正的目的:使十字丝竖丝垂直于横轴。如这一条件满足,观测水平角时,就可用竖丝的任何部位照准目标;观测竖直角时,可用横丝的任何部位照准目标。

1)检验方法

(1)整平仪器后在望远镜视线上选定一目标点 A,用分划板十字丝中心照准 A 并固定水平制动手轮和垂直制动手轮。

(2)转动望远镜垂直微动手轮,使 A 点移动至视场的边沿(A' 点)。

(3)若 A 点是沿十字丝的竖丝移动,即 A' 点仍在竖丝之内,十字丝不倾斜则不必校正。

如图 1-3-17 所示,A' 点偏离竖丝中心,则十字丝倾斜,需对分划板进行校正。

2)校正方法

(1)首先取下位于望远镜目镜与调焦手轮之间的分划板座护盖,露出四个分划板座固定螺钉(图 1-3-18)。

(2)用螺丝刀均匀地旋松该四个固定螺钉,绕视准轴旋转分划板座,使 A' 点落在竖丝的位置上。

(3)均匀地旋紧固定螺钉,再用上述方法检验校正结果。

(4)将护盖安装回原位。

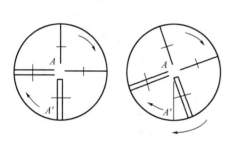

图 1-3-17　十字丝检验图

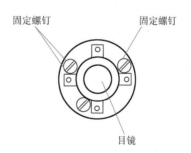

图 1-3-18　十字丝分划板

3. 视准轴的检验与校正

检验与校正的目的:使望远镜的视准轴垂直于横轴,这样才能使视准面成为平面,为其成为铅垂面奠定基础;否则视准面将成为锥面。

1)检验方法

(1)距离仪器大约100m的远处设置目标 A,并使目标垂直角在 ±3° 以内。精确整平仪器并打开电源。

(2)在盘左位置将望远镜照准目标 A,读取水平度盘读数 L。例:水平度盘读数 $L = 10°13'10''$。

(3)松开垂直及水平制动手轮中转望远镜,旋转照准部盘右照准同一 A 点。照准前应旋紧水平及垂直制动手轮,并读取水平度盘读数 R。例:水平度盘读数 $R = 190°13'40''$。

(4)$2c = L - (R \pm 180°) = -30'' \geqslant \pm 20''$,需校正。

2)校正方法

视准差校正步骤见表 1-3-28。

南方测绘 NTS660（R）全站仪视准差校正步骤　　　　　　　　表 1-3-28

操作过程	操作	显示
①整平仪器后,按住 POWER 键开机,按 F5（校正）进入仪器校正菜单	POWER + F5	【　　校　　正　　】 F1　指标差 F2　视准差 F3　横轴误差 F4　误差显示 F5　仪器常数 P1↓
②按 F2 键进入视准差校准功能。在正镜（盘左）位置精确照准目标,按 F6（设置）键	F2 F6	【　视　准　差　校　正　】 <第一步> 水平点: ± 3° V :　 89° 38′ 36″ HR: 257° 32′ 11″ 退　　　　　　　　　　　出 设置
③旋转望远镜,在倒镜（盘右）位置精确照准同一目标,按 F6（设置）键	F6	【　视　准　差　校　正　】 <第二步> 水平点: ± 3° V :　270° 21′ 35″ HR:　77° 31′ 51″ 退　　　　　　　　　　　出 设置
④设置完成,屏幕显示如右图所示,几秒钟后自动返回校正菜单		【　视　准　差　校　正　】 < 设置! > 水平点: ± 3° V :　 89° 38′ 36″ HR: 257° 32′ 11″ 退　　　　　　　　　　　出 设置

4. 横轴误差补偿的校准

由于横轴误差只影响视线的角度,只能通过观测明显低于或高于仪器高度的目标来确定。若要避免受到视准轴误差的影响,必须在视准轴校准之前进行联合校正。

横轴误差的确定不需要瞄准棱镜或目标平面,因此可以在任何时间进行此项校正,见表 1-3-29。选择一个距离仪器最远的,大大高于或低于仪器的可识别的点,确保可以准确地两次瞄准该点。

操作过程	操作	显示
①整平仪器后,按住 POWER 键开机,按 F5 (校正)进入仪器校正菜单	POWER + F5	【校正】 F1 指标差 F2 视准差 F3 横轴误差 F4 误差显示 F5 仪器常数 翻页
②按 F3 进入横轴误差校准功能。在正镜(盘左)位置精确照准目标(倾角在 ±10° ~ ±45°之间),按 F6 (设置)键10次	F3 + 正镜照准目标 + F6 10 次	【横轴误差校正】 〈第一步〉 高低点: ±10° [00/10] V: 112° 49′ 31″ HR: 264° 24′ 42″ 输入 设置
③旋转望远镜,在倒镜(盘右)位置精确照准同一目标,按 F6 (设置)键10次	倒镜照准棱镜 + F6 10 次	【横轴误差校正】 〈第二步〉 高低点: ±10° [09/10] V: 247° 09′ 13″ HR: 84° 24′ 27″ 输入 设置
④设置完成,几秒钟后自动返回校正菜单		【横轴误差校正】 〈设置!〉 高低点: ±10° [10/10] V: 247° 09′ 13″ HR: 84° 24′ 27″ 输入 设置

5. 竖盘指标差(i 角)的检验与校正

1)检验方法

(1)安置整平好仪器后开机,将望远镜照准任一清晰目标 A,得竖盘读数盘左读数 L。

(2)转动望远镜再照准 A,得竖盘读数盘右读数 R。

(3)若竖盘读数天顶为 0°,则 $i = (L + R - 360°)/2$;若竖盘读数水平为 0,则 $i = (L + R - 180°)/2$ 或 $(L + R - 540°)/2$。

(4)若 $|i| \geq 10″$,则需对竖盘指标零点重新设置。

2)校正方法

竖盘指标差校正操作步骤见表 1-3-30。

南方测绘 NTS660（R）全站仪竖盘指标差校正操作步骤   表 1-3-30

操 作 过 程	操　作	显　示
①整平仪器后，按住 POWER 键开机，按 F5（校正）进入仪器校正菜单	POWER + F5	【　　　校　　正　　　】 F1　指标差 F2　视准差 F3　横轴误差 F4　误差显示 F5　仪器常数 P1↓
②选择 F1（指标差）	F1	【 垂 直 角 零 基 准 校 正 】 <第一步> V:　92° 42′ 19″ 退　　　　　　　　　　　出 设置
③在正镜（盘左）位置精确照准目标，按 F6（设置）键	F6	【 垂 直 角 零 基 准 校 正 】 <第二步> V:　267° 18′ 09″ 退　　　　　　　　　　　出 设置
④旋转望远镜，在倒镜（盘右）位置精确照准同一目标，按（设置）键。设置完成，屏幕自动返回校正菜单	F6 F5	【 垂 直 角 零 基 准 校 正 】 <设置！> V:　4° 41′ 29″ 退　　　　　　　　　　　出 设置

注：1. 重复检验步骤重新测定指标差（i 角）。若指标差仍不符合要求，则应检查校正（指标零点设置）的三个步骤的操作是否有误，目标照准是否准确等，按要求再重新进行设置。

2. 经反复操作仍不符合要求时，应送厂检修。

3. 零点设置过程中所显示的竖直角是没有经过补偿和修正的值，只供设置中参考，不能作为他用。

6. 光学对中器的检验与校正

检验与校正的目的：使光学对中器视准轴经棱镜折射后与仪器竖轴重合。

光学对中器由目镜、分划板、物镜及转向棱镜组成，一般安装在全站仪照准部上。光学对中器分划板圆圈的中心与物镜光心的连线称为光学对中器视准轴。

1）检验方法

（1）将仪器安置到三脚架上，在一张白纸上画一个十字交叉并放在仪器正下方的地面上。

（2）调整好光学对中器的焦距后，移动白纸使十字交叉位于视场中心。

（3）转动脚螺旋，使对中器的中心标志与十字交叉点重合。

（4）旋转照准部，每转 90°，观察对中点的中心标志与十字交叉点的重合度。

（5）如果照准部旋转时，光学对中器的中心标志一直与十字交叉点重合，则不必校正。否则需按下述方法进行校正。

2）校正方法

（1）将光学对中器目镜与调焦手轮之间的改正螺钉护盖取下。

（2）固定好十字交叉白纸并在纸上标记出仪器每旋转 90°时对中器中心标志落点，如图 1-3-19 中的 A、B、C、D 点。

（3）用直线连接对角点 AC 和 BD，两直线交点为 O。

（4）用校正针调整对中器的四个校正螺钉，使对中器的中心标志与 O 点重合。

（5）重复检验步骤（4），检查校正至符合要求。

（6）将护盖安装回原位。

对中器校正螺钉（四个）

图 1-3-19　对中器的检验与校正

7. 全站仪在每次项目开工前，要进行常规检验和校正。

全站仪的常规检验和校正项目如下。

（1）望远镜光学性能的检验。

（2）调焦镜运行正确性的检验。

（3）照准部旋转是否正确的检验。照准部旋转轴正确，各位置气泡读数较差，1″级仪器不应超过 2 格，2″级仪器不应超过 1 格。

（4）垂直微动螺旋使用正确性的检验，视准轴在水平方向上不产生偏移。

（5）照准部旋转时仪器底座稳定性的检验。仪器底座位移指标：1″级仪器不应超过 0.3″，2″级仪器不应超过 1″。

（6）水平轴倾斜误差（水平轴不垂直于垂直轴之差）i 角的检验。1″级仪器不应超过 10″，2″型仪器不应超过 15″。

将仪器安置在距一较高墙壁 $D = 100\text{m}$ 左右处整平，选定墙上一固定的高目标点 P，仰角 α 大于 30°为宜。以正镜位对准 P，制动照准部，纵转望远镜，在墙脚定点 P_1。拧松照准部制动螺旋，平转，以倒镜位对准 P，拧紧照准部制动螺旋，纵转望远镜，使视线在墙脚定点 P_2。如 P_1 和 P_2 重合，则表明横丝垂直于竖轴，否则应进行校正。

$$i'' = \frac{P_1 P_2}{2D} \cot\alpha \cdot \rho''$$

（7）视准轴误差（2c，视准轴不与水平轴正交所产生的误差）的检验，1″级仪器不应超 20″，2″级仪器不应超过 30″。

$$2c = L - R \pm 180°$$

（8）竖盘指标差的检验，1″级仪器不应超 8″，2″级仪器不应超过 10″。

$$i = \frac{1}{2}(L + R - 360°)$$

（9）对中器的检验和校正，对中误差不应大于1mm。

（10）测距加常数及棱镜常数的检验。

在100m长的一条直线上选择A、B、$C3$点，首先将仪器置于A点测得D_{AB}、D_{AC}两段距离，然后将仪器搬至B点，测得D_{BC}，则仪器的加常数c为：

$$c = D_{AC} - (D_{AB} + D_{BC})$$

常规检验记录见表1-3-31。

全站仪常规检验记录 表1-3-31

仪器名称		编号		检验员				
				日期				
作业内容								
检验校正		检验			校正后检验			
圆水准器		气泡在任何位置		居中	气泡在任何位置			居中
长水准器		气泡在任何位置		居中	气泡在任何位置			居中
十字丝		纵丝与标志点		重合	纵丝与标志点			重合
视准误差	方法一	正镜读数		差 合格	正镜读数			差 合格
		倒镜读数			倒镜读数			
	方法二	正倒镜实测差值	mm	合格	正倒镜实测差值		mm	合格
指标误差	正镜读数		差值/2	合格	正镜读数		差值/2	合格
	倒镜读数		″		倒镜读数		″	
光学对中器		光学对中器中心与地面点中心在任何位置的差值	<	1mm	光学对中器中心与地面点中心在任何位置的差值	<		1mm
			>			>		
光电测距三轴平行性		发射、接受、照准三轴		平行	发射、接受、照准三轴			平行

常识一　经纬仪水平角观测方法

一　经纬仪的基本操作

在进行角度测量之前，应将经纬仪安置在测站（角顶点）上，然后再进行观测。基本操作包括经纬仪的安置、目标设置、瞄准及读数四个步骤。

1.经纬仪的安置

经纬仪的安置目的是使仪器的中心与地面点中心在同一铅垂线上并使水平度盘成水平位置，包括仪器安置、对中及整平等工作。

视频：经纬仪基本操作

（1）安置三脚架

伸开三脚架于地面点上方，将仪器置于三脚架头中央位置，一手握住仪器，另一手将三脚架中心连接螺旋旋入仪器基座中心螺孔中并固紧。安置时要注意以下三点：

①保证三脚架架头尽可能水平，仪器中心尽可能处于测站点正上方。

②将三脚架的各螺旋适度拧紧，以防观测过程中仪器倾落。

③在较大坡度处安置仪器时，宜将三脚架的两条腿置于下坡方向。

（2）粗平及对中

平移三脚架，目估大致对中，调节光学对中器目镜，使地面点影像清晰，将三脚架腿踏入土中。然后按以下两步调平：

①转动脚螺旋使站点影像进入对中器圆圈中心。

②伸缩架腿使圆水准器气泡居中。如地面点中心偏离圆圈中心较小，可松开连接螺旋平移基座精密对中，重新整平仪器。

否则重复上述两步，直至圆水准气泡居中、站点位于圆圈内为止。光学对中器误差不大于1mm。

（3）精平及再对中

放松照准部水平制动螺旋使水准管与一对脚螺旋的连线平行；旋转脚螺旋使管水准器气泡居中，将照准部旋转90°调节第三个脚螺旋，使气泡居中；然后检查对中器，若圆环中心偏离测站点，则再平移照准部使之对中。

重复步骤(3)，直至仪器对中且管水准气泡在任何方向都居中为止。

对于光学对中器，由于整平会影响到对中器的轴线位置变化，故对中、整平须交互进行，且反复几次；对于垂球对中则可先对中后粗平、精平。

仪器放置好后，在对中、整平之前，有两种可能情况：对中器中心与地面点中心偏离较小但圆水准器气泡偏离较大，这时可调节某架腿关节螺旋使气泡中心居中；反之，前者较大后者较小，则可先调节脚螺旋使对中器中心与地面点中心基本重合，然后再从步骤(2)开始。

整平时气泡移动方向和左手大拇指运动方向一致，管水准器与两个脚螺旋连线平行时，可用两手同时相向转动这对脚螺旋，使气泡较快居中。在反复对中、整平过程中，每次的调节量逐渐减小，故调节时要注意适度。

在一个测站上，对中、整平完毕后，测角过程中不再调节脚螺旋的位置。若发现气泡偏离超过允许值，则重新对中，在原来的位置上重测。

在测角状态时，注意要将复测扳手拨上或度盘变换手轮退出。

2.目标设置及瞄准

（1）设置目标

测角时，一般应在目标点上设置照准标志。距离较近时，悬挂垂球线，也可竖立测钎；距离较远时，可垂直竖立标杆或设置觇标。

（2）瞄准目标

①松开照准部和望远镜制动螺旋(或扳手)。

②调节目镜，将望远镜瞄准远处天空；转动目镜环，直至十字丝分划最清晰。

③转动照准部，用望远镜粗瞄器瞄准目标，然后固定照准部。

④转动望远镜调焦环，进行望远镜调焦(对光)，使望远镜十字丝及目标成像最清晰。

要注意消除视差。人眼在目镜处上下移动，检查目标影像和十字丝是否相对晃动。如有晃动现象，说明目标影像与十字丝不共面，即存在视差，视差会影响瞄准精度。因此应重新调节对光，直至无视差存在。

⑤用照准部和望远镜微动螺旋精确瞄准目标。观测水平角时用竖丝；观测竖直角时用中丝。应该注意的是，在精确瞄准目标时要求目标影像与十字丝靠近中心部分相符合，实际操作时，应根据目标影像大小的不同，或用单丝切准目标，或用双丝夹中目标。目镜端的十字丝分划板刻划方式如图1-3-20所示。

二 水平角观测方法

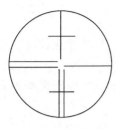

图1-3-20 十字丝分划板

角度测量时依据望远镜与竖直度盘的位置关系，望远镜位置可分为正镜和倒镜两个位置。

所谓正镜、倒镜是指观测者正对望远镜目镜时竖直度盘分别位于望远镜的左侧、右侧，有时也称作盘左、盘右。理论上，正镜、倒镜瞄准同一目标时，水平度盘读数相差180°，在角度观测中，为了削弱仪器误差影响，一测回中要求正镜、倒镜两个盘位观测。

观测水平角的方法有测回法和方向观测法（全圆测回法）。

1. 测回法

测回法适用于观测两个方向的夹角。

如图1-3-21所示，设仪器置于O点，地面两目标为A、B，欲测定OB、OA两方向线间的水平夹角∠AOB。一测回观测过程如下。

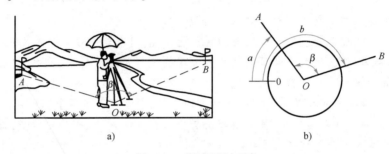

图1-3-21 测回法测水平角

（1）上半测回（盘左位置观测）。在O点安置仪器，对中、整平，使度盘处于测角状态。盘左依次瞄准左目标A、右目标B，读取水平度盘读数 $a_左 = 0°20'48''$、$b_左 = 125°35'00''$，同时记入水平角观测记录表（表1-3-32）中，以上完成上半测回观测，上半测回观测所得水平角为

$$\beta_左 = b_左 - a_左 = 125°14'12'' \tag{1-3-1}$$

测回法观测记录表 表1-3-32

日期：_____ 仪器号：_____ 观测：_____

天气：_____ 记录：_____

测站	目标	竖盘位置	水平度盘读数 (° ′ ″)	半测回角值 (° ′ ″)	一测回角值 (° ′ ″)	备 注
O	A	左	0 20 48	125 14 12	125 14 15	F4
	B		125 35 00			
	A	右	180 21 24	125 14 18		
	B		305 35 42			

（2）纵转望远镜180°，使之成盘右位置。依次瞄准右目标B、左目标A，读取水平度盘读数 $b_右 = 305°35'42''$、$a_右 = 180°21'24''$。以上完成下半测回观测。

$$\beta_右 = b_右 - a_右 = 125°14'18'' \tag{1-3-2}$$

（3）一测回角值计算如下：

$$\beta = 1/2(\beta_{左} + \beta_{右}) = 125°14'15'' \qquad (1-3-3)$$

注：

1. 盘左、盘右观测可作为观测中有无错误的检核，同时可以抵消一部分仪器误差的影响。

2. 上、下半测回角值较差的限差应满足有关测量规范的限差规定，对于 DJ₆ 经纬仪，一般为 30″或40″。当较差小于限差时，方可取平均值作为一测回的角值，否则应重测。若精度要求较高时，可按规范要求测若干个测回，当各测回间的角值较差满足限差规定时（如 DJ₆ 经纬仪一般为 20″或24″），可取其平均值作为最后结果。

3. 由于水平度盘为顺时针刻划，故计算角值时始终为"右侧目标—左侧目标"。所谓"左""右"是指站在测站面向所测角时两目标的方位，在角度接近180°时尤其注意这一点，当"右—左"的值小于0°时，则结果应加360°。

2. 方向观测法（全圆测回法）

在一个测站上，当观测方向在三个或三个以上，且需要测得数个水平角时，需用方向观测法进行角度测量。如图1-3-22所示，O 点为测站点，A、B、C、D 为四个目标点。

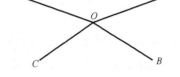

方向观测法观测步骤为：

（1）上半测回（盘左位置）

①选择起始方向（称为零方向），设为 A。该方向处水平度盘读数略大于0°。

图1-3-22　方向观测法测水平角

②由零方向 A 起始，按顺时针依次精确瞄准 A—B—C—D—A 各点（即所谓"全圆"）读数：$a_{左}$、$b_{左}$、$c_{左}$、$d_{左}$、$a'_{左}$，并记入方向观测法记录表中（表1-3-33）。

方向观测法观测记录表　　　　　　　　　　　表1-3-33

日期：_____　　　仪器号：_____　　　　观测：_____

天气：_____　　　　　　　　　　　　　　　记录：_____

测回序数	测站	目标	水平度盘读数						2c	平均方向值			归零方向值			各测回归零方向值之平均值		
			盘左			盘右												
			(°)	(′)	(″)	(°)	(′)	(″)	(″)	(°)	(′)	(″)	(°)	(′)	(″)	(°)	(′)	(″)
1	2		3			4			5	6			7			8		
1	O	A	0	02	06	180	02	00	+6	(0 02 06) 0 02 03			0	00	00			
		B	51	15	42	231	15	30	+12	51	15	36	51	13	30			
		C	131	54	12	311	54	00	+12	131	54	06	151	52	00			
		D	182	02	24	2	02	24	0	182	02	24	182	00	18			
		A	0	02	12	180	02	06	+6	0	02	09						
2		A	90	03	30	270	03	24	+6	(90 03 32) 90 03 27			0	00	00	0	00	00
		B	141	17	00	321	16	54	+6	141	16	57	51	13	25	51	13	28
		C	221	55	42	41	55	30	+12	221	55	36	131	52	04	131	52	02
		D	272	04	00	92	03	54	+6	272	03	57	182	00	25	182	00	22
		A	90	03	36	270	03	36	0	90	03	36						

（2）下半测回（盘右位置）

①纵转望远镜180°，使仪器为盘右位置。

②按逆时针顺序依次精确瞄准 A—D—C—B—A 各点，读数 $a_右$、$d_右$、$c_右$、$b_右$、$a'_右$，记入方向观测法记录表中（表1-3-33），$a_右$ 应记入下半测回的最后一行。

（3）计算与检验

方向观测法中计算工作较多，在观测及计算过程中，尚需检查各项限差是否满足规范要求。

①光学测微器两次重合读数之差：瞄准目标后要进行两次测微、两次读数，且两次读数之差不超限。

②半测回归零差：即上、下半测回中零方向两次读数之差（$a_左 - a'_左$，$a_右 - a'_右$）。若归零差超限，说明经纬仪的基座或三脚架在观测过程中可能有变动，或者是对 A 点的观测有错，此时该半测回须重测；若未超限，则可继续下半测回。

③各测回同方向2c值互差：2c值是指上下半测回中，同一方向盘左、盘右水平度盘读数之差，即 2c = 盘左读数 - （盘右读数 ±180°）（当"盘右读数">180°时，取"-"，否则取"+"，下同）。它主要反映了2倍的视准轴误差，而各测回同方向的2c值互差，则反映了方向观测中的偶然误差，偶然误差应不超过一定的范围，《测规》对此限差有要求。

④平均方向值：指各测回中同一方向盘左和盘右读数的平均值，平均方向值 = 1/2[盘左读数 + （盘右读数 ±180°）]。

⑤归零方向值：为将各测回的方向值进行比较和最后取平均值，在各个测回中，将起始方向的方向值[如表1-3-33中第一测回中起始方向值 = (0°02′03″ + 0°02′09″)/2]化为0°0′0″，并把其他各方向值与之相减，即得各方向的归零方向值，两方向值之差即为相应水平角。《测规》对此限差也有要求。

以上第③、⑤项是指多个测回时的限差检验。

常识二　经纬仪竖直角观测方法

一　竖盘结构

与水平度盘一样，竖盘也是全圆360°分划，不同之处在于其注字方式有顺、逆时针之分，且0°～180°的对径线位于水平方向。这样，在正常状态下，视线水平时与竖盘刻划中心在同一铅垂线上的竖盘读数应为90°或270°，如图1-3-23a)、b)所示。

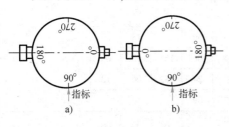

图1-3-23　不同注记方式的度盘

经纬仪的竖盘安装在望远镜横轴一端，竖盘随望远镜在竖直面内旋转而旋转，其平面与横轴相垂直，当横轴水平时，竖盘位于竖直面内。度盘刻划中心与横轴旋转中心相重合。另外，在竖盘结构中，还有一个位于铅垂位置的竖盘指标，用以指示竖盘在不同位置时的度盘读数。竖盘读数也是通过一系列光学组件传至读数显微镜内读取的。需要指出的是，只有竖盘指标处于正确位置时，才能读得正确的竖盘读数。竖盘指标装置主要有两种结构形式：竖盘指标水准管装置和竖盘指标自动补偿装置。

竖直角观测与水平角一样,都是依据度盘上两个方向读数之差来实现的。不同之处在于在两方向中,必有一个是水平线方向,而水平方向竖盘指标指示的竖盘读数是一固定值(如90°或270°)。竖直角观测只需照准倾斜目标,读取竖盘读数。根据相应公式,即可计算出竖直角。

1. 计算公式

(1)顺时针注记形式

竖直角的计算公式,因竖盘刻划的方式不同而异,现以顺时针注记、视线水平时,盘左竖盘读数为90°的仪器为例,说明其计算公式(图1-3-24)。

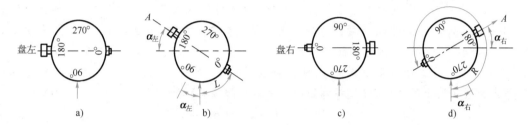

图1-3-24 竖直角测量

盘左位置且视线水平时,竖盘读数为90°[图1-3-24a)],视线向上倾斜照准高处某点A,得读数L[图1-3-24b)],因仰视竖角为正,故盘左时竖角公式为

$$\alpha_{左} = 90° - L \qquad (1\text{-}3\text{-}4)$$

盘右位置且视线水平时,竖盘读数为270°[图1-3-24c)],视线向上倾斜照准高处某点A,得读数R[图1-3-24d)],因仰视竖角为正,故盘右时竖角公式为

$$\alpha_{右} = R - 270° \qquad (1\text{-}3\text{-}5)$$

上、下半测回角值较差不超过规定限值时(DJ$_2$ 为30″,DJ$_6$ 为60″)。取平均值作为一测回的竖直角值,即

$$\alpha = \frac{1}{2}(\alpha_{左} + \alpha_{右}) \qquad (1\text{-}3\text{-}6)$$

观测结果及时记入相应记录表,并进行有关计算,见表1-3-34。

竖直角观测记录表   表1-3-34

测站	测点	盘位	竖盘读数			竖直角			平均角值			备注
			(°)	(′)	(″)	(°)	(′)	(″)	(°)	(′)	(″)	
A	B	左	79	04	10	10	55	50	10	55	40	
		右	280	55	30	10	55	30				

(2)逆时针注记形式

$$\alpha_{左} = L - 90° \qquad (1\text{-}3\text{-}7)$$

$$\alpha_{右} = 270° - R \qquad (1\text{-}3\text{-}8)$$

2. 观测步骤

（1）在测站上安置仪器，对中、整平，以盘左位置瞄准目标。用望远镜微动螺旋使望远镜十字丝中丝精确切准目标。

（2）转动竖盘指标水准管微动螺旋，使指标水准管气泡居中（若用自动补偿归零装置，则应把自动补偿器功能开关或旋钮置于"ON"位置）。

（3）确认望远镜中丝切准目标，读取竖直度盘读数，并记入记录表格（表1-3-24）。

（4）纵转望远镜，盘右位置切准目标同一点，与盘左相同操作顺序，读取竖盘读数。至此即完成一测回竖直角观测。

三 竖盘指标差

从以上介绍竖盘构造及竖直角计算中可知：竖盘指标水准管居中（或自动补偿归零装置打开）且望远镜视线水平时，竖盘读数应为某一固定读数（如90°或270°）。但实际上由于竖盘水准管与竖盘读数位置关系不正确或自动归零装置存在误差，使视线水平时的读数与应有读数之间存在一个微小的角度误差 x，称为竖盘指标差，如图1-3-25所示。因该指标差的存在，使得竖直角的正确值应为（设指标偏向注字增加的方向）

$$\alpha = 90° - (L - x) = \alpha_左 + x \tag{1-3-9}$$

或

$$\alpha = (R - x) - 270° = \alpha_右 - x \tag{1-3-10}$$

解上两式得

$$\alpha = 1/2(\alpha_左 + \alpha_右) = 1/2(R - L - 180°) \tag{1-3-11}$$

$$x = 1/2(\alpha_右 - \alpha_左) = 1/2(R + L - 360°) \tag{1-3-12}$$

上式是按顺时针注字的竖盘推导公式，逆时针方向注字的公式可类似推出。

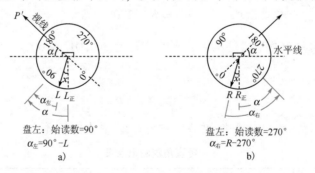

盘左：始读数=90°
$\alpha_左 = 90° - L$
a)

盘左：始读数=270°
$\alpha_右 = R - 270°$
b)

图1-3-25　竖盘存在指标差时的情况

注：

1. 取盘左、盘右（一个测回）观测的方法可自动消除指标差的影响；若 x 为正，则视线水平时的读数大于90°或270°，否则，情况相反。

2. 在多测回竖直角测量中，常用指标差来检验竖直角观测的质量。在观测同一目标的不同测回中或同测站的不同目标时，各指标各较差不应超过一定限值，如在经纬仪一般竖直角测量中，指标差较差应小于10″。

测量技能等级训练

一、单选题

1. 下列选项中,不属于全站仪测量的基本量的是(   )。
   A. 水平角   B. 竖直角   C. 坐标方位角

2. 全站仪由光电测距仪、(   )和微处理机及系统软件等数据处理系统组成。
   A. 电子经纬仪   B. 坐标测量仪   C. 读数感应仪

3. 某全站仪测距标称精度为 $\pm(a+b\times 10^{-6}\times D)$ mm,数字 a 和 b 分别表示(   )。
   A. 固定误差、相对误差
   B. 比例误差系数、绝对误差
   C. 固定误差、比例误差系数

4. 使用全站仪进行坐标测量工作,首先需进行测站点设置及后视方向设置,在测站点瞄准后视点后,其方向值应设置为(   )。
   A. 测站点至后视点的方位角
   B. 0°
   C. 90°

5. 下列关于提高施工测量放样精度的说法中,错误的是(   )。
   A. 点位误差与定向边的距离成反比,应尽量利用长边进行定向
   B. 点位误差与放样距离成正比,放样的距离不宜过长且要求放样边大于定向边
   C. 点位误差与放样角成正比,应尽量将放样角控制在 0°~90° 之间

6. 根据全站仪坐标测量的原理,在测站点瞄准后视点后,方向值应设置为(   )。
   A. 测站点至后视点的方位角
   B. 后视点至测站点的方位角
   C. 测站点至前视点的方位角

7. 全站仪测量地面点高程的原理是(   )。
   A. 水准测量原理   B. 导线测量原理   C. 三角高程测量原理

8. 若某全站仪的标称精度为 $\pm(3+2\times 10^{-6}\times D)$ mm,则用此全站仪测量 3km 长的距离,其中误差的大小为(   )。
   A. ± 7mm   B. ± 9mm   C. ± 11mm

9. 若某全站仪的标称精度为 $\pm(3+2\times 10^{-6}\times D)$ mm,当距离 D 为 0.5km 时,单向一次测距所能达到的精度是(   )。
   A. ± 4mm   B. ± 2mm   C. ± 3mm

10. 下列选项中不属于全站仪程序测量功能的是(   )。
    A. 水平距离和高差的切换显示
    B. 三维坐标测量
    C. 三边测量

11. 有些全站仪在测量距离时,若不能设定仪器高和棱镜高(目标高),则所显示的高差值是(　　)与棱镜中心的高差。

　　A. 全站仪横轴中心　　　B. 全站仪竖轴中心　　　C. 脚架中心

12. 用全站仪进行距离测量,安置好全站仪后,应首先设置相关参数,不仅要设置正确的大气改正数,还要设置(　　)。

　　A. 仪器高　　　　　　　B. 湿度　　　　　　　　C. 棱镜常数

13. 在用全站仪进行点位放样时,若棱镜高和仪器高输入错误,对放样点的平面位置(　　)。

　　A. 有影响

　　B. 盘左有影响,盘右不影响

　　C. 没有影响

14. 若某全站仪的标称精度为 $\pm(3+2\times10^{-6}\times D)$ mm,当距离 D 为 0.5km 时,若往返观测,其算术平均值的中误差是(　　)。

　　A. ±4.0mm　　　　　　B. ±2.8mm　　　　　　C. ±5.0mm

15. 在测距仪及全站仪的仪器说明上距离测量的标称精度,常写成 $\pm(A+B\times D)$,其中 B 称为(　　)。

　　A. 比例误差系数　　　　B. 固定误差系数　　　　C. 比例误差

16. 全站仪主要是由(　　)两部分组成。

　　A. 测角设备和测距仪

　　B. 电子经纬仪和光电测距仪

　　C. 仪器和脚架

17. 现在使用的全站仪,其光学系统中的望远镜光轴(视准轴)与测距光轴应(　　)。

　　A. 平行　　　　　　　　B. 同轴　　　　　　　　C. 正交

18. 用全站仪坐标放样功能测设点的平面位置,按提示分别输入测站点、后视点及设计点坐标后,仪器即自动显示测设数据 β 和 D。此时应水平转动仪器至(　　),视线方向即为需测设的方向。

　　A. 角度差为 $0°00'00''$　　　B. 角度差为 β　　　　　C. 水平角为 β

19. 在施工测量中用全站仪测设已知坐标点的平面位置,常用(　　)法。

　　A. 直角坐标法　　　　　B. 极坐标法　　　　　　C. 角度交会法

20. 用全站仪进行距离或坐标测量前,需设置正确的大气改正数,设置的方法可以是直接输入测量时的气温和(　　)。

　　A. 气压　　　　　　　　B. 湿度　　　　　　　　C. 海拔

21. 全站仪在使用时,应提前完成一些必要的设置。下列选项不属于全站仪必要设置的有(　　)。

　　A. 仪器参数和使用单位的设置

　　B. 棱镜常数的设置

　　C. 视准轴的设置

22. 全站仪有三种常规测量模式,下列选项不属于全站仪常规测量模式的是(　　)。

　　A. 角度测量模式　　　B. 方位测量模式　　　　C. 距离测量模式

23. 下列关于全站仪使用时注意事项的叙述,错误的是(　　)。

A. 全站仪的物镜不可对着阳光或其他强光源

B. 全站仪的测线应远离变压器、高压线等

C. 一天当中,上午日出后一小时至两小时,下午日落前三小时到半小时为最佳观测时间

24. 全站仪在测站上的操作步骤主要包括:安置仪器、开机自检、(　　)、选定模式、后视已知点、观测前视欲求点位及应用程序测量。

    A. 输入风速　　　　　　　B. 输入参数　　　　　　　C. 输入距离

25. 若用(　　)根据极坐标法测设点的平面位置,则不需要预先计算放样数据。

    A. 全站仪　　　　　　　　B. 水准仪　　　　　　　　C. 测距仪

26. 下列(　　)不是全站仪能够直接显示的数值。

    A. 斜距　　　　　　　　　B. 天顶距　　　　　　　　C. 水平角度

27. 下列选项中不属于全站仪测距模式的是(　　)。

    A. 精测　　　　　　　　　B. 快测　　　　　　　　　C. 复测

28. 全站仪代替水准仪进行高程测量中,下列选项中说法错误的是(　　)。

    A. 全站仪的设站次数为偶数,否则不能把转点棱镜高抵消

    B. 起始点和终点的棱镜高应该保持一致

    C. 转点上的棱镜高在仪器搬站时,可以变换高度

29. 下列关于全站仪使用注意事项的说法中,错误的是(　　)。

    A. 全站仪的物镜不可对着阳光或其他强光源

    B. 不可将全站仪直接放于地面上

    C. 仪器长期不用时,至少每半年通电检查一次

30. 下列关于全站仪的测角说法中,错误的是(　　)。

    A. 全站仪的右角观测是指仪器的水平度盘在望远镜顺时针转动时,其水平方向读数增加

    B. 与全站仪不同的是,光学经纬仪的水平度盘刻画是逆时针编号

    C. 电子度盘的刻度可根据需要设置盘左盘右观测

31. 全站仪分为基本测量功能和程序测量功能,下列属于基本测量功能的是(　　)。

    A. 坐标测量　　　　　　　B. 距离测量　　　　　　　C. 角度测量和距离测量

32. 全站仪的圆水准轴和管水准器轴的关系是(　　)。

    A. 相互平行　　　　　　　B. 相互垂直　　　　　　　C. 相交

33. 全站仪的竖轴补偿器是双轴补偿,可以补偿竖轴倾斜对(　　)带来的影响。

    A. 水平方向　　　　　　　B. 水平方向和竖直角　　　C. 视准轴

34. 全站仪显示屏显示的"HR"代表(　　)。

    A. 盘右水平角读数　　　　B. 盘左水平角读数　　　　C. 水平角(右角)

35. 下列关于全站仪角度测量功能的说明错误的是(　　)。

    A. 全站仪只能测量水平角

    B. 全站仪测角方法与经纬仪相同

    C. 当测量精度要求不高时,只需半测回

36. 全站仪显示屏显示的"VD"代表(　　)。

    A. 斜距　　　　　　　　　B. 水平距离　　　　　　　C. 垂直距离

37. 南方 NTS-300 系列全站仪棱镜常数改正应设置为( )。

    A. 0   B. 30   C. −30

二、实操题

全站仪极坐标法测设点位,如图 1-3-26 所示,用全站仪测设 1 点的位置,控制点 A、B 的坐标和 1 点的设计坐标自拟。

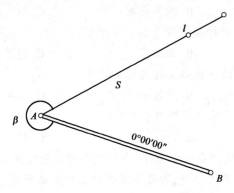

图 1-3-26　全站仪极坐标法测设点位示意图

项目四　GPS 测量技术

项目概要

随着现代科学技术的快速发展,传统的测量技术与手段已经逐步被全球导航卫星(GNSS)测量技术所取代。GNSS 采用全球导航卫星无线电导航技术确定时间和目标空间位置的系统,目前主要包指美国的 GPS、俄罗斯的 GLONASS、欧洲的 Galileoc 以及我国的北斗卫星导航系统。本项目主要介绍 GPS 的发展、特点、定位技术和 GPS 测量的设计与实施。

任务一　GPS　概　述

GPS 是一种可以授时和测距的空间交会定点的导航系统,可向全球用户提供全球性、全天候、连续、实时、高精度的三维位置、三维速度和时间信息。全名为 Navigation System Timing and Ranging /Global Positioning System,即"授时与测距导航系统/全球定位系统",简称 GPS 系统。在地面上用 GPS 接收机同时接收 4 颗以上卫星信号,根据卫星的精确信号以求得地面点位置。

1957 年,世界上第一颗人造卫星发射成功后,利用卫星导航定位的研究提到了议事日程。1973 年 12 月,美国陆、海、空三军继"海军导航卫星系统"(简称"NNSS",1958 年开始研制,1964 年正式运行)后,开始联合研制新一代空间卫星导航定位系统,历时 20 多年,耗资 300 亿美元。其目的主要是为陆、海、空三大领域提供实时、全天候和全球性的导航服务,并用于情报收集、核爆监测和应急通信等军事目的,是美国独霸全球战略的重要组成部分。

自从 1970 年 4 月以来,我国已成功发射了 30 多颗人造卫星。GPS 技术在大地测量、工程测量、航空摄影测量、地球动力学、海洋测量、水下地形测绘等各个领域得到广泛应用。为了适应 GPS 技术的应用与发展,我国的北斗卫星导航系统也成功建立并应用。

相对于常规测量来说,GPS 测量主要有以下特点:

(1)测量精度高。GPS 观测的精度明显高于一般常规测量,在小于 50km 的基线上,其相对定位精度可达 1×10^{-6},在大于 1000km 的基线上,可达 1×10^{-8}。

(2)测站间无须通视。GPS 测量不需要测站间相互通视,可根据实际需要确定点位,使得选点工作更加灵活方便。

(3)观测时间短。随着 GPS 测量技术的不断完善和软件的不断更新,在进行 GPS 测量时,静态相对定位每站仅需 20min 左右,动态相对定位仅需几秒钟。

(4)仪器操作简便。目前 GPS 接收机自动化程度越来越高,操作逐渐智能化,观测人员只需对中、整平、量取天线高及开机后设定参数,接收机即可进行自动观测和记录。

(5)全天候作业。GPS 卫星数目多,且分布均匀,可保证在任何时间、任何地点连续进行观测,一般不受天气状况的影响。

(6)提供三维坐标。GPS测量可同时精确测定测站点的三维坐标,其高程精度可满足四等水准测量的要求。

<h1 style="text-align:center">任务二 GPS 的 组 成</h1>

GPS定位系统主要由三大部分组成,即空间运行的GPS空间部分、地面监控部分和用户装置部分。

一 空间部分

空间部分由分布在6个轨道面上的24颗卫星组成(21颗工作卫星和3颗备用卫星),卫星上安置了精确的原子钟、发射和接收系统等装置。

二 地面控制部分

地面控制部分由主控站(负责管理、协调整个地面系统的工作)、注入站(即地面卫星,在主控站的控制下向卫星注入导航电文和其他命令)、监测站(数据自动收集中心)和通信辅助系统(数据传输)组成。

三 用户装置部分

用户装置部分由天线、接收机、微处理机和输入输出设备组成。

以上这三个部分共同组成了一个完整的GPS系统(图1-4-1)。

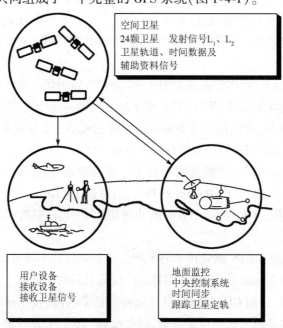

空间卫星
24颗卫星 发射信号L_1、L_2
卫星轨道、时间数据及
辅助资料信号

用户设备
接收设备
接收卫星信号

地面监控
中央控制系统
时间同步
跟踪卫星定轨

图1-4-1 完整的GPS系统

任务三　GPS坐标系统

GPS卫星是绕地球运行的运动物体,卫星所在的位置与其选择的坐标系统和时间系统是分不开的。GPS系统采用的是WGS-84世界大地坐标系(图1-4-2),GPS接收机所观测得到的成果正是基于WGS-84世界大地坐标系,而用户的测量成果往往属于某一国家或某一地区的大地坐标系,这就需要将WGS-84世界大地坐标转换成国家(或地区)的大地坐标,进而转换成平面直角坐标。

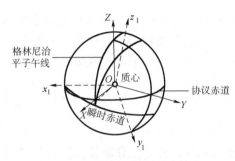

图1-4-2　WGS-84世界大地坐标系

WGS-84世界大地坐标系是一种协议地球坐标系,其原点位于地球质量的中心,WGS-84坐标系所采用的椭球体,称为WGS-84椭球体。椭球的主要参数为:长半轴 $a = 6378137\text{m} \pm 2\text{m}$、扁率 $\alpha = 1/298.257223563$。

任务四　GPS卫星定位原理

测量学中有测距交会确定点位的方法。与其相似,无线电导航定位系统、卫星激光测距定位系统,其定位原理也是利用测距交会的原理确定点位。

GPS卫星发射测距信号和导航电文,导航电文中含有卫星的位置信息。用户用GPS接收机在某一时刻同时接收3颗以上的GPS卫星信号,测量出测站点(接收机天线中心) P 至3颗以上GPS卫星的距离并解算出该时刻GPS卫星的空间坐标,利用距离交会法解算出测站 P 的位置。

在GPS定位中,GPS卫星是高速运动的卫星,其坐标随时间在快速变化着。需要实时地由GPS卫星信号测量出测站至卫星之间的距离,实时地由卫星的导航电文解算出卫星的坐标值,并进行测站点的定位。依据测距的原理,其定位原理与方法主要有伪距法定位、载波相位测量定位以及差分GPS定位等。

 根据定位所采用的观测值

1.伪距定位

伪距定位所采用的观测值为GPS伪距观测值,所采用的伪距观测值既可以是C/A码伪距,也可以是P码伪距。伪距定位的优点是数据处理简单,对定位条件的要求低,不存在整周模糊度的问题,可以轻松实现实时定位;其缺点是观测值精度低,C/A码伪距观测值的精度一般为3m,P码伪距观测值的精度一般也在30cm左右,从而导致定位成果精度低。

2. 载波相位定位

载波相位定位所采用的观测值为 GPS 的载波相位观测值，即 L_1、L_2 或它们的某种线性组合。载波相位定位的优点是观测值的精度高，一般优于 2mm；其缺点是数据处理过程复杂，存在整周模糊度的问题。

二 根据定位的模式

1. 绝对定位

绝对定位又称为单点定位，即利用 GPS 卫星和用户接收机之间的距离观测值直接确定用户接收机天线在 WGS-84 坐标系中相对于坐标系原点——地球质心的绝对位置。这是一种采用一台接收机进行定位的模式（图 1-4-3），它所确定的是接收机天线的绝对坐标。这种定位模式的特点是作业方式简单，可以单机作业。绝对定位一般用于导航和精度要求不高的作业中。

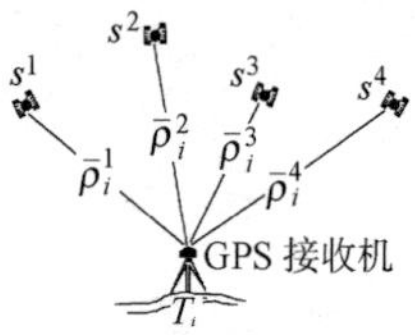

图 1-4-3　单点定位

2. 相对定位

相对定位又称为差分定位，这种定位模式采用两台以上的接收机，同时对一组相同的卫星进行观测，以确定接收机天线间的相互位置关系。它是目前 GPS 定位中精度最高的一种定位方法。

GPS 定位的方法是多种多样的，用户可以根据不同的用途采用不同的定位方法。

任务五　GPS 测量的设计与实施

与常规测量相类似，GPS 测量外业工作可分为外业准备、外业实施和外业结束三个阶段。外业准备阶段的主要内容是根据测量任务的性质和技术要求，编写技术设计书，进行踏勘、选点，制订外业实施计划；外业实施阶段主要包括外业的观测和记录以及有关的后勤管理；外业结束阶段主要内容为观测数据和其他资料的检查、整理和上交，对不合格的数据或资料进行重测或淘汰。

一 GPS 控制网的技术设计

技术设计是根据测量任务书提出的任务范围、目的、精度和密度的要求以及完成任务的期限和经济指标，结合测区的自然地理条件，依据测量规范的有关技术条款，选择适宜的 GPS 接收机，设计出最佳 GPS 卫星定位网形，提出观测纲要和实施计划，编写技术设计是建网的技术依据。

1. GPS 测量精度指标

由于精度指标的大小将直接影响 GPS 网的布设方案及 GPS 作业模式，因此，在实际设计中，应根据用户的实际需要及设备条件确定。控制网可以分级布设，也可以越级布设或布设同级全面网。

2. 网形设计

在常规测量中，控制网的图形设计是一项重要的工作。而在 GPS 测量时，由于不要求测站点间通视，因此其图形设计具有较大的灵活性。网的图形设计，主要取决于用户的要求，经费、时间和人力物力的消耗以及所需设备的类型、数量和后勤保证条件等，也都与网的设计有关。根据不同用途，GPS 网的基本构网方式分为点连式、边连式、网连式和边点混合式四种。

点连式，如图 1-4-4a)所示，是相邻的同步图形(即多台接收机同步观测卫星所获基线构成的闭合图形，又称同步环)之间仅用一个公共点连接。这种方式所构成的图形几何强度很弱，一般不单独使用。

边连式，如图 1-4-4b)所示，是指相邻同步图形之间由一条公共基线连接。这种布网方案中，复测的边数较多，网的几何强度较高。非同步图形的观测基线可以组成异步观测环，异步环常用于检查观测成果的质量。因此边连式的可靠性优于点连式。

网连式是指相邻同步图形之间有两个以上的公共点连接。这种方法要求 4 台以上的接收机同步观测。它的几何强度和可靠性更高，但所需的经费和时间也更多，一般仅用于较高精度的控制测量。

边点混合式是指将点连式和边连式有机结合起来组成 GPS 网，如图 1-4-4c)所示。它是在点连式基础上加测四个时段，把边连式与点连式结合起来得到的。这种方式既能保证网的几何强度，提高网的可靠性，又能减少外业工作量，降低成本，因而是一种较为理想的布设方法。

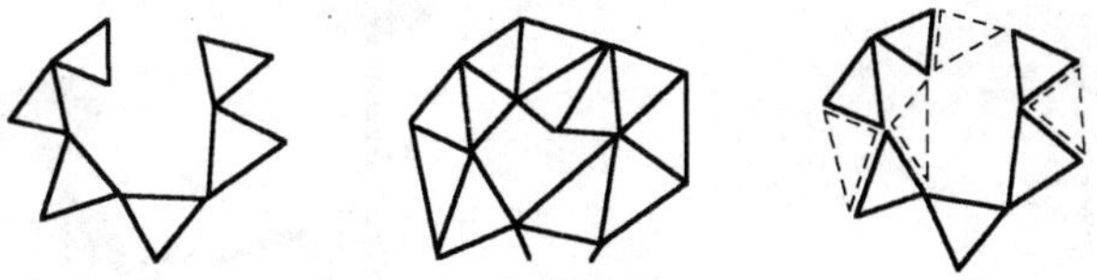

a)   b)   c)

图 1-4-4 网形设计形式
a)点连式;b)边连式;c)边点混合式

对于低等级的 GPS 测量或碎部测量，也可采用星状网，优点是观测中通常只需要两台 GPS 接收机，作业简单。

进行网形设计时，需注意:

(1)GPS 网必须由同步独立观测边构成若干个闭合环或附合路线，以构成检核条件，提高网的可靠性。

(2)尽管 GPS 测量不要求相邻测站点之间通视，但为了今后便于用常规测量方法联测或扩展，要求每个控制点应有一个以上的通视方向。

(3)为了确定 GPS 网与原有地面控制网之间的坐标转换参数，要求至少有 3 个 GPS 控制网点与地面控制网点重合。

(4)GPS 网点应考虑与水准点相重合，非重合点一般进行等级水准联测，以便为大地水准面研究提供资料。

二 选点与建立标志

由于 GPS 测量测站之间不要求通视，而且网的图形结构比较灵活，故选点工作较常规测量简便。又由于其自身的特点，因此，GPS 网点选取时应满足以下要求:

(1)应尽量选在视野内，不应有成片障碍物，以免阻挡来自卫星的信号。

(2)应避开高压输电线、变电站等设施，其最近处不得小于 200m，同时距离强辐射电台、电视台、微波站等不得小于 400m。

(3)应尽量选在交通方便的地方。

选定点位后,各级 GPS 网点上应埋设相应规格的标石或标志,在网中选若干点的坐标值,并加以固定。

三 外业观测

1. 天线安置

天线的相位中心是 GPS 测量的基准点,所以妥善安置天线是实现精密定位的重要条件之一。天线安置的内容包括对中、整平、定向和量测天线高。

2. 观测作业

观测作业(图 1-4-5)的主要任务是捕获 GPS 卫星信号并对其进行跟踪、接收和处理,以获取所需要的定位信息和观测数据。

事实上,GPS 接收机的自动化程度很高,一般仅需按动若干功能键,即可顺利地完成测量工作。

图 1-4-5　观测作业

3. 观测记录

观测记录的形式一般有两种。一种是接收机自动形成,并保存在接收机存储器中,供随时调用和处理;另一种需要记录在测量手簿上。

四 成果检核与数据处理

GPS 测量外业结束后,必须对采集的数据进行处理,以求得观测基线和观测点位的成果,同时进行质量检核,以获得可靠的最终定位成果。数据处理用专业软件进行,不同的接收机以及不同的作业模式配置各自的数据处理软件。

任务六　南方测绘灵锐 S82C GPS RTK 操作简介

南方测绘灵锐 S82C GPS RTK 接收机如图 1-4-6 所示。

一 仪器的连接——基准站

GPS RTK 基准站如图 1-4-7 所示,接收机如图 1-4-8 所示。

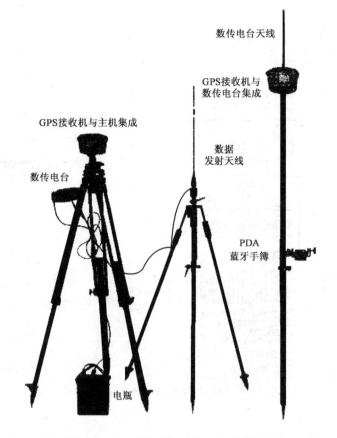

图1-4-6 南方测绘灵锐 S82C GPS RTK 接收机

图1-4-7 GPS RTK 基准站

图1-4-8 接收机

1. 基准站—主机面板连接

主机三声关机,四声动态,五声静态,六声恢复初始设置。DL灯常亮,STA灯5秒钟闪一次,表示处在静态模式;STA灯常亮,DL灯5秒钟快闪两次,表示处在动态模式动态时。

南方测绘灵锐 S82 GPS RTK 连接设备如图1-4-9所示。

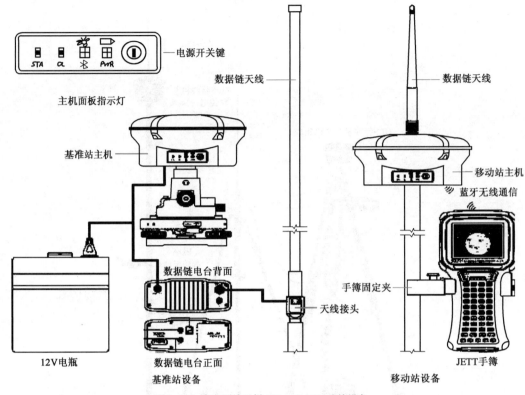

图 1-4-9　南方测绘灵锐 S82 GPS RTK 连接设备

2.基准站架设注意事项

基准站架设的好坏,将影响移动站工作的速度,并对移动站测量结果有着重要的影响,因此,观测站位置应具有以下条件:

(1)在 10°截止高度角以上的空间应没有障碍物。

(2)邻近不应有强电磁辐射源,例如,电视发射塔、雷达电视发射天线等,以免对 RTK 电信号造成干扰,离强电磁辐射源的距离不得小于 200m。

(3)基准站最好选在地势相对高的地方,以利于电台的作用距离。

(4)地面稳固,易于点的保存。

(5)如果在树木等对电磁传播影响较大的物体下设站,则当接收机工作时,接收的卫星信号将产生畸变,影响 RTK 的差分质量,使得移动站很难 FIXED。

二　仪器的连接——移动站

主机三声关机,四声动态,五声静态,六声恢复初始设置,七声是基准站和移动站互换。DL 灯常亮,STA 灯 5 秒钟闪一次,表示处在静态模式。动态模式时,DL 灯 1 秒钟闪一次。GPS RTK 移动站如图 1-4-10 所示。

三　工程之星 3.0 操作

1.程序安装

Psion 手簿 7527 版工程之星 3.0 程序文件为 EGStar.exe 文件,此文件放在手簿的"我的设

备\Flash Disk\EGStar\"目录下即可,运行一次桌面上自动
生成快捷方式。

2.蓝牙连接

打开蓝牙界面有以下3种方法:

(1)开始→设置→控制面板→蓝牙 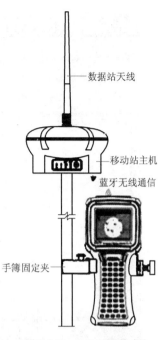。

(2)任务栏右下角蓝牙符号 ▒(蓝牙硬件必须是启用
状态)。

(3)工程之星→端口配置→蓝牙按钮 █。

"已配对"里面如果有配对的其他蓝牙,可以选择后
"移除",同时配对主机最多为9台,端口为COM0—COM8,
如图1-4-11所示。

选择"设备"→"扫描",如果GPS主机开机就会在
Name列出现主机号,如图1-4-12所示。

选择要配对的主机"配对"(如果弹出加密提示不要输
入密码),选择打钩"Serial Port",如图1-4-13所示;端口一
般选择COM7(没有占用的端口都可以选择),如图1-4-14
所示。

图 1-4-10　GPS RTK 移动站

数据站天线

移动站主机

蓝牙无线通信

手簿固定夹

图 1-4-11　蓝牙"已配对"界面图

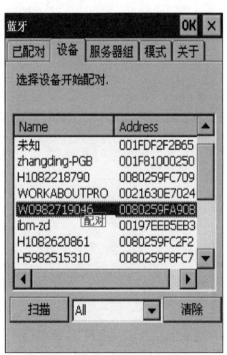

图 1-4-12　蓝牙"设备"界面图

配对成功显示如图1-4-15所示。

蓝牙配对后,GPS在动态模式(基准站/移动站)下运行工程之星自动启用连接,如中间断
开,可点"配置"→"端口设置",选择相应的端口和波特率点击"确定"即可重新连接。

图 1-4-13 选择配对的服务

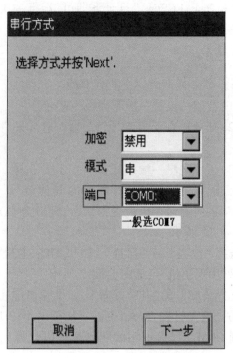

图 1-4-14 串行方式界面图

图 1-4-15 蓝牙配对成功

3. 配置(此项为工程默认,正常不需调整)

电台通道调整方式如图 1-4-16 所示。

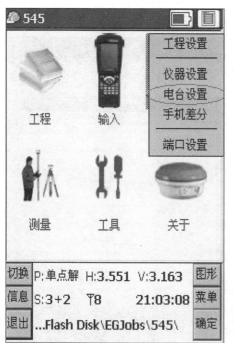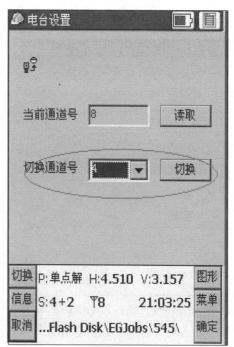

图 1-4-16　电台通道调整

4. 新建工程(打开工程)

新建工程界面如图 1-4-17 所示。

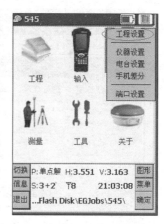

图 1-4-17　新建工程界面

　　工程之星 3.0 是以工程形式来管理作业的,每建一个工程自动生成一个工程总目录,存在"我的设备\flash disk\EGJobs\"下,不用的工程可以直接删除目录。工程目录下重要文件说明(文件名和工程名一致)如下:

　　　　.eg(工程)、.rtk(WGS-84 大地坐标)、*.dat(地方坐标)

　　有的坐标系直接选择,若无,则应编辑增加需要的坐标系,如图 1-4-18 所示。

　　坐标系、存储、显示、截止角、天线高调整(新建工程时可选):有参数时,可以直接输入并选择使用参数,一般情况下"四参数""七参数""高程参数"等都需要计算才能得出且可自动启用,故新建工程时默认即可,如图 1-4-19 所示。

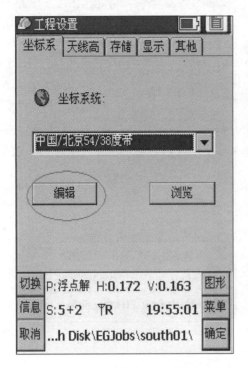

图 1-4-18　增加坐标系界面

图 1-4-19　增加参数系统界面

5. 求转换参数、校正向导

在工程应用中,使用GPS卫星定位系统采集到的数据是WGS-84坐标系数据,而目前我们测量成果普遍使用的是以1954年北京坐标系或是地方(任意/当地)独立坐标系为基础的坐标数据。因此必须将WGS-84坐标转换到BJ-54坐标系或地方(任意)独立坐标系,如图1-4-20所示。

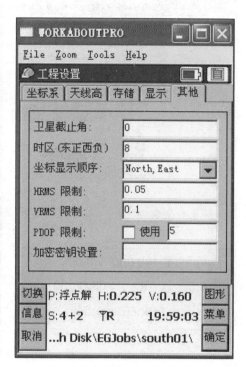

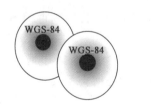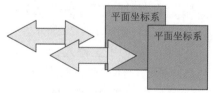

图1-4-20　坐标转换界面

把GPS坐标系统转换到当地平面坐标系统的操作步骤如下:

(1)有四参数及高程参数或七参数及高程参数时可直接输入坐标系中并使用,不需要求转换参数,但需要每次架设好基站后用一个已知点进行"校正向导",基站改变或再次开机需新建工程后重新"校正向导",如图1-4-21所示。

①基站架在已知点:基站需整平对中量取仪器高,移动站在任何地方固定解状态,输入基站地方坐标及基站仪器斜高后点"校正"→"确定"即可。

②基站架在未知点:基站随意架设,移动站在某一已知点固定解状态,输入移动站所在点地方坐标及天线高后点"校正",气泡居中时点"确定"即可。

(2)只有地方坐标时需要求转换参数,将WGS-84坐标转换到地方坐标。

要求:至少有两个地方坐标已知点,原则上已知点越多越均匀越好,参数控制范围不超过已知点分布范围1.5倍。RTK测量的WGS-84坐标一般不用于求七参数（可以用"工具"→"坐标转换"→"计算七参数"功能求七参数并直接使用），故工程之星的"求转换参数"功能求取四参数+高程参数，求取方式按默认，完毕后自动启用。如果一个坐标系原来有四参数，工程之星3.0可以重新正确计算现有的参数而不必先关闭原来的参数。

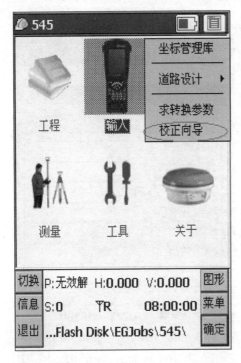
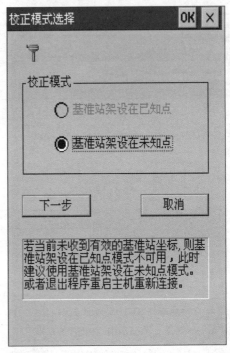

图1-4-21　校正模式选择界面

推荐操作方法：

①固定解状态进入"点测量"将用于采集已知点的全部参数，可以得到WGS-84坐标，存在 *.rtk 文件内，例 k1、k2、k3，如图1-4-22所示。

控制点已知平面坐标一般为手工输入，如果事先将地方坐标导入手簿也可通过"坐标管理库"调用，如图1-4-23所示。注："坐标管理库"可以调用任何类型的点文件，且不影响原文件内容，在求转换参数及放样功能中经常用到。

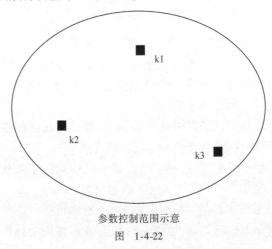

参数控制范围示意

图　1-4-22

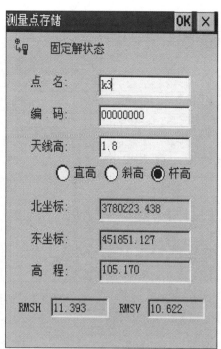

图 1-4-22　测量点存储界面

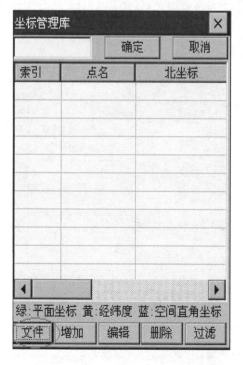

图 1-4-23　坐标库管理库界面

本操作只能利用"坐标管理库"调用 WGS-84 大地坐标,即 ∗.rtk 文件,如图 1-4-24 所示。

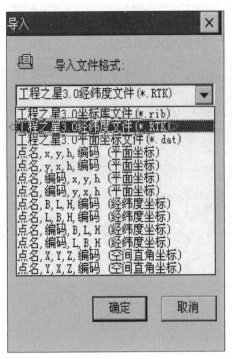
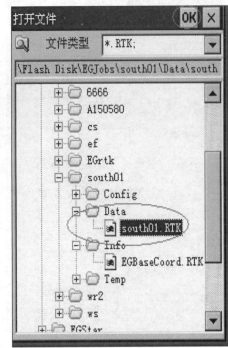

图 1-4-24　打开文件界面

选择对应已知点的 WGS-84 坐标,直至所有已知点增加完成(增加 k2、k3 点的操作略),如图 1-4-25 所示。

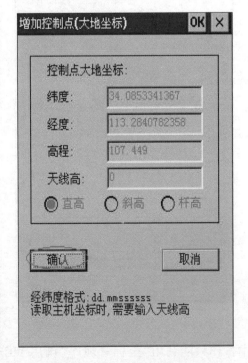

图 1-4-25　增加控制点界面

如果输入错误可选中点进行编辑,完成后保存参数文件 *.cot(此文件存 WGS-84 和地方两套坐标,可以保存在任何位置以备需要时调用)。

应用后参数自动启用,可以进入相应功能进行查看。

②"工具"→"坐标转换"→"计算七参数"。

求取方法为增加点的 WGS-84 坐标(可调取 *.rtk 文件)后增加对应的地方坐标,3 个点及以上即可求出准确七参数,可以直接使用。

四 工程之星 3.0 操作实现 GPS RTK 仪器功能

1.点测量

"测量"→进入"点测量"界面。

快捷键 A 采点(固定解且气泡平时按),BB 查看测量点。

2.点放样

"测量"→进入"点放样"界面,如图 1-4-26 所示。

点"目标"进入坐标管理库,如图 1-4-27 所示,手工可以增加点,也可以通过文件调入点。

图 1-4-26 "点放样"界面

图 1-4-27 坐标管理库界面

如果不显示"目标",请点按钮。

导入点时选择相应格式的文件即可(例:工程之星平面坐标文件),如图 1-4-28 所示。

例:点名,x,y,h,编码(平面坐标)。计算机上按此种格式要求编辑好文件,扩展名和分隔符可自定,注意选择导入类型,如果不显示,查看一下"过滤"设置,如图 1-4-29 所示。

选择要放样的点,点"确定"开始放样。

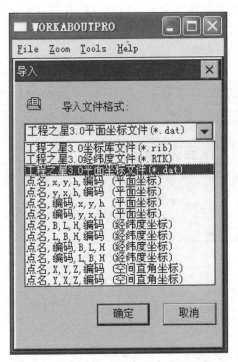
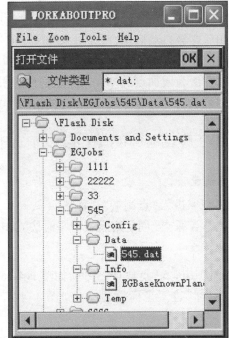

图 1-4-28　导入点的界面

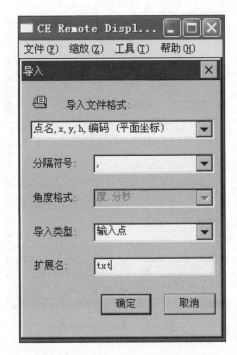

图 1-4-29　导入文件格式界面

3. 线放样

"测量"→进入"直线放样"界面，如图 1-4-30 所示。

和点放样不同的是"直线放样库"一般用"增加"，如图 1-4-31 所示。

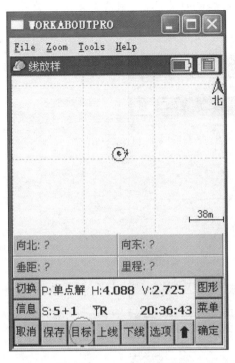

图 1-4-30　线放样界面

图 1-4-31　直线放样库界面

　　输入直线的信息,起点及终点坐标可以手工输入,也可以通过"坐标管理库" 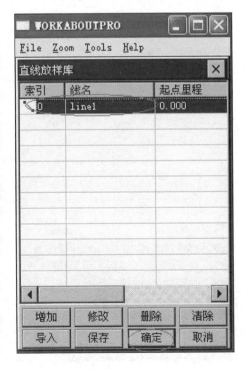 调入。增加直线完成后选取要放样的直线进行放样,如图 1-4-32 所示。

图 1-4-32　选取直线进行放样

直线放样以北、东方向为基准,垂距为偏离直线的垂直距离,里程显示可以放样直线上的任意距离,如图 1-4-33 所示。

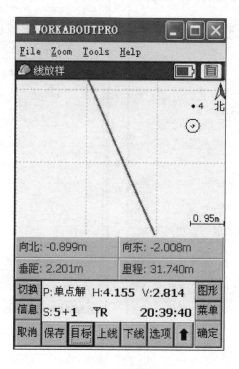

图 1-4-33 线放样操作界面

(1)增加放样直线,如图 1-4-34 所示。

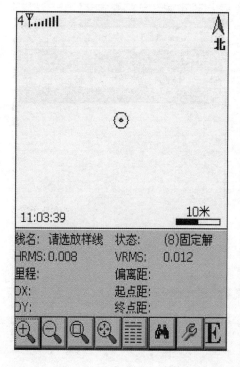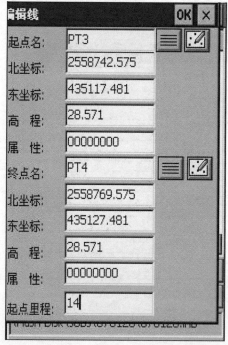

图 1-4-34 增加放样直线

（2）确定直线位置，如图 1-4-35 所示。

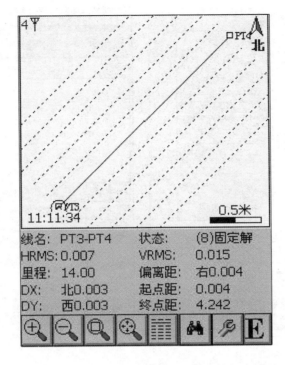

图 1-4-35　确定直线位置

4. 线路放样

（1）线路设置。

选择"工具"，进入下拉菜单，选择道路设计，如图 1-4-36 所示。

根据线路设计所需要的设计要素按照软件菜单提示录入后，软件按要求计算出线路点坐标和图形。道路设计菜单包括两种道路设计模式：元素模式和交点模式。

①线路放样——元素模式。

元素模式是道路设计里惯用的一种模式，它是将道路线路拆分为各种道路基本元素（点、直线、缓曲线、圆曲线等），并按照一定规则把这些基本元素逐一添加组合成线路，从而达到设计整段道路的目的。

"间隔"为生成线路点坐标的间隔；"整桩号""整桩距"是生成坐标的方式；"路名"为所需要设计的道路名称；"里程"为起始点里程，如图 1-4-37 所示。

道路元素分为点、直线、缓曲线、圆曲线。各种元素的组合要遵循道路设计规则，要根据界面提示添加相应的数据信息，如：点要素只需要输入 X 坐标和 Y 坐标，直线元素只需要输入方位角和长度，如图 1-4-38 所示。

点击"图形绘制"按钮，可得到道路计算后绘制的图形，如图 1-4-39 所示。

②线路放样——交点模式。

交点模式是目前普遍使用的道路设计方式。如图 1-4-40 所示，进入道路设计中的交点模式用户只需输入线路曲线交点的坐标以及相应路线的缓曲长、半径、里程等信息，就可以得到要素点、加桩点、线路点的坐标（图 1-4-41）以及直观的图形显示（图 1-4- 42），从而可以方便地进行线路放样等测量工作。

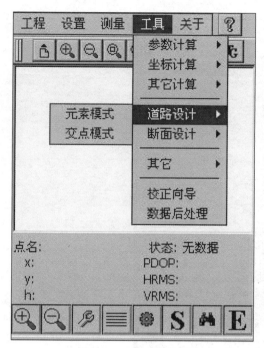

| 工程 | 设置 | 测量 | 工具 | 关于 | ? |

参数计算 ▶
坐标计算 ▶
其它计算 ▶

元素模式   道路设计 ▶
交点模式   断面设计 ▶

其它 ▶

校正向导
数据后处理

点名: 状态: 无数据
x: PDOP:
y: HRMS:
h: VRMS:

线路设计   ✕

数据录入 | 图形绘制

| 要素 | X坐标 | Y坐标 |

◀   ▶

间隔: 20   ● 整桩号 ○ 整桩距
文件:
路名: 里程: 0
新建   打开   保存   计算
插入   修改   删除

图 1-4-36 道路设计界面 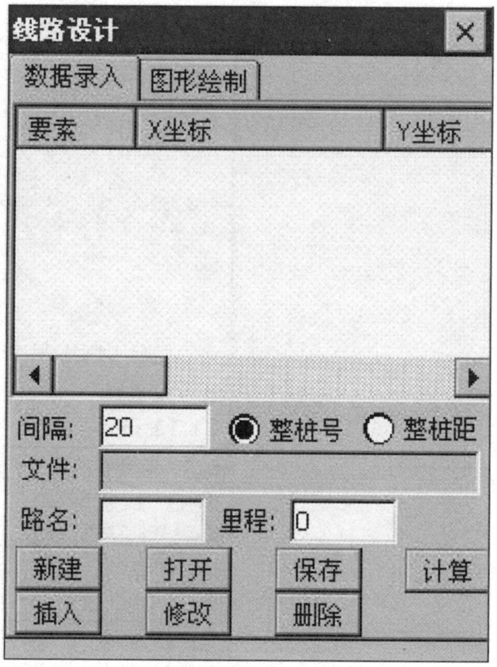   图 1-4-37 线路设计界面

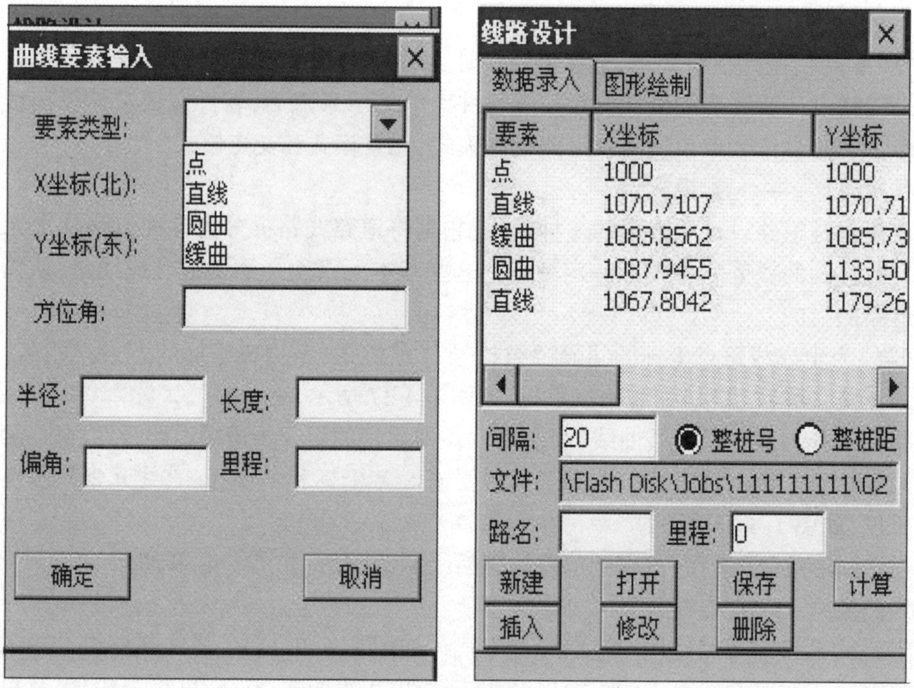

曲线要素输入   ✕

要素类型: ▼

X坐标(北):   点
             直线
Y坐标(东):   圆曲
             缓曲

方位角:

半径: 长度:

偏角: 里程:

确定   取消

线路设计   ✕

数据录入 | 图形绘制

要素	X坐标	Y坐标
点	1000	1000
直线	1070.7107	1070.71
缓曲	1083.8562	1085.73
圆曲	1087.9455	1133.50
直线	1067.8042	1179.26

◀   ▶

间隔: 20   ● 整桩号 ○ 整桩距
文件: \Flash Disk\Jobs\111111111\02
路名: 里程: 0
新建   打开   保存   计算
插入   修改   删除

图 1-4-38 各元素的输入

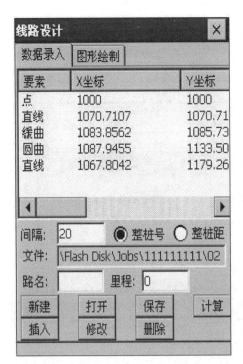
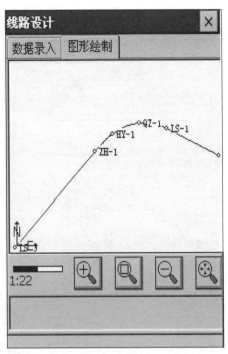

图1-4-39　道路计算后绘制的图形

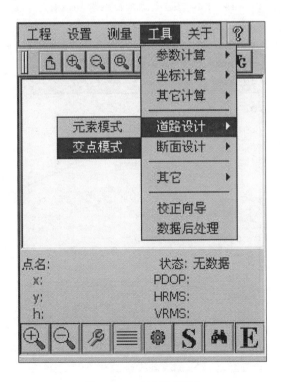

图1-4-40　交点模式界面

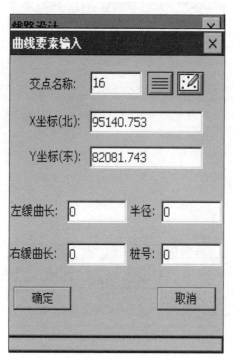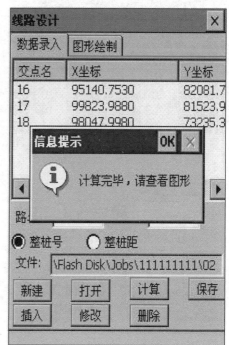

图 1-4-41　要素点、加桩点、线路点的坐标

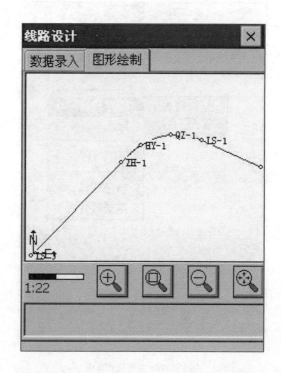

图 1-4-42　直观的图形

（2）放样。

列表中显示设计文件中所有的点（默认设置），用户也可以通过在列表下的标志、加桩、计算、断面前的对话框中勾选是否在列表中显示这些点，如图1-4-43所示。选择要放样的点，如果要进行整个线路放样，就按"线路放样"按钮，进入线路放样模式进行放样；如果要对某个标志点或加桩点进行放样，就按"点放样"按钮，进入点放样模式。如果要对某个中桩的横断面放样，就按"断面放样"。

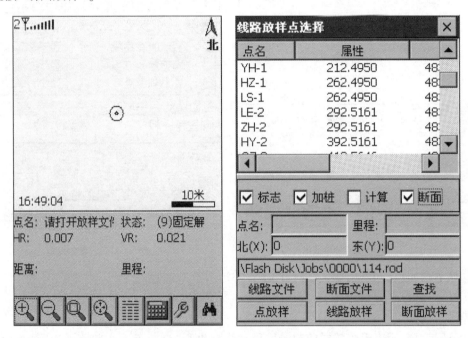

图1-4-43　线路放样点的选择

在放线库中调入设计文件，选择线路放样以后进入放样界面。

线路放样实际上是点放样的线路表现形式，即在点放样时以设计的线路图为底图，实时显示当前点在线路上映射点（当前点距线路上距离最近的点）的里程和前进方向的左偏距或右偏距。在图中会显示整个线路和当前的测量点，并实时计算当前点是否在线路范围内，如果在线路范围内，就计算出到该线路的最近距离和该点在线路上的映射点的里程；如果不在线路范围内，就给出提示，如图1-4-44所示。

（3）参数设置，如图1-4-45所示。

①最小值、最大值：点放样下面的圆圈提示和报警提示，当离放样点的距离小于最大值并且选择了声音提示时，就发出声音提示。

②北方向、线方向：用来进行线路放样和点放样两种方向指示模式的互相切换。

③属性赋值里程：用来表示测量点时是否把里程作为属性。

④显示所有放样路线：如果选择了，就显示所有的放样路线。

⑤显示标志点：如果选择了，就在图中显示所有的标志点。

⑥显示加桩点：如果选择了，就在图中显示所有的加桩点。

⑦显示测量点：如果选择了，就在图中显示测量点，并且显示的测量点个数跟下面设置"显示测量点个数"一样，如果选择显示"全部"测量点，就把所有采集点都显示出来，如果选择显示"3"个点，就显示最近的3个采集点。

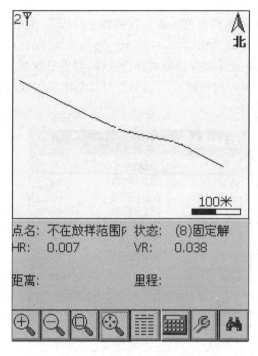

图 1-4-44　点不在线路范围内

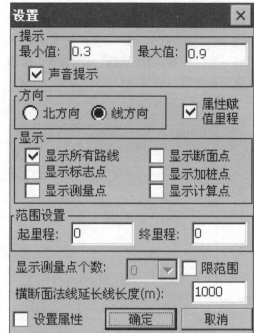

图 1-4-45　参数的设置

⑧显示断面点:如果选择了,就在图中显示所有的断面点。

⑨显示加桩点:如果选择了,就在图中显示所有的加桩点。

⑩显示计算点:如果选择了,就在图中显示所有的计算点。

⑪范围设置:用来设置放样的起始里程和终点里程,当前点不在此范围内时,不会计算偏距和里程,但会提示不在线路范围内。

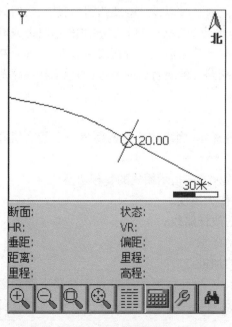

图 1-4-46　断面测量

⑫设置属性:用来设置属性。

⑬横断面法线延长线长度:用来设置横断面法线延长线的长度,默认值是 30m。

5. 断面测量

首先点击线路放样主界面中的"断面文件"按钮,然后选择断面文件;当在设计线路时,软件会自动计算每一个中桩以及计算桩的切线方位角,并生成横断面文件,文件格式为 *. tdm;选择了文件之后,就可以选取某个中桩的横断面进行放样,如图 1-4-46 所示,放样的是中桩为 120 的横断面。图中的直线段就是该横断面的法线延长线,这样就可以轻松放样这个横断面上的点。

在线路放样功能界面下,既可以放样,也可以进行纵横断面的测量,横断面的测量可以在断面放样中完成,纵断面测量只要保持在线路上测量就可以,当然纵横断面测量之后,需要进行格式转换才能得到我们常用的格式。

之后点击上面的"测量文件",选择测量文件,然后根据需要,选择纬地或者天正这两种软件格式,完成后点击下面的"转换"按钮;转换完成后会在相应的文件夹下生成 ∗.hdm 和 ∗.dmx文件,即横断面文件和纵断面文件,如图1-4-47所示。

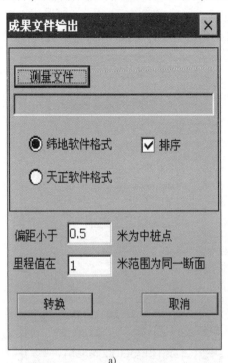

a)

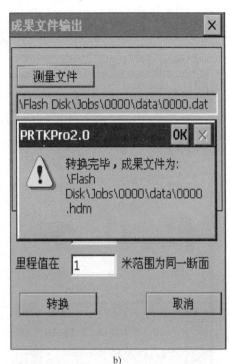

b)

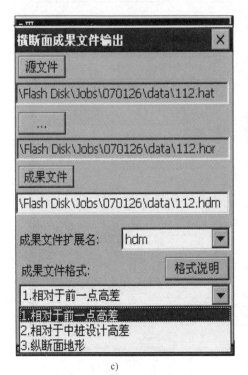

c)

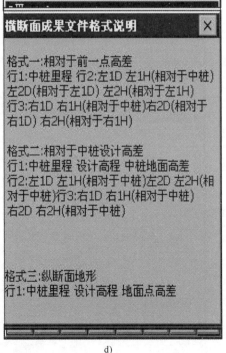

d)

图1-4-47　成果输出

五 工程之星 3.0 后期处理

1. 数据导入/导出

数据导入/导出采用如图 1-4-48 所示步骤进行。测量的数据 *.dat 可以以需要的格式导出,也可自定义格式(文件导入功能可以导入南方加密参数文件 *.er 和天宝参数文件 *.dc)。

a)

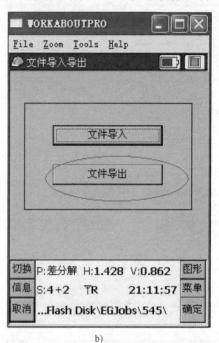

b)

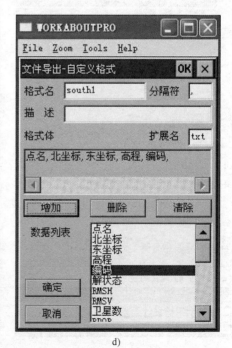

c)   d)

图 1-4-48

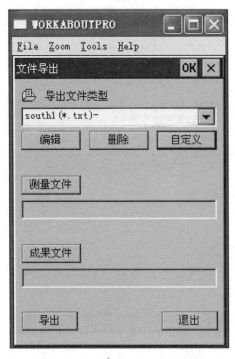

e)

f)

g)

h)

图 1-4-48

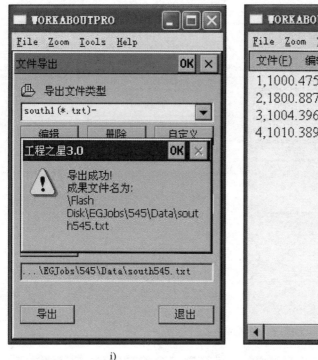
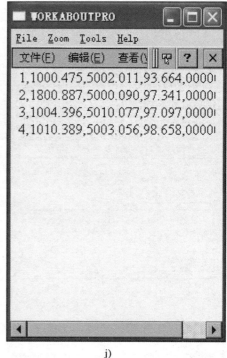

i)   j)

图 1-4-48　数据导出步骤

　　导出的文件存在手簿上有两种路径:如插入 SD 卡可直接选择导出到 SD 卡,没有插 SD 卡则没有 SD 卡选项,只能导出到手簿本工程下,再通过传输线传至计算机。

2. 数据传输

(1)SD 卡里的数据通过读卡器可以直接在手簿和电脑交换。

(2)手簿里的数据需要用专用数据线和电脑连接交换,电脑上安装传输软件 microsoft active sync 4.5 即可实现此功能。

<h2 align="center">任务七　GPS 常规检校方法</h2>

　　各类测绘仪器均应定期在具有测绘仪器检定资质的部门进行检定,每年检定一次,检定合格的仪器方可使用。GPS 设备在每次项目开工前,要进行常规检验和校正。

　　GPS 设备的常规检验和校正项目包括一般检视、通电检验、对中器、水准器的检校等。检验记录表见表 1-4-1。

卫星定位接收机常规检验记录表　　　　　　　　　　　　　表 1-4-1

仪器名称		编号		检验员		
				日期		
作业内容						
一般检视		接收机及天线的外观是否良好			是	否
		各种部件及其附件是否齐全,完好			是	否
		需要紧固的部件是否紧固			是	否
		设备的使用手册是否齐全			是	否

通电检视	通电后有关信号灯、按键、显示系统是否正常			是	否
检验校正	检验			校正	
基座水准器	圆水准气泡是否居中	居中	不居中	圆水准气泡是否居中	居中	不居中
光学对中器	光学对中器中心与地面点中心的偏差小于1mm时合格,大于1mm时不合格	<1mm	>1mm	光学对中器中心与地面点中心的偏差小于1mm时合格,大于1mm时不合格	<1mm	>1mm
流动杆	流动杆气泡在1m处对点误差应小于1.5mm	<1.5mm	>1.5mm	流动杆气泡在1m处对点误差应小于1.5mm	<1.5mm	>1.5mm
备注						

1.一般检视内容

(1)接收机、天线、数据链设备及手簿均应保持外观良好,允许有不影响计量性能的外观缺陷。检定对象应无碰伤、划痕、胶漆和腐蚀。部件结合处不应有缝隙,密封性良好,紧固部分不应有松动现象。

(2)接收机主机、天线、数据链及手簿控制器应标有仪器型号及序列号,天线类型应与主机匹配。

(3)数据链类型与接口应与接收机匹配,基准站与流动站数据链设备应匹配。

(4)手簿控制器接口应与接收机接口匹配。

(5)各种配件齐全。

(6)设备使用手册、后处理软件手册应齐全,软件须有效。

2.通电检查内容

(1)接收机自检功能应正常。

(2)与电源正确连接后,各部分(包括主机、数据链和手簿控制器等)有关信号灯按键、显示系统等工作状态应正常。

(3)利用自测试命令检测仪器工作必须正常,接收机锁定卫星的时间快慢、信噪比及信号失锁情况应符合厂方指标。

(4)基准站数据链发射状态与流动站数据链接收状态及指示应正常。

(5)手簿控制器自检及相关软件应启动正常,并应能正确显示接收机及数据链状态。手簿控制器软件应能根据要求设置基准站与流动站的各项参数。

(6)数传电台应满足《无线数据传输收发机通用规范》(GB/T 16611—2017),传输频率符合国家无线电管理委员会的要求。应有多个数据传输频点且频点应可调,调制参数应与接收机相应接口的通信参数一致,波特率不应低于9600bit/s,数据传输延迟时间应小于1s,具备电源反接保护等功能。

任务八　其他定位系统

提到卫星定位导航系统,人们就会想到GPS,所使用的仪器也被习惯称为GPS接收机,但是，伴随着众多卫星定位导航系统的兴起，全球卫星定位导航系统有了一个全新的称呼：GNSS。GNSS（Global Navigation Satellite System）是全球导航卫星系统的英文缩写，它是所有全球导航卫星系统及其增强系统的集合名词，是利用全球的所有导航卫星所建立的覆盖全球的全天候无线电导航系统。目前，世界上正在运行的全球卫星导航定位系统主要有两大系统：一是美国的 GPS 系统，二是俄罗斯的 GLONASS 卫星定位系统。近年来，欧盟的伽利略卫星定位系统也在加紧建设中；还有中国自行研制的全球卫星定位与通信系统（CNSS）——北斗卫星导航系统[BeiDou（COMPASS）Navigation Satellite System]。这四种卫星系统导航并称为全球四大卫星导航系统。

一 GPS 卫星定位系统

GPS 是英文 Global Positioning System 的缩写，即全球定位系统，是一个全球性、全天候、全天时、高精度的导航定位和时间传递系统。24 颗卫星位于 6 个倾角为 55°的轨道平面内，高度为 20182km，周期近 12h。卫星用两个 L 波段频率发射单向测距信号，采用码分多址区别不同卫星。它是一个军民两用系统，提供两个等级的服务。为了提高导航精度、可用性和完整性，各国发展了各种差分系统，完全可以满足一般的民用需求。同时 SA 加扰已经在逐步被取消，民用精度大大提高。GPS 的工作原理并不复杂，简单地说，就是利用接收到卫星发射的相关信号，再配合几何与物理上的一些基本原理来进行定位。

二 GLONASS 卫星定位系统

俄罗斯 GLONASS 卫星定位系统拥有工作卫星 21 颗，分布在 3 个轨道平面上，同时有 3 颗备份星。每颗卫星都在 1.91 万 km 高的轨道上运行，周期为 11h15min。因 GLONASS 卫星星座一直处于降效运行状态，现只有 8 颗卫星能够正常工作。GLONASS 的精度要比 GPS 系统的精度低。

三 伽利略卫星定位系统

伽利略卫星定位系统（GALILEO）已于 2007 年年底完成建立，2008 年投入使用，总共发射 30 颗卫星，其中，27 颗卫星为工作卫星，3 颗为候补卫星。卫星高度为 24126km，位于 3 个倾角为 56°的轨道平面内。该系统除了 30 颗中高度圆轨道卫星外，还有两个地面控制中心。伽利略卫星定位系统是欧洲自主的、独立的全球多模式卫星定位导航系统，提供高精度、高可靠性的定位服务，同时它实现了完全非军方控制、管理。伽利略卫星定位系统是由欧洲太空局和欧洲联盟发起并提供主要资金支持，不仅能够使欧洲在交通管理和遥测设施建设方面摆脱对美国和俄罗斯的依赖，而且还能给欧洲的仪器制造和应用服务业带来巨大的经济效益，同时创造许多全新的就业机会。伽利略卫星定位系统能够与美国的 GPS、俄罗斯的 GLONASS 系统实现多系统内的相互合作，任何用户将来都可以用一个接收机采集各个系统的数据或者各系统数据的组合来实现定位导航的需求。同时伽利略卫星定位系统能够保证在许多特殊情况下提供服务，如果失败也能够在几秒钟内通知用户，特别适合对安全性有特殊要求的情况，如运行的火车、导航汽车、飞机着路等。

四 CNSS 导航系统

北斗卫星导航系统(图 1-4-49)是中国自行研制的全球卫星定位与通信系统(CNSS),是继美国全球定位系统(GPS)、俄罗斯 GLONASS 卫星定位系统和欧洲的 GALILEO 卫星定位系统之后第四个成熟的卫星导航系统。该系统可在全球范围内全天候、全天时为各类用户提供高精度、高可靠定位、导航、授时服务,并具短报文通信能力,已经初步具备区域导航、定位和授时能力,定位精度优于 10m,授时精度优于 20ns。2012 年 9 月 11 日,北斗(上海)位置综合服务平台和上海北斗导航及位置服务产品检测中心

图 1-4-49 北斗卫星导航系统示意图

(筹)启动建设;2017 年底,北斗系统正式向全球提供 RNSS 服务,2020 年,北斗全球系统建设将全面完成。

北斗卫星导航系统由空间端、地面端和用户端三部分组成。空间端包括 5 颗静止轨道卫星和 30 颗非静止轨道卫星。地面端包括主控站、注入站和监测站等若干个地面站。用户端由北斗用户终端以及与美国 GPS、俄罗斯 GLONASS 卫星定位系统、欧洲伽利略(GALILEO)等其他卫星导航系统兼容的终端组成。

北斗卫星导航系统的建设目标是建成独立自主、开放兼容、技术先进、稳定可靠、覆盖全球的导航系统。

北斗卫星导航系统的建立,可促进卫星导航产业链形成,对形成完善的国家卫星导航应用产业支撑、推广和保障体系,推动卫星导航在国民经济社会各行业的广泛应用具有积极意义。

五 系统间的比较

1. GLONASS 卫星定位系统与 GPS 卫星定位系统的主要区别

两者相比较,共有三点不同之处。

(1)卫星发射频率不同。GPS 卫星定位的卫星信号采用码分多址体制,每颗卫星的信号频率和调制方式相同,不同卫星的信号靠不同的伪码区分。而 GLONASS 卫星定位系统采用频分多址体制,卫星靠频率不同来区分,每组频率的伪随机码相同。由于卫星发射的载波频率不同,GLONASS 卫星定位系统可以防止整个卫星导航系统同时被敌方干扰,因而,具有更强的抗干扰能力。

(2)坐标系不同。GPS 系统使用世界大地坐标系(WGS – 84),而 GLONASS 卫星定位系统使用前苏联地心坐标系(PE – 90)。

(3)时间标准不同。GPS 系统时间与世界协调时间相关联,而 GLONASS 卫星定位系统则与莫斯科标准时间相关联。

2. 伽利略卫星定位系统与 GPS 系统的主要区别

伽利略卫星定位系统(GALILEO)确定地面位置或近地空间位置要比 GPS 系统精确 10 倍。其水平定位精度优于 10m,时间信号精度达到 100ns。必要时,免费使用的信号精确度可

达6m,如与 GPS 系统合作甚至能精确至4m。

3.北斗卫星导航终端与其他系统的比较

北斗卫星导航系统的优势在于短信服务和导航结合,增加了通信功能;全天候快速定位,通信盲区极少,精度与 GPS 系统相当,而在增强区域也就是亚太地区,甚至会超过 GPS 系统;向全世界提供的服务都是免费的,在提供无源定位导航和授时等服务时,用户数量没有限制,且与 GPS 系统兼容;特别适合集团用户大范围监控与管理,以及无依托地区数据采集用户数据传输应用;独特的中心节点式定位处理和指挥型用户机设计;自主系统,高强度加密设计,安全、可靠、稳定,适用广泛。

测量技能等级训练

一、填空题

1. GPS 地面控制部分由( )、( )和( )组成。

2. GPS 工作卫星的地面监控系统包括一个主控站、三个( )站和五个监测站。

3. 按照 GPS 系统的设计方案,GPS 定位系统应包括( )部分、( )部分和用户接收部分。

4. GPS 技术在( )、( )、( )、( )、( )、( )等各个领域得到广泛的应用。

5. GPS 定位系统主要由( )、( )和( )三大部分组成。

6. GPS 用户装置部分由( )、( )、( )和( )组成。

7. GPS 测量外业可分为( )、( )和( )三个阶段。

8. GPS 定位的模式可分为( )和( )两种。

9. GPS 定位的模式中,绝对定位又称为( )。

10. GPS 定位的模式中,相对定位又称为( )。

11. GPS 外业测量可分为( )、( )和( )三个阶段。

12. GPS 网的基本构网方式有( )、( )、( )和( )四种。

二、单选题

1. GPS 控制点离开线路中心线或车站等构筑物外缘的距离不应小于( )。

    A. 50m   B. 40m   C. 30m

2. 全球定位系统英文缩写为( )。

    A. GPS   B. GIS   C. RS

3. 南方测绘灵锐 S82 双频 GPS RTK 是南方测绘公司( )10 月推出的产品。

    A. 2004 年   B. 2005 年   C. 2006 年

4. 南方测绘灵锐 S82 双频 GPS RTK,标准配置是一个基准站、( )个移动站,用户可以根据工作需要购买任意个移动站。

    A. 11   B. 12   C. 13

5. GPS 天线架设好后,在圆盘天线间隔( )的三个方向分别量取天线高。

A. 110m   B. 120m   C. 130m

6. 在使用 GPS 软件进行平差计算时,需要选择的投影方式是( )。

    A. 横轴墨卡托投影   B. 高斯投影   C. 等角圆锥投影

7. 单频接收机只能接收经调制的 L_1 信号。但由于改正模型的不完善,误差较大,所以单频接收机主要用于( )的精密定位工作。

    A. 基线较短   B. 基线较长   C. 基线≥40km

8. GPS 接收机天线的定向标志线应指向( )。其中 A 与 B 级在顾及当地磁偏角修正后,定向误差不应大干 ±5°。

    A. 正东   B. 正西   C. 正北

9. 在 GPS 测量中,观测值都是以接收机的( )位置为准的,所以天线的相位中心应该与其几何中心保持一致。

    A. 几何中心   B. 相位中心   C. 点位中心

10. 计量原子时的时钟称为原子钟,国际上是以( )为基准。

    A. 铷原子钟   B. 氢原子钟   C. 铯原子钟

11. GPS 卫星信号取无线电波中 L 波段的两种不同频率的电磁波作为载波,在载波 L_2 上调制有( )。

    A. P 码和数据码

    B. C/A 码、P 码和数据码

    C. C/A 码、P 码

12. 在定位工作中,可能由于卫星信号被暂时阻挡,或受到外界干扰影响,引起卫星跟踪的暂时中断,使计数器无法累积计数,这种现象叫( )。

    A. 整周跳变   B. 相对论效应   C. 地球潮汐

三、实操题

在土建工程项目施工中,现已采用 GPS RTK 进行施工放样,已知点数据、放样点数据见表1-4-2及表1-4-3,手薄建项目,要求参考的椭球为北京-54 椭球;哈尔滨中央子午线为126;GPS 端口波特率设置为115200;四参数转换计算测段内控制点平面坐标残差应≤15mm,高程残差≤20mm。点校正要求:平面坐标点位误差≤15mm,高程点位误差≤30mm。放样点与理论点比较,平面≤10mm。放样示意图如图1-4-50所示。(中国中铁第十一届测量大赛试题)

已 知 点 数 据   表1-4-2

点 名	X	Y	H
A_1	5062700.823	548424.301	181.261
B_1	5062740.844	548417.972	181.631
C_1	5062712.956	548400.925	181.559

放 样 点 数 据   表1-4-3

点 名	X	Y
a_1	5062741.588	548420.729
a_2	5062736.413	548421.651
a_3	5062731.908	548422.401

续上表

点 名	X	Y
a_4	5062726.731	548423.155
a_5	5062721.615	548424.162

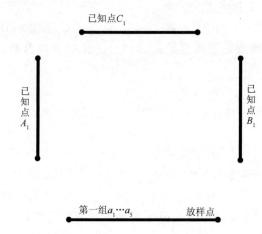

图 1-4-50 GPS RTK 施工放样示意图

要求:

(1)计算、放样和检核(按要求填写完整的表格)。

(2)已知三个坐标,求相应四参数。

(3)在相应四参数基础上,对已知点进行校核。

(4)放样出相应的另五个已知坐标点。

(5)根据已给的已知点,求解七参数(即测区内 WGS-84 坐标系与测区坐标系的坐标转换参数)。

项目五　测量误差的基本知识

@ **项目概要**

在工程测量中,经常遇到测量精度评定的问题,为了避免和消除误差,提高测量精度,本项目介绍了测量误差的一些基本知识,系统讲述了评定测量精度的指标、误差传播定律和等精度直接观测平差等内容。

任务一　测量误差概述

一　测量误差及其来源

在实际的测量工作中,大量实践表明,当对某一未知量进行多次观测时,不论测量仪器有多精密,观测进行得多么仔细,所得的观测值之间总是不尽相同。这种差异都是由于测量中存在误差的缘故。测量所获得的数值称为观测值。由于观测中误差的存在而往往导致各观测值与其真实值(简称为真值)之间存在差异,这种差异称为测量误差(或观测误差)。用 L 代表观测值,X 代表真值,则误差等于观测值 L 减真值 X,即

$$\Delta = L - X \tag{1-5-1}$$

这种误差通常又称之为真误差。

由于任何测量工作都是由观测者使用某种仪器、工具,在一定的外界条件下进行的,所以,观测误差来源于以下三个方面:观测者的视觉鉴别能力和技术水平;仪器、工具的精密程度;观测时外界条件的好坏。通常我们把这三个方面综合起来称为观测条件。观测条件将影响观测成果的精度:若观测条件好,则测量误差小,测量的精度就高;反之,则测量误差大,精度就低。若观测条件相同,则可认为精度相同。在相同观测条件下进行的一系列观测称为等精度观测;在不同观测条件下进行的一系列观测称为不等精度观测。

由于在测量的结果中含有误差是不可避免的,因此,研究误差理论的目的就是要对误差的来源、性质及其产生和传播的规律进行研究,以便解决测量工作中遇到的实际数据处理问题。例如,在一系列的观测值中,如何确定观测量的最可靠值,如何来评定测量的精度以及如何确定误差的限度等。所有这些问题,运用测量误差理论均可得到解决。

二　测量误差的分类

测量误差按其性质可分为系统误差和偶然误差两类。

1. 系统误差

在相同的观测条件下,对某一未知量进行一系列观测,若误差的大小和符号保持不变,或按照一定的规律变化,这种误差称为系统误差。例如,水准仪的视准轴与水准管轴不平行而引

起的读数误差,与视线的长度成正比且符号不变;经纬仪因视准轴与横轴不垂直而引起的方向误差,随视线竖直角的大小而变化且符号不变;距离测量尺长不准产生的误差,随尺段数成比例增加且符号不变。这些误差都属于系统误差。

系统误差主要来源于仪器工具上的某些缺陷,其次来源于观测者的某些习惯,如有些人习惯把读数估读得偏大或偏小,也来源于外界环境的影响,如风力、温度及大气折光等的影响。

系统误差的特点是具有累积性,对测量结果影响较大,因此,应尽量设法消除或减弱它对测量成果的影响。清除或减弱系统误差有两种方法,一是在观测方法和观测程序上采取一定的措施来消除或减弱系统误差的影响。例如,在水准测量中,保持前视和后视距离相等,以消除视准轴与水准管轴不平行所产生的误差;在测水平角时,采取盘左和盘右观测取其平均值,以消除视准轴与横轴不垂直所引起的误差。另一种是找出系统误差产生的原因和规律,对测量结果加以改正。例如,在钢尺量距中,可对测量结果加尺长改正和温度改正,以消除钢尺长度的影响。

2. 偶然误差

在相同的观测条件下,对某一未知量进行一系列观测,如果观测误差的大小和符号没有明显的规律性,即从表面上看,误差的大小和符号均呈现偶然性,这种误差称为偶然误差。例如,在水平角测量中照准目标时,可能稍偏左也可能稍偏右,偏差的大小也不一样;又如在水准测量或钢尺量距中估读毫米数时,可能偏大也可能偏小,其大小也不一样,这些都属于偶然误差。

产生偶然误差的原因很多,主要是由于仪器或人的感觉器官能力的限制,如观测者的估读误差、照准误差等,以及环境中不能控制的因素(如不断变化着的温度、风力等外界环境)所造成的。偶然误差在测量过程中是不可避免的,从单个误差来看,其大小和符号没有一定的规律性,但对大量的偶然误差进行统计分析,就能发现在观测值内部却隐藏着一种必然的规律,这给偶然误差的处理提供了可能性。

测量成果中除了系统误差和偶然误差以外,还可能出现错误(有时也称之为粗差)。错误产生的原因较多,可能由作业人员疏忽大意、失职而引起,如大数读错、读数被记录员记错、照错了目标等;也可能是仪器自身或受外界干扰发生故障引起的;还有可能是容许误差取值过小造成的。错误对观测成果的影响极大,因此在测量成果中绝对不允许有错误存在。发现错误的方法是:进行必要的重复观测,通过多余观测条件,进行检核验算;严格按照各种测量规范进行作业等。

在测量的成果中,错误可以被发现并剔除,系统误差能够得以改正,而偶然误差则是不可避免的,它在测量成果中占主导地位,所以测量误差理论主要是处理偶然误差的影响。下面详细分析偶然误差的特性。

三 偶然误差的特性

偶然误差的特点具有随机性,因此它是一种随机误差。偶然误差就单个而言具有随机性,但在总体上具有一定的统计规律,是服从于正态分布的随机变量。

在测量实践中,根据偶然误差的分布,可以明显地看出它的统计规律。例如,在相同的观测条件下,观测了217个三角形的全部内角。已知三角形内角之和等于180°,这是三内角之和的理论值即为真值 X,实际观测所得的三内角之和即为观测值 L。由于各观测值中都含有偶然误差,因此各观测值不一定等于真值,其差即真误差 Δ。下面采用两种方法来分析:

1. 表格法

由式(1-5-1)计算可得 217 个内角和的真误差,按其大小和一定的区间(本例为 dΔ = 3″),分别统计在各区间正负误差出现的个数 k 及其出现的频率 k/n(n = 217),列于表 1-5-1 中。

三角形内角和真误差统计表　　　　表 1-5-1

误差区间 dΔ	正　误　差		负　误　差		合　计	
	个数 k	频率 k/n	个数 k	频率 k/n	个数 k	频率 k/n
0″～3″	30	0.138	29	0.134	59	0.272
3″～6″	21	0.097	20	0.092	41	0.189
6″～9″	15	0.069	18	0.083	33	0.152
9″～12″	14	0.065	16	0.073	30	0.138
12″～15″	12	0.055	10	0.046	22	0.101
15″～18″	8	0.037	8	0.037	16	0.074
18″～21″	5	0.023	6	0.028	11	0.051
21″～24″	2	0.009	2	0.009	4	0.018
24″～27″	1	0.005	0	0	1	0.005
27″以上	0	0	0	0	0	0
合计	108	0.498	109	0.502	217	1.000

从表 1-5-1 中可以看出,该组误差的分布表现出如下规律:小误差出现的个数比大误差多,绝对值相等的正、负误差出现的个数和频率大致相等,最大误差不超过 27″。

实践证明,对大量测量误差进行统计分析,都可以得出上述同样的规律,且观测的个数越多,这种规律就越明显。

2. 直方图法

为了更直观地表现误差的分布,可将表 1-5-1 的数据用较直观的频率直方图来表示。以真误差的大小为横坐标,以各区间内误差出现的频率 k/n 与区间 dΔ 的比值为纵坐标,在每一区间上,根据相应的纵坐标值画出一矩形,则各矩形的面积等于误差出现在该区间内的频率 k/n。图 1-5-1 中有斜线的矩形面积表示误差出现在 +6″～ +9″ 之间的频率,等于 0.0690。显然,所有矩形面积的总和等于 1。

可以设想,如果在相同的条件下,所观测的三角形个数不断增加,则误差出现在各区间的频率就趋向于一个稳定值。当 $n \to \infty$ 时,各区间的频率也就趋向于一个完全确定的数值——概率。若无限缩小误差区间,即 d$\Delta \to 0$,则图 1-5-1 各矩形的上部折线,就趋向于一条以纵轴为对称轴的光滑曲线(图 1-5-2),该曲线称为误差概率分布曲线,简称误差分布曲线,在数理统计中,它服从正态分布。

综上所述,可以总结出偶然误差具有如下四个特性:

(1)有限性:在一定的观测条件下,偶然误差的绝对值不会超过一定的限值。

(2)集中性:即绝对值较小的误差比绝对值较大的误差出现的概率大。

(3)对称性:绝对值相等的正误差和负误差出现的概率相同。

(4)抵偿性:当观测次数无限增多时,偶然误差的算术平均值趋近于零。

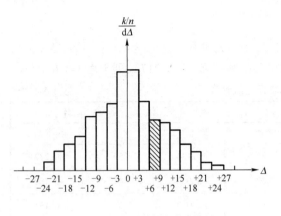

图 1-5-1 误差分布的频率直方图

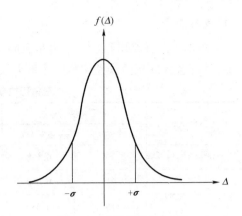

图 1-5-2 误差概率分布曲线

任务二 评定精度的指标

研究测量误差理论的主要任务之一是评定测量成果的精度,在实际测量问题中需要有一个数字特征来评定观测成果的精度,即需要有评定精度的指标。测量中,评定精度的指标有下列几种。

 中误差

在实际应用中,以有限次观测个数 n 计算出标准差的估值,并定义为中误差 m,作为衡量精度的一种标准,计算公式为

$$m = \pm \sigma = \pm \sqrt{\frac{[\Delta\Delta]}{n}} \tag{1-5-2}$$

式中:σ——标准差,$\sigma = \lim\limits_{n \to \infty} \sqrt{\dfrac{[\Delta\Delta]}{n}}$。

【例 1-5-1】 甲、乙两组各自用相同的条件观测了 6 个三角形的内角,得出三角形的闭合差(即三角形内角和的真误差)分别为:

(甲) $+3''$、$+1''$、$-2''$、$-1''$、$0''$、$-3''$;

(乙) $+6''$、$-5''$、$+1''$、$-4''$、$-3''$、$+5''$。

试分析两组的观测精度。

【解】 采用中误差公式[式(1-5-2)]计算得

$$m_{甲} = \pm \sqrt{\frac{[\Delta\Delta]}{n}} = \pm \sqrt{\frac{3^2 + 1^2 + (2)^2 + (1)^2 + 0^2 + (3)^2}{6}} = \pm 2.0''$$

$$m_{乙} = \pm \sqrt{\frac{[\Delta\Delta]}{n}} = \pm \sqrt{\frac{6^2 + (5)^2 + 1^2 + (4)^2 + (3)^2 + 5^2}{6}} = \pm 4.3''$$

从上述两组结果中可以看出,甲组的中误差较小,所以观测精度高于乙组。而直接从观测误差的分布来看,也可看出甲组观测的小误差比较集中,离散度较小,因而观测精度高于乙组。因此在测量工作中,普遍采用中误差来评定测量成果的精度。

注：在一组同精度的观测值中，尽管各观测值的真误差出现的大小和符号各异，而观测值的中误差却是相同的，因为中误差反映观测的精度，只要观测条件相同，中误差则不变。

二 相对误差

真误差和中误差都有符号，并且有与观测值相同的单位，它们被称为"绝对误差"。绝对误差可用于衡量那些诸如角度、方向等其误差与观测值大小无关的观测值的精度。但在某些测量工作中，绝对误差不能完全反映出观测的质量。例如，用钢尺丈量长度分别为100m和200m的两段距离，若观测值的中误差都是±2cm，则不能认为两者的精度相等，显然后者要比前者的精度高，这时采用相对误差就比较合理。相对误差 K 等于误差的绝对值与相应观测值的比值。它是一个不名数，常用分子为1的分式表示，即

$$相对误差 = \frac{误差的绝对值}{观测值} = \frac{1}{T}$$

上式中，当误差的绝对值为中误差 m 的绝对值时，K 称为相对中误差，即

$$K = \frac{|m|}{D} = \frac{1}{\frac{D}{|m|}} \tag{1-5-3}$$

同样，用钢尺丈量长度的例子若用相对误差来衡量，则两段距离的相对误差分别为1/5000和1/10000，后者精度较高。在距离测量中，还常用往返测量结果的相对较差来进行检核。相对较差定义为

$$\frac{|D_往 - D_返|}{D_平均} = \frac{|\Delta D|}{D_平均} = \frac{1}{\frac{D_平均}{|\Delta D|}} \tag{1-5-4}$$

相对较差是真误差的相对误差，它反映的只是往返测的符合程度。显然，相对较差越小，观测结果的精度越高。

三 极限误差和容许误差

1. 极限误差

由偶然误差的特性可知，在一定的观测条件下，偶然误差的绝对值不会超过一定的限值。这个限值就是极限误差。

在测量工作中，要求对观测误差有一定的限值，可取 3σ 作为偶然误差的极限值，称极限误差。

$$\Delta_极 = 3\sigma$$

2. 容许误差

在实际工作中，测量规范要求观测中不允许存在较大的误差，可由极限误差来确定测量误差的容许值，称为容许误差，并以 m 代替 σ，即

$$\Delta_容 = 3m$$

当要求严格时,也可取 2 倍的中误差作为容许误差,即

$$\Delta_{容} = 2m$$

如果观测值中出现了大于所规定的容许误差的偶然误差,则认为该观测值不可靠,应舍去不用或重测。

任务三　误差传播定律

前面已经叙述了评定观测值的精度指标,并指出在测量工作中一般采用中误差作为评定精度的指标。但在实际测量工作中,往往会碰到有些未知量不可能或者不便于直接观测,而可由一些可以直接观测的量,通过函数关系间接计算得出,这些量称为间接观测量。例如,用水准仪测量两点间的高差 h,可通过后视读数 a 和前视读数 b 来求得 h,即 $h = a - b$。由于直接观测值中都带有误差,因此未知量也必然受到影响而产生误差。说明观测值的中误差与其函数的中误差之间关系的定律,叫作误差传播定律,它在测量学中有着广泛的用途。

一　误差传播定律

设 Z 是独立观测量 $x_1, x_2, \cdots, x_n$ 的函数,即

$$z = f(x_1, x_2, \cdots, x_n)$$

式中:$x_1, x_2, \cdots, x_n$——直接观测量,它们相应观测值的中误差分别为 $m_1, m_2, \cdots, m_n$。

求观测值的函数 z 的中误差 m_z 为

$$m_z = \sqrt{\left(\frac{\partial f}{\partial x_1}\right)^2 m_1^2 + \left(\frac{\partial f}{\partial x_2}\right)^2 m_2^2 + \cdots + \left(\frac{\partial f}{\partial x_n}\right)^2 m_n^2} \tag{1-5-5}$$

式(1-5-5)即为计算函数中误差的一般形式。

求任意函数中误差的方法和步骤如下:

(1)列出独立观测量的函数式

$$z = f(x_1, x_2, \cdots, x_n)$$

(2)求出真误差的关系式

对函数进行全微分得

$$dz = \frac{\partial f}{\partial x_1}dx_1 + \frac{\partial f}{\partial x_2}dx_2 + \cdots + \frac{\partial f}{\partial x_n}dx_n$$

(3)求出中误差关系式

只要把真误差换成中误差的平方,并将系数也平方,便可直接写出中误差关系式,即

$$m_z^2 = \left(\frac{\partial f}{\partial x_1}\right)^2 m_1^2 + \left(\frac{\partial f}{\partial x_2}\right)^2 m_2^2 + \cdots + \left(\frac{\partial f}{\partial x_n}\right)^2 m_n^2$$

按上述方法可导出几种常用的简单函数中误差的公式,见表1-5-2,计算时可直接应用。

函 数 式	函数的中误差
倍数函数 $z = kx$	$m_z = km_x$
和差函数 $z = x_1 \pm x_2 \pm \cdots \pm x_n$	$m_z = \pm \sqrt{m_1^2 + m_2^2 + \cdots + m_n^2}$，若 $m_1 = m_2 = \cdots = m_n$，则 $m_z = m\sqrt{n}$
线形函数 $z = k_1 x_1 \pm k_2 x_2 \pm \cdots \pm k_n x_n$	$m_z = \pm \sqrt{k_1^2 m_1^2 + k_2^2 m_2^2 + \cdots + k_n^2 m_n^2}$

二 应用举例

误差传播定律在测绘领域应用十分广泛,利用它不仅可以求得观测值函数的中误差,而且还可以研究确定容许误差值。下面举例说明其应用方法。

【例 1-5-2】 在比例尺为 1∶500 的地形图上,量得两点的长度 $d = 23.4$mm,其中误差 $m_d = \pm 0.2$mm,求该两点的实际距离 D 及其中误差 m_D。

【解】 函数关系式为 $D = M \cdot d$,属倍数函数,$M = 500$ 是地形图比例尺分母。

$$D = M \cdot d = 500 \times 23.4 = 11700\text{mm} = 11.7\text{m}$$

$$m_D = M \cdot m_d = 500 \times (\pm 0.2) = \pm 100\text{mm} = \pm 0.1\text{m}$$

两点的实际距离结果可写为 11.7m ± 0.1m。

【例 1-5-3】 在水准测量中,已知后视读数 $a = 1.734$m,前视读数 $b = 0.476$m,中误差分别为 $m_a = \pm 0.002$m,$m_b = \pm 0.003$m,试求两点的高差及其中误差。

【解】 函数关系式为 $h = a - b$,属和差函数。

$$h = a - b = 1.734 - 0.476 = 1.258\text{m}$$

$$m_h = \pm \sqrt{m_a^2 + m_b^2} = \pm \sqrt{0.002^2 + 0.003^2} = \pm 0.004\text{m}$$

两点的高差结果可写为 1.258m ± 0.004m。

【例 1-5-4】 在图根水准测量中,已知每次读水准尺的中误差 $m_i = \pm 2$mm,假定视距平均长度为 50m,若以 3 倍中误差为容许误差,试求在测段长度为 L(km)的水准路线上,图根水准测量往返测所得高差闭合差的容许值。

【解】 已知每站观测高差为

$$h = a - b$$

则每站观测高差的中误差为

$$m_h = \sqrt{2} m_i$$

因视距平均长度为 50m,则 1km 可观测 10 个测站,L(km)共观测 $10L$ 个测站,L(km)高差之和为

$$\sum h = h_1 + h_2 + \cdots + h_{10}$$

L(km)高差和的中误差为

$$m_\Sigma = \sqrt{10L}\,m_h = \pm 4\sqrt{5L}\,\text{mm}$$

往返高差的较差（即高差闭合差）为

$$f_h = \sum h_{往} + \sum h_{返}$$

高差闭合差的中误差为

$$m_{fh} = \sqrt{2}\,m_\Sigma = \pm 4\sqrt{10L}\,\text{mm}$$

以 3 倍中误差为容许误差，则高差闭合差的容许值为

$$f_{h容} = 3m_{fh} = \pm 12\sqrt{10L} \approx \pm 38\sqrt{L}\,\text{mm}$$

在前面水准测量的学习中，我们取 $f_{h容} = \pm 40\sqrt{L}$（mm）作为闭合差的容许值是考虑了除读数误差以外的其他误差的影响（如外界环境的影响、仪器的 i 角误差等）。

三 注意事项

应用误差传播定律应注意以下两点。

1. 正确列出函数式

例如，用长 30m 的钢尺丈量了 10 个尺段，若每尺段的中误差 $m_i = \pm 5\text{mm}$，求全长 D 及其中误差 m_D。全长 $D = 10l = 10 \times 30 = 300\text{m}$，$D = 10l$ 为倍数函数。但实际上全长应是 10 个尺段之和，故函数式应为 $D = l_1 + l_2 + \cdots + l_{10}$（为和差函数）。

用和差函数式求全长中误差，因各段中误差均相等，故得全长中误差为

$$m_D = \sqrt{10}\,m_i = \pm 16\text{mm}$$

若按倍数函数式求全长中误差，将得出

$$m_D = 10m_i = \pm 50\text{mm}$$

按实际情况分析可知：用和差公式是正确的，而用倍数公式则是错误的。

2. 函数式中各个观测值必须相互独立，即互不相关

例如，有函数式

$$z = y_1 + 2y_2 + 1 \tag{1-5-6}$$

$$y_1 = 3x; \quad y_2 = 2x + 2 \tag{1-5-7}$$

若已知 x 的中误差为 m_x，求 z 的中误差 m_z。

若直接用公式计算，则由式（1-5-6）得

$$m_z = \pm\sqrt{m_{y_1}^2 + 4m_{y_2}^2} \tag{1-5-8}$$

而

$$m_{y_1} = 3m_x; \quad m_{y_2} = 2m_x$$

将以上两式代入式（1-5-8）得

$$m_z = \pm\sqrt{(3m_x)^2 + 4(2m_x)^2} = 5m_x$$

但上面所得的结果是错误的。因为 y_1 和 y_2 都是 x 的函数，它们不是互相独立的观测值，因此在式（1-5-6）的基础上不能应用误差传播定律。正确的做法是先把式（1-5-7）代入式（1-5-6），再把同类项合并，然后用误差传播定律计算。即

$$z = 3x + 2(2x+2) + 1 = 7x + 5 \Rightarrow m_z = 7m_x$$

任务四 等精度直接观测平差

当测定一个角度、一点高程或一段距离的值时,观测一次就可以获得该值。但仅有一个观测值,测的对错与否,精确与否,都无从知道。如果进行多余观测,就可以有效地解决上述问题,它可以提高观测成果的质量,也可以发现和消除错误。重复观测形成了多余观测,也就产生了观测值之间互不相等这样的矛盾。如何由这些互不相等的观测值求出观测值的最佳估值,同时对观测质量进行评估,属于"测量平差"所研究的内容。

对一个未知量的直接观测值进行平差,称为直接观测平差。根据观测条件,有等精度直接观测平差和不等精度直接观测平差。平差的结果是得到未知量最可靠的估值,它最接近真值,平差中一般称这个最接近真值的估值为"最或然值"或"最可靠值",有时也称"最或是值",一般用 x 表示。本节将讨论如何求等精度直接观测值的最或然值及其精度的评定。

一 等精度直接观测值的最或然值

等精度直接观测值的最或然值即是各观测值的算术平均值。

当观测次数 n 趋近于无穷大时,算术平均值就趋向于未知量的真值。当 n 为有限值时,算术平均值最接近于真值,因此在实际测量工作中,将算术平均值作为观测的最后结果。增加观测次数则可提高观测结果的精度。

二 评定精度

1. 观测值的中误差

(1) 由真误差来计算

当观测量的真值已知时,可根据中误差的定义 [即式 (1-5-2)] 由观测值的真误差来计算其中误差。

(2) 由改正数来计算

在实际工作中,观测量的真值除少数情况外一般是不易求得的。因此,在多数情况下,我们只能按观测值的最或然值来求观测值的中误差。

① 改正数及其特征

最或然值 x 与各观测值 L_i 之差称为观测值的改正数,其表达式为

$$v_i = x - L_i \quad (i = 1, 2, \cdots, n) \tag{1-5-9}$$

在等精度直接观测中,最或然值 x 即是各观测值的算术平均值,即

$$x = \frac{[L]}{n} \tag{1-5-10}$$

显然

$$[v] = \sum_{i=1}^{n} (x - L_i) = nx - [L] = 0 \tag{1-5-11}$$

上式是改正数的一个重要特征,应用在检核计算中。

②公式

$$m = \pm \sqrt{\frac{[vv]}{n-1}} \tag{1-5-12}$$

式(1-5-12)即是等精度观测中用改正数计算观测值中误差的公式,又称"白塞尔公式"。

2.最或然值的中误差

一组等精度观测值为 L_1、L_2、$\cdots$、L_n,其中,误差相同均为 m,最或然值 x 即为各观测值的算术平均值。则有

$$x = \frac{[L]}{n} = \frac{1}{n}L_1 + \frac{1}{n}L_2 + \cdots + \frac{1}{n}L_n$$

根据误差传播定律,可得出算术平均值的中误差 M 为

$$M^2 = \left(\frac{1}{n^2}m^2\right) \cdot n = \frac{m^2}{n}$$

故

$$M = \frac{m}{\sqrt{n}} \tag{1-5-13}$$

顾及式(1-5-12),算术平均值的中误差也可表达如下

$$M = \pm \sqrt{\frac{[vv]}{n(n-1)}} \tag{1-5-14}$$

【例1-5-5】 对某角等精度观测6次,其观测值见表1-5-3。试求观测值的最或然值、观测值的中误差及最或然值的中误差。

【解】 由本节可知,等精度直接观测值的最或然值是观测值的算术平均值。

根据式(1-5-9)计算各观测值的改正数 v_i,利用式(1-5-11)进行检核,计算结果列于表1-5-3中。

等精度直接观测平差计算 表1-5-3

观 测 值	改正数 $v(")$	$vv(\prime\prime^2)$
$L_1 = 75°32'13''$	2.5	6.25
$L_2 = 75°32'18''$	-2.5	6.25
$L_3 = 75°32'15''$	0.5	0.25
$L_4 = 75°32'17''$	-1.5	2.25
$L_5 = 75°32'16''$	-0.5	0.25
$L_6 = 75°32'14''$	1.5	2.25
$X = [L]/n = 75°32'15.5''$	$[v] = 0$	$[vv] = 17.5$

根据式(1-5-12)计算观测值的中误差为

$$m = \pm \sqrt{\frac{17.5}{6-1}} = \pm 1.87''$$

根据式(1-5-13)计算最或然值的中误差为

$$M = \frac{m}{\sqrt{n}} = \pm \frac{1.87''}{\sqrt{6}} = \pm 0.8''$$

由式(1-5-13)可以看出,算术平均值的中误差是观测值中误差的$1/\sqrt{n}$倍,这说明算术平均值的精度比观测值的精度要高,且观测次数越多,精度越高。所以多次观测取其平均值,是减小偶然误差的影响,提高成果精度的有效方法。当观测的中误差m一定时,算术平均值的中误差M与观测次数n的平方根成反比,见表1-5-4和图1-5-3。

观测次数与算术平均值中误差的关系　　表1-5-4

观 测 次 数	算术平均值的中误差 M
2	$0.71m$
4	$0.50m$
6	$0.41m$
10	$0.32m$
20	$0.22m$

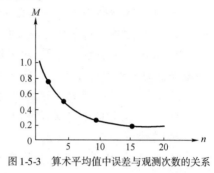

图1-5-3　算术平均值中误差与观测次数的关系

由表1-5-4及图1-5-3可以看出观测次数n与M之间的变化关系。当n增加时,M减小;当n达到一定数值后,再增加观测次数,工作量增加,但提高精度的效果则不太明显。故不能单纯靠增加观测次数来提高测量成果的精度,而应设法提高单次观测的精度,如使用精度较高的仪器、提高观测技能或在较好的外界条件下进行观测等。

测量技能等级训练

一、填空题

1.精密测角时,在上、下半测回之间倒转望远镜,以消除或减弱(　　　)误差、(　　　)误差等的影响。

2.测量误差按其性质可分为系统误差和(　　　)。

3.观测值的最可靠值是最接近真值的值,称为(　　　)。

4.衡量距离测量的精度是用(　　　)。

5.未知量是由直接观测量推算而来的观测称为(　　　)。

6.一列观测值在相同条件下获得,称为(　　　)。

7.一列观测值在不同条件下获得,称为(　　　)。

8.用水准仪测定两点间的高差属于(　　　)。

9.只观测平面三角形的任意两个内角属于(　　　)。

10.水准测量中的水平角误差属于(　　　)。

11.量距时估读毫米的误差属于(　　　)。

12.测定未知量的过程称为(　　　)。

13.用罗盘仪测定一条边的磁方位角属于(　　　)。

14. 在测角交会中仅观测两个水平角属于(　　　)。

15. 准确度是相对于(　　　)误差而言的。

16. 精密度是相对于(　　　)误差而言的。

17. 一定条件下,在少量观测中其数值和符号均无固定规律,而在大量观测中却遵循统计规律的误差称为(　　　)。

18. 在相同观测条件下,对某量作一系列观测,其观测误差的数值、符号或保持不变,或当条件变化时遵循某一确定规律变化的误差称为(　　　)。

19. 对包含偶然误差的观测结果进行处理,称为(　　　)。

20. 观测值的最或然值与观测值之差称为(　　　)。

21. 在一定的观测条件下,对某量进行 n 次观测,得一组观测值的真误差,则各个观测值真误差平方的平均值的平方根叫作这组观测值的(　　　)。

22. (　　　)指的是在一定的观测条件下,可能产生的最大偶然误差。

23. (　　　)指的是绝对误差的绝对值与相应观测值之比。

24. 在描述精度时不考虑某量的大小而只计算误差本身的大小,这类误差统称为(　　　)。

25. 真误差、中误差及限差均属于(　　　)。

二、单选题

1. 衡量一组观测值的精度的指标是 (　　　)。
   A. 中误差　　　　　　　　B. 允许误差　　　　　　　　C. 算术平均值中误差

2. 在距离丈量中,衡量其丈量精度的指标是 (　　　)。
   A. 相对误差　　　　　　　B. 中误差　　　　　　　　　C. 往返误差

3. 尺长误差和温度误差属于 (　　　)。
   A. 偶然误差　　　　　　　B. 系统误差　　　　　　　　C. 综合误差

三、判断题

1. 测回法测量水平角,常以正镜及倒镜各观测一次,取其平均值,可以消除视准轴与横轴未能真正垂直所产生的误差。　　　　　　　　　　　　　　　　　　　　　　(　　　)

2. 误差的绝对值与观测值之比称为相对误差。　　　　　　　　　　　　　(　　　)

3. 观测值与其真值的差称为观测值的真误差。　　　　　　　　　　　　　(　　　)

4. 中误差、容许误差、闭合差都是绝对误差。　　　　　　　　　　　　　(　　　)

5. 当对一个观测量进行同精度多次观测后,观测值的算术平均值就是观测量的最或然值。
　　　　　　　　　　　　　　　　　　　　　　　　　　　　　　　　　(　　　)

6. 中误差、容许误差、相对误差在测量中都可以作为评定精度的标准。　　(　　　)

7. 系统误差可以完全消除。　　　　　　　　　　　　　　　　　　　　　(　　　)

8. 在一定条件下,偶然误差的绝对值不会超过一定的限值。　　　　　　　(　　　)

9. 绝对值小的误差比绝对值大的误差出现的机会少。　　　　　　　　　　(　　　)

10. 绝对值相等的正误差和负误差出现的机会均等。　　　　　　　　　　(　　　)

11. 偶然误差的算术平均值随着观测次数的无限增加而趋于零。　　　　　(　　　)

12. 相对误差就是真误差与相应观测量之比。　　　　　　　　　　　　　(　　　)

13. 视差属于系统误差。　　　　　　　　　　　　　　　　　　　　　　(　　　)

14. 系统误差影响观测值的准确度,偶然误差影响观测值的精密度。 （ ）

15. 在观测条件基本一致的情况下所进行的各次观测,认为他们的观测精度相同则称为等精度观测。 （ ）

16. 系统误差是由仪器不完善和环境的影响而引起的。 （ ）

17. 任何观测结果都不可避免的包含误差。 （ ）

18. 不包含误差的观测结果是根本不存在的。 （ ）

四、计算题

1. 用钢尺丈量两条直线,第一条长 1000m,第二条长 350m,中误差均为 $\pm30mm$,哪一条的精度高? 用经纬仪测两个角,$\angle A = 40°16.3'$,$\angle B = 20°16.3'$,中误差均为 $\pm0.2'$,哪个角的精度高?

2. 在 ΔABC 中,已测出 $\angle A = 40°00' \pm 3'$,$\angle B = 60°00' \pm 4'$,求 $\angle C$ 的值及中误差。

3. 测定一水池的半径为 7.525m,其中误差为 $\pm0.006m$,试求出该水池的面积及其中误差。

4. 测得两点之间的斜距 $S = 29.992m \pm 0.003m$,高差 $h = 2.050m \pm 0.050m$,试求两点间的平距 D 及其中误差。

5. 等精度观测一个边形的各个内角,测角中误差 $m = \pm20''$,若容许误差为误差的 2 倍,试求该 n 边形角度闭合差 f_β 的容许值 $f_{\beta容}$。

6. 等精观测某线段 6 次,其观测值分别为:346.535m,346.548m,346.524m,346.546m,346.550m,346.537m,试求该线段长度的最或然值及其中误差。

单元二

测量职业技能工作

[知识目标]

掌握小区域控制测量、地形图测量、线路曲线测量、路基路面施工测量、桥梁测量、隧道测量等专业测量知识和 BIM 在铁路工程中的应用。

[能力目标]

能进行导线测量，一、二、三、四等水准测量，地形图测设，线路中线测量，曲线放样，路基路面放样，桥梁与隧道控制测量与放样等专业测量技能工作。

[素质目标]

运用所学的专业测量知识，能组织实施具体工程项目中的全部测量任务，能够分析在专业测量工作中遇到的疑难问题，提出可行的意见和实施方案，解决工程现场的实际问题。具有"质量第一"的观念、严肃认真的科学工作态度、吃苦耐劳踏实肯干的工作作风、良好的团队合作精神，善于听取多方面的意见和建议，具备组织、沟通、协调等能力，具有高尚的情操、良好的职业道德和高度的社会责任感。

项目一　小区域控制测量

💿 **项目概要**

控制测量是测量工作的基础。本项目主要介绍小区域控制测量常用方法的外业工作和有关的内业工作。控制测量的主要内容为：选择导线控制点合理布设闭合导线、附合导线并进行导线测量及一、二、三、四等水准测量。

任务一　控制测量概述

测量工作必须遵循"从整体到局部，先控制后碎部"的原则。首先在测区内选择若干有控制作用的点（控制点），按一定的规律和要求组成网状几何图形，称为控制网。

控制网分为平面控制网和高程控制网。测量并确定控制点平面位置(x, y)的工作，称为平面控制测量。测量并确定控制点高程(H)的工作称为高程控制测量。平面控制测量和高程控制测量统称为控制测量。

控制网有国家控制网、城市控制网和小地区控制网等。

国家控制网是指在全国范围内建立的控制网，是全国各种比例尺测图的基本控制网，并为确定地球的形状和大小提供研究资料。国家控制网按精度从高到低分为一、二、三、四等。一等控制网精度最高，是国家控制网的骨干，二等控制网精度是在一等控制网下建立的国家控制网的全面基础，三、四等控制网精度是二等控制网的进一步加密。

国家平面控制网主要布设成三角网（锁），如图 2-1-1 所示，在困难地区兼用精密导线测量方法。国家高程控制网布设成水准网，如图 2-1-2 所示，包括闭合环线和附合水准路线。建立国家控制网是用精密的测量仪器及方法进行的。

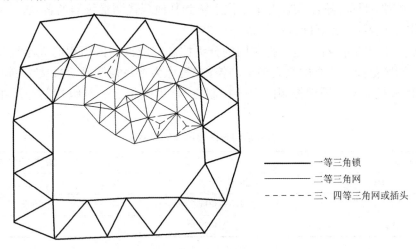

图 2-1-1　国家平面控制网主要布设形式——三角网

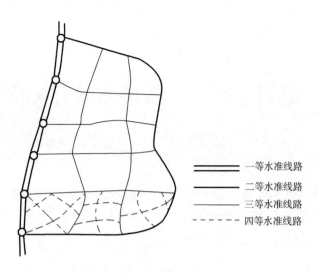

	一等水准线路
	二等水准线路
	三等水准线路
	四等水准线路

图 2-1-2　国家高程控制网布设形式——水准网

城市控制网是为城市建设工程测量建立统一坐标系统而布设的控制网,它是城市规划、市政工程、城市建设(包括地下工程建设)及施工放样的依据。它一般以国家控制网为基础,布设成不同等级的控制网。

特别值得说明的是,国家控制网和城市控制网的控制测量,是由专业的测绘部门来完成的,其控制成果可从有关的测绘部门索取。

小地区控制网是指面积在 15km² 以内,为大比例尺测图或工程建设而建立的控制网。国家控制网的控制点的密度对于测绘地形图或进行工程建设来讲是远远不够的,必须在全国基本控制网的基础上,建立精度较低而又有足够密度的控制点来满足测图或工程建设的需要。

小地区控制网应尽可能与国家(或城市)高级控制网联测,将国家(或城市)控制点作为建立小地区控制网的基础,将国家(或城市)控制点的平面坐标和高程作为小地区控制网的起算和校核数据。

若测区内或附近无国家(或城市)控制点,或者附近虽然有,但不便联测时,可以建立测区内的独立控制网。目前,随着 GPS 卫星定位系统和其他现代测量仪器的普及,已实现小地区控制网与国家(或城市)控制网点的联测。

小地区控制网的分级:小地区控制网的分级控制应依据测区面积的大小按精度要求分级建立。在测区范围内建立的最高精度的控制网,称为首级控制网。直接为测图建立的控制网,称为图根控制网。图根控制网中的控制点,称为图根点。首级控制与图根控制的关系见表 2-1-1。

首级控制与图根控制的关系　　　　　　　　　　　　　　　　表 2-1-1

测区面积(km²)	首级控制	图根控制
2 ~ 15	一级小三角或一级导线	两级图根
0.5 ~ 2	二级小三角或二级导线	两级图根
0.5 以下	图根控制	

图根点(包括高级点)的密度,取决于测图比例尺和地物、地貌的复杂程度。平坦开阔地

区的图根点密度可参考表 2-1-2 的规定(一般按照测绘国家标准执行);地形相对复杂的地区、城市建筑密集区及山区等,应根据测图要求和测区的实际情况,相应地加大密度。

图 根 点 密 度 表　　　　　　　　　　　　表 2-1-2

测图比例尺	1:500	1:1000	1:2000	1:5000
图根点密度 (点/ km²)	150	50	15	5

　　小地区高程控制网的分级建立:主要采用三、四等水准测量,根据测区面积大小和工程要求,一般以国家等级水准点为基础,测区的建立以三、四等水准点为基础,测定图根点的高程。水准点间的距离,一般为 2 ~3km,城市建筑区为 1 ~2km,工业区应在 1km 以内。测区水准点数量的多少,应有利于对整个测区的控制和数据检核,并能有效地指导工程施工,一般不少于 3 个。

　　结合地形测绘、建筑工程及路桥工程施工等实际需要,下面着重介绍利用导线测量建立小地区平面控制网的方法。

任务二　卫星定位测量

　　卫星定位测量是指利用两台或两台以上卫星信号接收机同时接收多颗定位卫星信号,确定地面点相对位置的测量方法。

　　具有全球导航定位能力的卫星定位系统称为全球卫星导航系统(Global Avignon Satellite System,简称 GNSS)。目前正在运行的全球定位系统有美国的 GPS,俄罗斯的 GLONASS,欧盟的 GALILEO 和我国的北斗导航系统。卫星定位系统是利用空间飞行的卫星不断向地面广播发送某种频率并加载某种特殊定位信息的无线电信号来实现定位测量的定位系统。卫星定位系统一般包括三个部分:空间运行的卫星星座、地面控制部分和用户部分。多个卫星系统向地面广播发送某种时间信号、测距信号和卫星星历信号。地面控制部分是指地面控制中心通过接收上述信号来精确测定卫星的轨道坐标、时钟差异,判断卫星运转是否正常,并向卫星注入新的轨道坐标,进行必要的轨道修正。用户部分是指用户卫星信号接收机接收卫星发送的上述信号并进行处理计算,确定用户的位置。图 2-1-3、图 2-1-4 分别为卫星在天空中的分布示意图及 GNSS 卫星信号接收机(图片来源于网络)。

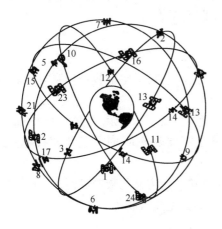

图 2-1-3　GPS 卫星在天空中的分布示意图　　　　　图 2-1-4　GNSS 卫星信号接收机

一 等级与技术标准

铁路工程卫星定位测量按逐级控制的原则,划分为一、二、三、四、五等。各等级卫星定位测量控制网的主要技术指标见表2-1-3。

卫星定位测量控制网的主要技术要求　　　　　　表2-1-3

等级	固定误差 a（mm）	比例误差系数 b（mm/km）	基线方位角中误差（″）	约束点间的边长相对中误差	约束平差后最弱边边长相对中误差
一等	≤5	≤1	0.9	1/500000	1/250000
二等	≤5	≤1	1.3	1/250000	1/180000
三等	≤5	≤1	1.7	1/180000	1/100000
四等	≤5	≤2	2.0	1/100000	1/70000
五等	≤10	≤2	3.0	1/70000	1/40000

各等级控制网相邻点间弦长精度小于按式(2-1-1)计算的标准差。

$$\sigma = \pm \sqrt{a^2 + (b+d)^2} \qquad (2-1-1)$$

式中:σ——基线弦长标准差,mm;

　　a——固定误差,mm;

　　b——比例误差系数,mm/km;

　　d——相邻点间距离,km。

二 选点、埋石

1. 选点

选点准备工作应符合下列要求:

(1)收集、研究布网设计和测区的资料,包括测区 1:50000 或更大比例尺的地形图、既有的各类测量控制点、布网方案设计、线路平面图和纵断面图等。

(2)了解测区的交通、通信、供电、气象等资料。

点位选择应符合下列要求:

(1)点位便于安置接收设备和操作。点周围视野开阔,对天空通视情况良好,高度角15°以上不得有成片障碍物阻挡卫星信号。

(2)点位远离大功率无线电发射台(如电视塔、微波站等),其距离不宜小于200m;远离高压输电线,其距离不宜小于50m;特殊情况下不能满足距离要求时,使用抗干扰性能强的接收机进行观测。

(3)点位基础坚实稳定,易于保存,并便于利用常规测量方法扩展与联测。

(4)附近不应有强烈干扰卫星信号接收的物体,如大型建筑物等。

(5)点位周边交通方便,宜于寻找和到达。

选点作业还应完成下列工作:

（1）在实地按要求选择和标定点位。

（2）实地绘制点之记。

（3）点位对空通视条件困难,障碍物阻挡卫星信号严重时,宜使用罗盘仪测绘点位环视图。

（4）当所选点位需进行高程联测时,实地踏勘高程联测路线,提出观测建议。

（5）利用既有控制点时,对旧点标石的稳定性、完好性、觇标的安全性逐一检查,符合要求方可利用;当觇标不能利用或影响卫星信号接收时,对观测提出处理意见。

（6）确定到达所选点位的交通方式、交通路线以及到达点位所需的时间。

2.埋石

卫星定位测量控制点均埋设桩橛,其规格类型及埋设方法符合《铁路工程测量规范》(TB 10101—2018)和《高速铁路工程测量规范》(TB 10601—2009)各等级有关规定,在冻土地区,埋深大于最大冻土深度0.3m。埋设采用现场浇灌混凝土桩或预制桩,混凝土的配合比为1:2:3(水泥:砂子:碎石)。当地面开挖困难时,可在稳固建筑物上进行设标,也可在水泥路面设标。水泥路面设标用电钻打孔后,将金属标志用固结剂或速凝水泥镶嵌在路面上,标石及埋设规格应符合图2-1-5的规定。

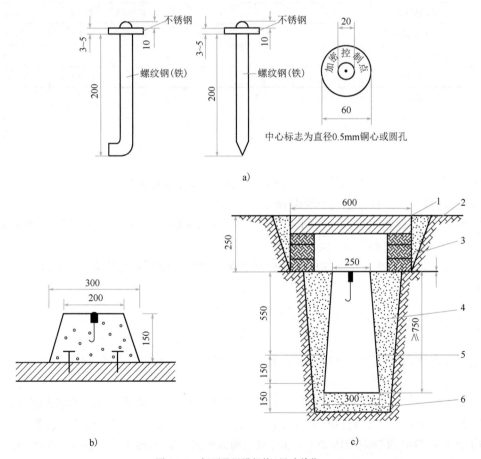

图 2-1-5　标石及埋设规格(尺寸单位:mm)

a)控制点标志图;b)建筑物上标石设置规格;c)平面控制点点标石埋设图

1-盖;2-土面;3-砖;4-素土;5-冻土线;6-贫混凝土

三 外业观测

各级平面控制测量作业的基本技术要求见表2-1-4。

各级平面控制测量作业的基本技术要求 表2-1-4

项 目		等 级					
		一等		二等	三等	四等	五等
		框架控制网	专用网				
静态测量	卫星截止高度角(°)	≥15	≥15	≥15	≥15	≥15	≥15
	同步观测有效卫星总数	≥4	≥4	≥4	≥4	≥4	≥4
	时段长度(min)	300	≥120	≥90	≥60	≥45	≥40
	观测时段数	≥4	≥2	≥2	1~2	1~2	1
	数据采样间隔(s)	30	10~60	10~60	10~60	10~30	10~30
	PDOP 或 GDOP	—	≤6	≤6	≤8	≤10	≤10
快速静态测量	卫星截止高度角(°)	—	—	—	—	≥15	≥15
	有效卫星总数	—	—	—	—	≥5	≥5
	观测时间(min)	—	—	—	—	5~20	5~20
	平均重复设站数	—	—	—	—	≥1.5	≥1.5
	数据采样间隔(s)	—	—	—	—	5~20	5~20
	PDOP(GDOP)	—	—	—	—	≤7(8)	≤7(8)

注：平均重复设站数≥1.5 是指至少有50%的点设站2次。

任务三 导线测量

导线：相邻控制点用直线连接，总体所构成的折线形式，称为导线。

导线点：构成导线的控制点统称为导线点。

导线测量：测定各导线边的边长和各转折角，根据起算数据（高级控制点的平面坐标和高程），推算各边的坐标方位角，从而求出各导线点的坐标。

由于导线在布设上具有较强的机动性和灵活性，因此，导线测量是建立小地区平面控制网常用的方法之一。

一 导线布设形式

根据测区内的高级控制点分布情况和测区自身平面形状等情况，导线可布设成如下几种形式。

（1）附合导线。导线从某一已知点 B 出发，经1、2、3等点（新布设的未知的控制点）后，最终附合到另一已知点 C 上。将这种布设在两已知点间的导线形式，称为附合导线，如图2-1-6所示。由于 B、C 两高级控制点的坐标已知，故该布设形式对观测成果有严密的检核作用。

（2）闭合导线。导线从一已知控制点 B 出发，经1、2、3、4 点后，最终仍回到该已知点 B，构成了一闭合多边形。把这种起讫于同一已知点的导线形式，称为闭合导线。该导线形成的闭合多边形，客观上，对于观测成果具有严密的检核作用，如图2-1-7 所示。

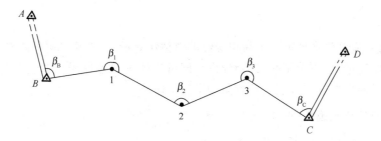

图 2-1-6　附合导线图

（3）支导线。导线从一已知控制点出发，既不附合到另一个控制点，也不回到原来的起始点，称为支导线，如图 2-1-8 所示。支导线没有检核条件，不易发现测量工作中的错误，一般不宜采用。

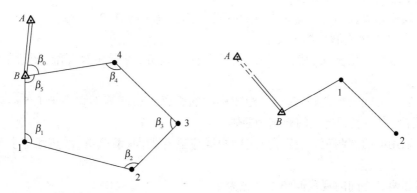

图 2-1-7　闭合导线图　　　　　　　　　图 2-1-8　支导线图

（4）导线网。

二　导线测量的等级及主要技术要求

导线控制网可布设成附合导线、闭合导线或导线网。各等级导线测量的主要技术要求见表 2-1-5。

导线测量的技术要求　　　　　　　　　　　表 2-1-5

等级	测角中误差（"）	测距相对中误差	方位角闭合差（"）	导线全长相对闭合差	测　回　数			
					0.5"级仪器	1"级仪器	2"级仪器	6"级仪器
二等	1	1/250000	$\pm 2.0\sqrt{n}$	1/100000	6	9	—	—
三等	1.8	1/150000	$\pm 3.6\sqrt{n}$	1/55000	4	6	10	—
四等	2.5	1/80000	$\pm 5\sqrt{n}$	1/40000	3	4	6	
一级	4	1/40000	$\pm 8\sqrt{n}$	1/20000	—	2		
二级	7.5	1/20000	$\pm 15\sqrt{n}$	1/12000	—	—	1	3

注：1. 表中 n 为测站数。

　　2. 当边长短于 500m 时，二等边长中误差小于 2.5mm，三等边长中误差小于 3.5mm，四等一级边长中误差小于 5mm，四等二级边长中误差小于 7.5mm。

三 导线测量外业工作

外业作业前,应首先在地形图上做出导线的整体布置设计,然后到野外踏勘。设计方案经踏勘证实符合实地情况,或做了必要的修改后,即可实地选定各导线点的位置,并马上建立和埋设标志。随后便根据这些标点进行测角和量边工作。

1. 导线网的设计及选点、埋石

导线网的布设应满足如下要求:

(1)导线网用作测区的首级控制时,布设成环形网,且宜联测 2 个已知方向。

(2)加密网可采用单一附合导线或结点导线网形式。

(3)结点间或结点与已知点间的导线段宜布设成直伸形状,相邻边长不宜相差过大,网内不同环节上的点也不宜相距过近。

(4)导线相邻边长不宜相差过大,相邻边长之比不宜小于 1∶3。

导线点位的选定应满足如下要求:

(1)点位选在土质坚实、稳固可靠、便于保存的地方,视野相对开阔,便于加密、扩展和寻找。

(2)相邻点之间通视良好,其视线距障碍物的距离,三、四等不宜小于 1.5m;四等以下宜保证便于观测,以不受旁折光的影响为原则。

(3)当采用电磁波测距时,相邻点之间视线应避开烟囱、散热塔、散热池等发热体及强电磁场。

(4)相邻两点之间的视线倾角不宜过大。

(5)充分利用原有的控制点。

导线点位置选好后,要在地面上标定下来。一般的方法是打一木桩并在桩顶中心钉一小铁钉,如图 2-1-9 所示。对于因测图或建设工程需要长期保存的导线点,则应埋入石桩或混凝土桩,桩顶刻凿"十"字或铸入锯有"十"字的钢筋,如图 2-1-10 所示。

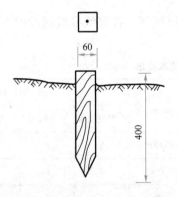
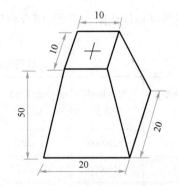

图 2-1-9　导线桩(尺寸单位:mm)　　　图 2-1-10　永久性控制桩(尺寸单位:mm)

2. 外业观测

导线测量分为水平角测量和边长测量。在观测前,需进行仪器相关项目检验工作。全站仪误差主要有:测距加常数、乘常数误差,竖轴倾斜误差,横轴倾斜误差,视准轴误差,补偿器误差,度盘偏心误差,竖盘指标差误差等。

（1）水平角观测

水平角观测所使用的全站仪、电子经纬仪和光学经纬仪各项要求如下：

①照准部旋转轴正确性指标：管水准器气泡或电子水准器长气泡在各位置的读数较差，1″级仪器不超过 2 格，2″级仪器不超过 1 格，6″级仪器不超过 1.5 格。

②光学经纬仪的测微器行差及隙动差指标：1″级仪器不大于 1″，2″级仪器不大于 2″。

③水平轴不垂直于垂直轴之差指标：1″级仪器不超过 10″，2″级仪器不超过 15″，6″级仪器不超过 20″。

④补偿器的补偿要求：在仪器补偿器的补偿区间，对观测成果应能进行有效补偿。

⑤垂直微动旋转使用时，视准轴在水平方向上不产生偏移。

⑥仪器的基座在照准部旋转时的位移指标：1″级仪器不超过 0.3″，2″级仪器不超过 1″，6″级仪器不超过 1.5″。

⑦光学（或激光）对中器的视轴（或射线）与竖轴的重合度不大于 1mm。

水平角观测宜采用方向观测法，水平角方向观测法的技术要求见表 2-1-6。

水平角方向观测法的技术要求 　　　　　　　表 2-1-6

测 量 等 级	仪 器 等 级	半测回归零差（″）	同方向测回间 $2c$ 互差（″）	同方向值各测回间互差（″）
四等及以上	0.5″级仪器	4	6	4
	1″级仪器	6	9	6
	2″级仪器	8	13	9
一级及以下	2″级仪器	12	18	12
	6″级仪器	18	—	24

注：当观测方向的垂直角超过 ±3° 的范围时，该方向 $2c$ 互差可按相邻测回同方向进行比较，其值满足表中一测回内 $2c$ 互差的限值。

当观测方向不多于 3 个时，可不归零。当观测方向多于 6 个时，可进行分组观测。分组观测包括两个共同方向（其中一个为共同零方向）。其两组观测角之差，不大于同等级测角中误差的 2 倍。分组观测的最后结果，按等权分组观测进行测站平差。各测回间均匀配置度盘。采用全站仪或电子经纬仪时可不受此限制。观测在通视良好、成像清晰稳定时进行。观测过程中，气泡中心位置偏离值不得超过一格；四等以上的水平角观测，当观测方向的垂直角超过 ±3° 时，宜在测回间重新整置气泡位置。有垂直轴补偿器的仪器可不受此限制。

水平角观测误差超限时，在原度盘位置上重测，并符合下列规定：

①同方向测回间 $2c$ 互差超限时，重测超限方向，并联测零方向。

②下半测回归零差或零方向的 $2c$ 互差超限时，立即重测该测回。

③测回中重测的方向数超过方向总数的 1/3 时，该测回数据作废并重测。

④测站中重测的方向测回数超过总测回数的 1/3 时，该测站全部成果作废并重测。

（2）距离观测

边长测量采用全站仪或光电测距仪观测。测距仪的精度等级按表 2-1-7 划分。

测距仪的精度分级 　　　　　　　表 2-1-7

精 度 等 级	每千米测距仪标准偏差 $|m_d|$	精 度 等 级	每千米测距仪标准偏差 $|m_d|$
Ⅰ	$|m_d| \leq 2mm$	Ⅲ	$5mm < |m_d| \leq 10mm$
Ⅱ	$2mm < |m_d| \leq 5mm$	Ⅳ	$10mm < |m_d|$

注：表中 m_d 按测距仪出厂标称精度的绝对值，归算到 1km 的测距标准偏差。

边长测量技术要求应符合表2-1-8的规定。

边长测量的技术要求
表2-1-8

测量等级	使用测距仪精度等级	每边测回数		一测回读数较差限值（mm）	测回间较差限值（mm）
		往测	返测		
二等	I	4	4	2	3
	II			5	7
三等	I	2	2	2	3
	II	4	4	5	7
四等	I	2	2	2	3
	II			5	7
	III	4	4	10	15
一级及以下	I	2	2	2	3
	II			5	7
	III			10	15
	IV	4	4	20	30

注：1. 一测回是指仪器照准目标一次、读数2～4次的过程。

2. 边长往返观测平距较差小于 $2m_d$。

3. 测距边的斜距进行气象改正和仪器常数改正。

气象改正以观测时记录的气压、气温计算。气压、气温读数精度应符合表2-1-9的规定。三等及以上等级测量在测站和反射镜站分别测记，四等及以下等级可在测站进行测记。当测边两端气象条件差异较大时，在测站和反射镜站分别测记。当测区平坦、气象条件差异不大时，也可记录上午和下午的平均气压、气温。当使用全站仪时，也可将气象条件输入仪器，让仪器自动进行气象改正。气象改正值按式(2-1-2)计算：

$$\Delta D = (n_0 - n) \cdot D \tag{2-1-2}$$

式中：D——测量斜距长，km；

n——实际群折射率；

n_0——仪器基准折射率。

气压、气温读数精度要求
表2-1-9

测 量 等 级	干湿温度表(℃)	气压表(hPa)	测 量 等 级	干湿温度表(℃)	气压表(hPa)
二等	0.2	0.5	四等	0.5	1
三等	0.2	0.5	五等	1	2

测距仪与反光镜的平均高程面上的水平距离按式(2-1-3)计算：

$$D_p = \sqrt{s^2 - h^2} \tag{2-1-3}$$

式中：D_p——测距边两端点仪器与反光镜的平均高程面上的水平距离，m；

s——经气象及加、乘常数等改正后的斜距，m；

h——仪器与反光镜之间的高差，m。

测距作业，测站对中误差和反光镜对中误差不大于2mm。当观测数据超限时，重测整个测回，如观测数据出现分群时，应分析原因，采取相应措施重新观测。四等及以上等级控制网的边长测量，分别量取两端点观测始末的气象数据，计算时取平均值。

导线测量的内业工作,是根据起始点(高级控制点)的坐标和起始方位角,以及外业所测得的导线边长和转折角,计算各导线点的坐标。

计算前的准备:全面检查导线测量外业记录,检查数据是否齐全,测量数据和计算数据是否取到足够位数,有无记错、算错。

内业计算前,先将转折角、边长、起始边方位角及起始点坐标等整理于计算表中,见表2-1-11。下面分别介绍附合导线和闭合导线的内业计算方法。

在讲附合导线内业计算之前先学习坐标反算。

根据两点的坐标求算两点构成直线的距离及坐标方位角,称为坐标反算。当导线与高级控制点连接时,一般应利用高级控制点的坐标,反算出高级控制点构成直线的距离及坐标方位角,作为导线计算的起算数据与检核的依据。此外,在施工放样前,也要利用坐标反算出放样数据,坐标反算如图2-1-11所示,其计算公式如下。

已知 A、B 两点坐标及

$$\Delta x_{AB} = D_{AB}\cos\alpha_{AB} \qquad (2\text{-}1\text{-}4a)$$

$$\Delta y_{AB} = D_{AB}\sin\alpha_{AB} \qquad (2\text{-}1\text{-}4b)$$

由式(2-1-4a)及式(2-1-4b)得

$$\tan\alpha_{AB} = \frac{\Delta y_{AB}}{\Delta x_{AB}} = \frac{y_B - y_A}{D_B - D_A}$$

故

$$\alpha_{AB} = \arctan\frac{y_B - y_A}{x_B - x_A} \qquad (2\text{-}1\text{-}4c)$$

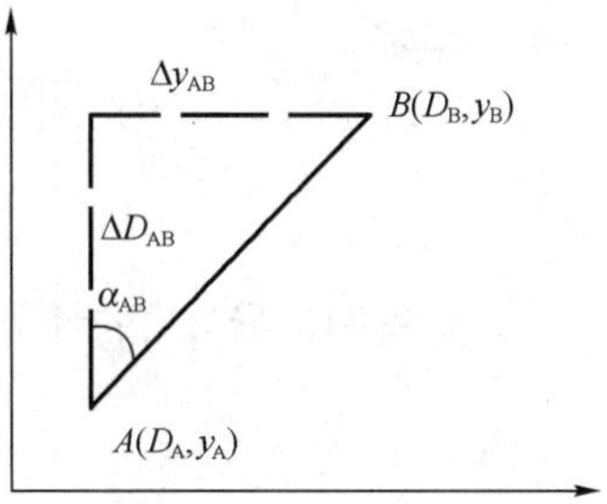

图2-1-11 坐标反算示意图

$$S_{AB} = \frac{\Delta y_{AB}}{\sin\alpha_{AB}} = \frac{\Delta D_{AB}}{\cos\alpha_{AB}}$$

用计算器按式(2-1-4c)计算时,其值有正有负,此时应根据 Δx_{AB}、Δy_{AB} 的正负号先确定 AB 直线所在的象限,之后按表2-1-10计算方位角。

坐标反算换算表 表2-1-10

AB 直线所在象限		方 位 角
第 I 象限	(Δx、Δy 同正)	$\alpha_{AB} = \arctan\dfrac{y_B - y_A}{x_B - x_A}$
第 II 象限	(Δx 为负、Δy 为正)	$\alpha_{AB} = 180° + \arctan\dfrac{y_B - y_A}{x_B - x_A}$
第 III 象限	(Δx、Δy 同负)	$\alpha_{AB} = 180° + \arctan\dfrac{y_B - y_A}{x_B - x_A}$
第 IV 象限	(Δx 为正、Δy 为负)	$\alpha_{AB} = 360° + \arctan\dfrac{y_B - y_A}{x_B - x_A}$

AB 两点之间的距离可用式(2-1-5)进行计算,即

$$D_{AB} = \sqrt{(x_B - x_A)^2 + (y_B - y_A)^2} \tag{2-1-5}$$

1. 附合导线的内业计算

(1)计算角度闭合差并调整

如图 2-1-12a)所示,对于该附合导线,终边 CD 有一已知方位角 α_{CD}。经测量后,从起始边 AB 的方位角为 α_{AB} 推算出 CD 的方位角 α'_{CD},则角度闭合差为

$$f_\beta = \alpha'_{CD} - \alpha_{CD} \tag{2-1-6}$$

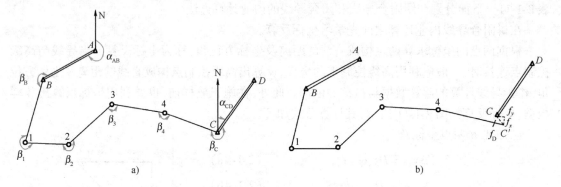

图 2-1-12 连接角连接边的边长观测

下面我们推导 α'_{CD} 的计算公式。

由于

$$\alpha_{B1} = \alpha_{AB} + 180° - \beta_B$$

$$\alpha_{12} = \alpha_{B1} + 180° - \beta_1$$

$$\alpha_{23} = \alpha_{12} + 180° - \beta_2$$

$$\alpha_{34} = \alpha_{23} + 180° - \beta_3$$

$$\alpha_{4C} = \alpha_{34} + 180° - \beta_4$$

$$\alpha'_{CD} = \alpha_{4C} + 180° - \beta_C$$

则

$$\alpha'_{CD} = \alpha_{AB} + 6 \times 180° - \sum \beta_{测}$$

结合式(2-1-6)得

$$f_\beta = \alpha_{AB} - \alpha_{CD} + 6 \times 180° - \sum \beta_{测}$$

由此,我们可以得出附合导线角度闭合差的一般计算公式,即

$$f_\beta = (\alpha_{起} - \alpha_{终}) \mp n \times 180° \pm \sum \beta_{测} \tag{2-1-7}$$

式中:n——测站数或附合导线点的个数(包括起、终两点)。

当 $\beta_{测}$ 为右角时,采用"$-$";当 $\beta_{测}$ 为左角时,采用"$+$"。

各级导线的角度闭合差的容许值为 $f_{容}$,图根导线 $f_{容} = \pm 60\sqrt{n}$ ″。若 $|f_\beta| \leq |f_{容}|$,则说明测角符合要求;否则,应重测转折角。

若角度观测合格,则将角度闭合差 f_β 进行调整,调整原则如下:

①若 β 为右角,则将 f_β 同号分配,即 $v_\beta = \dfrac{f_\beta}{n}$,余数分配给短边的邻角(因构成角的边长越

短,测角的误差可能越大),且$\sum v_\beta = f_\beta$。

②若β为左角,则将f_β反号分配,即$v_\beta = -\dfrac{f_\beta}{n}$,余数分给短边的邻角,且$\sum v_\beta = -f_\beta$。

改正后各角值为

$$\beta'_i = \beta_i + v_\beta$$

（2）推算各边的坐标方位角

推算各边坐标方位角时,必须采用改正后的转折角,即

$$\alpha_{i,i+1} = \alpha_{i-1,i} \mp 180° \pm \beta'_i$$

注:计算出各边方位角后,若超过360°,则应先减去360°,然后再将其作为该边的方位角;若出现负值,则应先加上360°,然后再将其作为该边的方位角。

（3）计算各边的坐标增量

如图2-1-13所示,以23边为例。

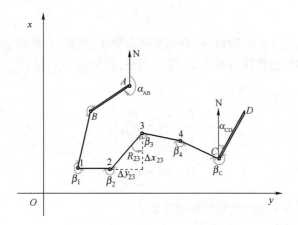

图2-1-13　边的坐标增量计算

因为23边在第三象限,R_{23}为23边的象限角,α已知在第三象限,$R = \alpha - 180°$。

所以　　　　　$\Delta x_{23} = -D_{23}\cos R_{23} = -D_{23}\cos(\alpha_{23} - 180°) = D_{23}\cos\alpha_{23}$

$$\Delta y_{23} = -D_{23}\sin R_{23} = -D_{23}\sin(\alpha_{23} - 180°) = D_{23}\sin\alpha_{23}$$

由此可知,任意边的坐标增量为

$$\begin{cases} \Delta x_{i,i+1} = D_{i,i+1}\cos\alpha_{i,i+1} \\ \Delta y_{i,i+1} = D_{i,i+1}\sin\alpha_{i,i+1} \end{cases} \tag{2-1-8}$$

（4）计算坐标增量闭合差并调整

对于附合导线而言[图2-1-12b)],B、C两点之间有一已知坐标增量,即

$$\begin{cases} \Delta x_{BC理} = x_C - x_B \\ \Delta y_{BC理} = y_C - y_B \end{cases} \tag{2-1-9}$$

经过测量后,又得到B、C两点之间的实测坐标增量,即

$$\begin{cases} \Delta x_{\text{BC测}} = \sum \Delta x_{\text{测}} = \Delta x_{\text{B1}} + \Delta x_{12} + \cdots + \Delta x_{4\text{C}} \\ \Delta y_{\text{BC测}} = \sum \Delta y_{\text{测}} = \Delta y_{\text{B1}} + \Delta y_{12} + \cdots + \Delta y_{4\text{C}} \end{cases}$$

由于测角和量边中不可避免存在误差，所以实测增量与理论增量往往不相等，从而使 C、C' 不重合，即附合导线实际不能闭合，如图 2-1-12b）所示。由图可知，附合导线的坐标增量闭合差为

$$\begin{cases} f_x = \sum \Delta x_{\text{BC测}} - \sum \Delta x_{\text{BC理}} = \sum \Delta x_{\text{BC测}} - (x_{\text{C}} - x_{\text{B}}) \\ f_y = \sum \Delta y_{\text{BC测}} - \sum \Delta y_{\text{BC理}} = \sum \Delta y_{\text{BC测}} - (y_{\text{C}} - y_{\text{B}}) \end{cases} \tag{2-1-10}$$

从而导线全长闭合差为

$$f = \sqrt{f_x^2 + f_y^2} \tag{2-1-11}$$

则导线全长的相对误差为

$$K = \frac{f}{\sum D} \tag{2-1-12}$$

对图根导线而言，当 $K \leqslant 1/2000$ 时，则观测符合要求；否则，应重新量取边长。

当观测符合要求时，应将闭合差 f_x、f_y 进行调整，调整的原则是：将 f_x、f_y 反号按边长成正比例分配。即

$$\begin{cases} v_{\Delta x_i} = -\dfrac{D_i}{\sum D} f_x \\ v_{\Delta y_i} = -\dfrac{D_i}{\sum D} f_y \end{cases} \tag{2-1-13}$$

式中：$v_{\Delta x_i}$、$v_{\Delta y_i}$——导线第 i 边的坐标增量改正数；

$\sum D$——导线全长；

D_i——第 i 边边长。

计算检核 $\qquad\qquad \sum v_{\Delta x_i} = -f_x; \qquad \sum v_{\Delta y_i} = -f_y$

如果检核中发现不完全相等，可能是计算中保留最后一位时，采用"四舍五入"法取位所致。应检查取舍过程舍弃的值是否多于进入的值，并应进行适当的调整，直至检核公式完全成立。

（5）计算改正后的坐标增量

改正后的坐标增量等于实测坐标增量加每条边的坐标增量改正数，用通用公式表达为

$$\begin{cases} \Delta x_{i,i+1\text{改}} = \Delta x_{i,i+1\text{测}} + v_{\Delta x_i} \\ \Delta y_{i,i+1\text{改}} = \Delta y_{i,i+1\text{测}} + v_{\Delta y_i} \end{cases} \tag{2-1-14}$$

（6）计算各点的坐标

用改正后的坐标增量依次推算各导线点的坐标。检核条件：起点坐标与沿附合路线推算至终点的坐标完全吻合。仍以图 2-1-12 为例，经过上面各步后，坐标增量之和与理论上 B、C 的坐标差相等，可以进行各导线点坐标的计算。计算时，从起点 B 开始逐点向前推进。具体计算如下

$$\begin{cases} x_1 = x_B + \Delta x_{B1改} \\ y_1 = y_B + \Delta y_{B1改} \end{cases}$$

$$\vdots$$

$$\begin{cases} x_4 = x_3 + \Delta x_{34改} \\ y_4 = y_3 + \Delta y_{34改} \end{cases}$$

计算检核

$$\begin{cases} x_C = x_4 + \Delta x_{4C改} \\ y_C = y_4 + \Delta y_{4C改} \end{cases}$$

终点 C 的计算坐标应与 C 点的原坐标值相等,否则说明计算有误,应重新检查计算过程。

以上为附合导线的内业计算步骤,其计算均可以在表格中进行,见表 2-1-11。

2. 附合导线内业计算算例

【例 2-1-1】 如图 2-1-14 所示,已知附合导线的外业观测资料及 MA、BN 两直线的方位角 α_{MA}、α_{BN},且 A、B 两点的坐标分别为 $x_A = 2507.69\text{m}$,$y_A = 1215.63\text{m}$;$x_B = 2166.74\text{m}$,$y_B = 1757.27\text{m}$。求 P_2、P_3、P_4、P_5 各点的坐标。

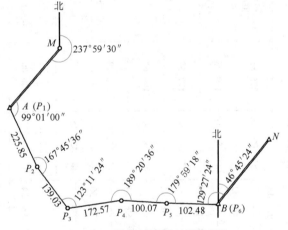

图 2-1-14 附合导线内业计算示意图

【解】 首先将图中测量数据和已知点的数据填入表 2-1-11 中的相应栏内,然后按上述附合导线的坐标计算步骤进行计算,计算结果见表 2-1-11。

3. 闭合导线的内业计算

闭合导线的内业计算步骤与附合导线的内业计算步骤完全相同,只是角度闭合差与坐标增量闭合差的计算公式不同。现分别叙述如下。

(1)角度闭合差的计算与调整

因为闭合导线构成一多边形,所以它的各内角总和的理论值 $\sum \beta_{理}$ 为

$$\sum \beta_{理} = (n-2) \times 180° \qquad (2\text{-}1\text{-}15)$$

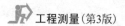

附合导线内业计算表

表 2-1-11

点号	观测角（左角）β (° ′ ″)	改正数 (″)	改正后角值 (° ′ ″)	坐标方位角 (° ′ ″)	距离 D (m)	坐标增量 Δx(m)	Δy(m)	改正后坐标增量 Δx′(m)	Δy′(m)	坐标 x(m)	y(m)
M				237 59 30							
A(P₁)	99 01 00	+6	99 01 06							2507.69	1215.63
				157 00 36	225.85	+5 / −207.91	−4 / +88.21	−207.86	+88.17		
P₂	167 45 36	+6	167 45 42							2299.83	1303.80
				144 46 18	139.03	+3 / −113.57	−3 / +80.20	−113.54	+80.17		
P₃	123 11 24	+6	123 11 30							2186.29	1383.97
				87 57 48	172.57	+3 / +6.13	−3 / +172.46	+6.16	+172.43		
P₄	189 20 36	+6	189 20 42							2192.45	1556.40
				97 18 30	100.07	+2 / −12.73	−2 / +99.26	−12.71	+99.24		
P₅	179 59 18	+6	179 59 24							2179.74	1655.64
				97 17 54	102.48	+2 / −13.02	−2 / +101.65	−13.00	+101.63		
B(P₆)	129 27 24	+6	129 27 30							2166.74	1757.27
				46 45 24							
Σ	888 45 18	+36	888 45 54		740.00	−341.10	+541.78	−340.95	+541.64		

辅助计算

$f_\beta = (\alpha_{MA} - \alpha_{BN}) - 6 \times 180° + \sum\beta_{测} = -36''$

$f_{\beta容} = \pm 60''\sqrt{n} = \pm 146''$

因为 $|f_\beta| < |f_{\beta容}|$，所以观测合格

$f_x = -0.15, f_y = +0.20, f = 0.14, f = \sqrt{f_x^2 + f_y^2}$

因为 $K = \dfrac{f}{\sum D} = \dfrac{0.20}{740} = \dfrac{1}{3700} < \dfrac{1}{2000}$ 所以观测合格

注：1. 表中已知点的方位角和坐标值用黑体字标注。
2. 角度闭合差改正数、坐标增量改正数均填写在相应的观测值和计算值上方。

但是,实际观测各内角的总和 $\sum \beta_测$ 不可避免地存在一定的误差,因而不等于其理论值,两者之差称为"闭合导线的角度闭合差",用 f_β 表示,即

$$f_\beta = \sum \beta_测 - \sum \beta_理 \qquad (2\text{-}1\text{-}16)$$

图根导线角度闭合差的容许值规定为

$$f_{\beta容} = \pm 60'' \sqrt{n} \qquad (2\text{-}1\text{-}17)$$

式中:n——导线的边数。

若计算结果 f_β 的绝对值小于 $f_{\beta容}$ 的绝对值,则认为测角精度合格,可以进行"平差"。将 f_β 反号,平均分配给各内角,即 $v_\beta = -\dfrac{f_\beta}{n}$,以改正各内角角值。如平均时仍有余数,则再分给短边的邻角,且 $\sum v_\beta = -f_\beta$。

若计算结果 f_β 的绝对值大于 $f_{\beta容}$ 的绝对值,则必须重测导线各内角,直至满足要求为止。

(2)推算坐标方位角

如图 2-1-15 所示,各边方位角的推算公式为

$$\alpha_{i,i+1} = \alpha_{i-1,i} \pm 180° \mp \beta_i \qquad (2\text{-}1\text{-}18)$$

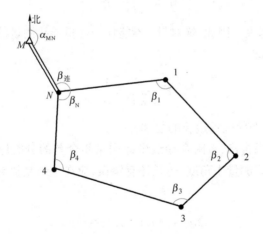

图 2-1-15　各边方位角推算示意图

(3)计算坐标增量

闭合导线的坐标增量计算方法与附合导线的坐标增量计算相同。

(4)坐标增量闭合差的计算及调整

如图 2-1-16 所示,任意闭合多边形其纵、横坐标增量的代数和在理论上应等于零,即

$$\begin{cases} \sum \Delta x_理 = 0 \\ \sum \Delta y_理 = 0 \end{cases} \qquad (2\text{-}1\text{-}19)$$

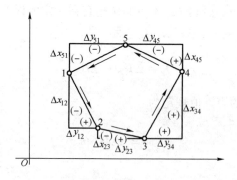

图 2-1-16　坐标增量闭合差的计算及调整示意图

但由于测角和量边的过程中，不可避免地存在误差，虽然转折角已调整但仍有残余误差，加之量边误差的存在，使得实测的坐标增量代数和（ $\sum \Delta x_{测}$、$\sum \Delta y_{测}$ ）不等于零。它们的差值称为坐标增量闭合差（f_x、f_y），即

$$\begin{cases} f_x = \sum \Delta x_{测} - \sum \Delta x_{理} = \sum \Delta x_{测} \\ f_y = \sum \Delta y_{测} - \sum \Delta y_{理} = \sum \Delta y_{测} \end{cases} \qquad (2\text{-}1\text{-}20)$$

由于 f_x、f_y 的存在，使闭合多边形并不闭合而产生一个缺口，其缺口的长度为

$$f = \sqrt{f_x^2 + f_y^2} \qquad (2\text{-}1\text{-}21)$$

导线越长，f 值也会越大。因此，绝对量 f 不能作为衡量导线测量的精度指标，通常用导线全长的相对误差来衡量，即

$$K = \frac{f}{\sum D} = \frac{1}{N} \qquad (2\text{-}1\text{-}22)$$

式中：$\sum D$——导线全长，即导线各边长的总和。

若 $K \leqslant 1/2000$，则成果合格，按附合导线坐标增量闭合差的分配原则分配闭合差。反之，若 $K > 1/2000$，则说明导线测量中角度、边长还有错误，应在重新复核导线测量外业后，再进行计算。

计算检核 　　　　$\sum v_x = -f_x$；　　$\sum v_y = -f_y$

（5）计算改正后的坐标增量
同附合导线的计算。

（6）计算各点的坐标
同附合导线的计算。

4. 闭合导线内业计算算例

【例 2-1-2】　已知 $\alpha_{12} = 125°30'00''$，$\beta_1 = 107°48'30''$，$\beta_2 = 73°00'20''$，$\beta_3 = 89°33'50''$，$\beta_4 = 89°36'30''$；$D_{12} = 105.22\text{m}$，$D_{23} = 80.18\text{m}$，$D_{34} = 129.34\text{m}$，$D_{41} = 78.16\text{m}$；$x_1 = 500.00\text{m}$，$y_1 = 500.00\text{m}$。求 2、3、4 各点的坐标。

【解】　依据计算步骤计算，结果见表 2-1-12。

表 2-1-12

闭合导线内业计算表

点号	观测角（左角）β (° ′ ″)	改正数 (″)	改正后角值 (° ′ ″)	坐标方位角 (° ′ ″)	距离 D (m)	坐标增量 Δx (m)	坐标增量 Δy (m)	改正后坐标增量 Δx′ (m)	改正后坐标增量 Δy′ (m)	坐标 x (m)	坐标 y (m)
1	107 48 30	+13	107 48 43							500.00	500.00
				125 30 00	105.22	−2 / −61.10	+2 / +85.66	−61.12	+85.68		
2	73 00 20	+12	73 00 32							438.88	585.68
				53 18 43	80.18	−2 / +47.90	+2 / +64.30	+47.88	+64.32		
3	89 33 50	+12	89 34 02							486.76	650.00
				306 19 15	129.34	−3 / +76.61	+2 / −104.21	+76.58	−104.19		
4	89 36 30	+13	89 36 43							563.34	545.81
				215 53 17	78.16	−2 / −63.32	+1 / −45.82	−63.34	−45.81		
1				125 30 00						500.00	500.00
2											
Σ	359 59 10	+50	360 00 00		392.90	+0.09	−0.07				

辅助计算

$f_\beta = \sum\beta_{测} - (n-2)\cdot 180° = -50''$

$f_{\beta容} = \pm 60''\sqrt{4} = \pm 120''$

因为 $|f_\beta| < |f_{\beta容}|$，所以观测合格

$f_x = +0.09$，$f_y = -0.07$，$f = \sqrt{f_x^2 + f_y^2} = 0.11$

因为 $K = \dfrac{f}{\sum D} = \dfrac{0.11}{392.90} = \dfrac{1}{3500} < \dfrac{1}{2000}$，所以观测合格

坐标增量改正数均填写在相应的观测值和计算值上方。

注：1. 表中已知点的方位角和坐标值用黑体字标注。

2. 角度闭合差改正数、坐标增量改正数均填写在相应的观测值和计算值上方。

项目一 单元二 小区域控制测量

161

任务四　三、四等水准测量

高程控制测量是指在小地区范围内,为满足测图和施工的需要,采取一定的方法和作业程序,完成测区首级高程点的加密工作。一般分为三、四等水准测量和三角高程测量两种形式,三角高程测量在前面的内容里已有介绍,本节主要介绍三、四等水准测量。

三、四等水准测量除用于国家高程控制网的加密外,还用于建立小区域首级高程控制网,以及建筑施工区内工程测量的基本控制。三、四等水准点的高程应从附近的一、二等水准点引测。

三、四等水准测量的组织形式与普通水准测量大致相同,即均需事前拟定水准路线、选点、埋石和观测等工作程序。而与普通水准测量的显著区别在于,三、四等水准测量必须使用双面尺法观测和记录,其观测顺序有着严格的要求,相应的记录、计算及精度指标也有区别。

国家测绘局制定的三、四等水准测量及普通水准测量的技术要求见表2-1-13。

三、四等水准测量的技术要求　　　　　　　　　　　　　　　　表2-1-13

等级	附合路线总长（km）	仪器	视线长度（m）	视线距地面最低高度（m）	水准尺	观 测 次 数		线路闭合差	
						与已知点联测	附合线路或环线	平地(mm)	山地(mm)
三等	≤50	DS$_1$	75	0.35	铟瓦	往返一次	往一次	±12$\sqrt{L}$	±4$\sqrt{n}$
		DS$_3$			双面		往返各一次		
四等	≤16	DS$_3$	100	0.35	双面	往返一次	往一次	±20$\sqrt{L}$	±6$\sqrt{n}$

注:L为水准线路总长度,以 km 为单位;n为全线总测站数。

下面着重介绍四等水准测量的观测和计算原理。

 一 四等水准测量的观测、记录

四等水准测量一般采用双面水准标尺和中丝法进行观测,且每站按后→后→前→前和黑→红→黑→红的顺序观测。三、四等水准测量记录见表2-1-14,具体操作步骤如下。

1.观测顺序

第一步:初步整平水准仪,检查前后视距较差是否满足要求(参考表2-1-13),若不满足要求,则要移动仪器位置,使之符合限差要求。

第二步:照准后水准尺的黑面,旋转倾斜螺旋使符合水准器的气泡居中,先用下丝和上丝读取水准读数,再读取中丝读数,将下丝、上丝、中丝读数依次记于观测手簿(表2-1-14)的(1)、(2)、(3)栏内。

第三步:照准后水准尺的红面,检查气泡,读取中丝读数并记录于观测手簿的(8)栏内。

第四步:旋转照准部照准前视标尺的黑面,使符合气泡居中,先用中丝读数,再用下丝、上丝读数,依次将中丝、下丝、上丝三丝读数分别记录在观测手簿的(4)、(5)、(6)栏内。

第五步:同第三步,照准前视标尺的红面,气泡居中后,将中丝读数记录在观测手簿的(7)栏内。

三、四等水准测量记录

表 2-1-14

测段:_____　　日期:_____　　仪器:_____
开始:_____　　天气:_____　　观测者:_____
结束:_____　　成像:_____　　记录者:_____

测站编号	测点编号	后尺 下丝 / 上丝 后视距 / 视距差 d	前尺 下丝 / 上丝 前视距 / ∑d	方向及尺号	水准尺读数 黑面	水准尺读数 红面	K 加黑减红	高差中数	备注
		(1)	(5)	后	(3)	(8)	(10)		
		(2)	(6)	前	(4)	(7)	(9)		
		(15)	(16)	后 − 前	(11)	(12)	(13)	(14)	
		(17)	(18)						
1	BM$_1$ − TP$_1$	1526 / 1095 / 43.1 / +0.1	0901 / 0471 / 43.0 / +0.1	后 No.12 / 前 No.13 / 后 − 前	1311 / 0686 / +0625	6098 / 5373 / +0725	0 / 0 / 0	+0.6250	No.12 标尺 $K_{12}=4787$
2	TP$_1$ − TP$_2$	1912 / 1396 / 51.6 / −0.2	0670 / 0152 / 51.8 / −0.1	后 No.13 / 前 No.12 / 后 − 前	1654 / 0411 / +1243	6341 / 5197 / +1144	0 / +1 / −1	+1.2435	
3	TP$_2$ − TP$_3$	0989 / 0607 / 38.2 / +0.2	1813 / 1433 / 38.0 / +0.1	后 No.12 / 前 No.13 / 后 − 前	0798 / 1623 / −0825	5586 / 6310 / −0724	−1 / 0 / −1	−0.8245	No.13 标尺 $K_{13}=4687$
4	TP$_3$ − A	1791 / 1425 / 36.6 / −0.2	0658 / 0290 / 36.8 / −0.1	后 No.13 / 前 No.12 / 后 − 前	1608 / 0474 / +1134	6296 / 5261 / +1034	0 / 0 / 0	+1.1340	
每页校核		$\sum(15)-\sum(16)=169.5-169.6=-0.1$m $=\sum d$(视距累差)　　$\sum(15)+\sum(16)=169.5+169.6=339.1$m(总长度)　　h(总高差)$=\frac{1}{2}\{\sum(11)+\sum(12)\}=\frac{1}{2}\times4.356=2.178=\sum(14)=2.178$m							

2. 测站计算与检核

为便于及时发现观测错误或超限,一般要求在每一测站上均达到观测、记录、计算同步进行,绝对不允许等全部测完后再进行计算。测站上的计算分以下三部分内容。

（1）视距计算

$$\left\{\begin{array}{l} 后视距离(15) = \left[(1) - (2)\right] \times 100 \\ 前视距离(16) = \left[(5) - (6)\right] \times 100 \\ 后视距离与前视距离之差(17) = (15) - (16) \\ 前后视距累积差(18) = 本站(17) + 前站(18) \end{array}\right. \qquad (2\text{-}1\text{-}23)$$

（2）高差计算

$$\left\{\begin{array}{l} 前视标尺黑红面读数之差(9) = (4) + K - (7) \\ 后视标尺黑红面读数之差(10) = (3) + K - (8) \\ 两标尺的黑面高差(11) = (3) - (4) \\ 两标尺的红面高差(12) = (8) - (7) \\ 黑面高差与红面高差之差(13) = (11) - \left[(12) \pm 100\right] \end{array}\right. \qquad (2\text{-}1\text{-}24)$$

注：高差中数计算，当上述计算合乎限差要求时，可计算高差中数，且

$$高差中数(14) = \frac{1}{2}\left[(11) + (12) \pm 100\right] \qquad (2\text{-}1\text{-}25)$$

（3）检核计算

①测站检核公式

$$(13) = (10) - (9) = (11) - \left[(12) \pm 100\right] \qquad (2\text{-}1\text{-}26)$$

式（2-1-26）可检核同一测站黑、红面高差是否相等，若不相等时，以表2-1-13中相应的限差要求为标准。若超出限差范围，本站必须重新测量。若满足限差要求，可以迁站。特别注意：在确认能否迁站前，前视标尺及尺垫决不允许移动。

②每页观测成果的检核

在一些教材中强调这一检核，如表2-1-14底部"每页校核"部分。其实，作为检核，主要是校核计算过程中有无错误、笔误等，校核应采用不同的计算途径，各自独立，以便于发现问题。

二 关于四等水准测量的工作间歇

由于四等水准测量路线一般较长，在中途休息或收工时，最好能在水准点（事前预埋标石）上结束观测。如确实不能在水准点上结束观测时，则应选择两个突出、稳固的地面点，作为间歇前的最后一站来观测。间歇结束后，应先在两间歇点上放置标尺，并进行检测。若间歇前、后两间歇点之间的高差较差不超过5mm，则认为间歇点位置没有变动，此时可以从前视间歇点开始继续观测；若高差较差超过5mm，则应退回到该段的水准点处重新进行观测。

完成水准测量外业工作后,即可转入内业计算。由于四等水准测量是由某个高级水准点开始,结束于另一高级水准点,故实测总高差与两高级点的高差往往不符。这就需要按一定规则调整高差闭合差,一般分三步实施。

1. 检查外业手簿并绘制水准路线略图

计算前,应首先进行外业手簿的检查。内容包括记录是否正确、注记是否齐全、计算是否有误等。检查无误后,便可绘制水准路线略图(图2-1-17)。

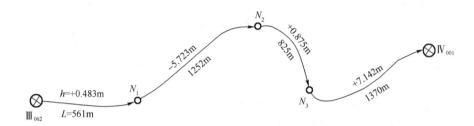

图2-1-17　水准路线略图示意图

从观测手簿中逐个摘录各测段的观测高差 h_i。特别需要说明的是:凡观测方向与推算方向相同的,其观测高差的符号(正负号)不变。同时,还要摘录各测段的距离 L_i 或测站数 n_i(当采用测站数调整高差闭合差时),明确起、终点的高程 $H_{起}$、$H_{终}$ 等,一并标注在略图中。

2. 高差闭合差的计算及调整

(1)高差闭合差的计算

高差闭合差通常用 f_h 表示,以附合水准路线为例。

$$f_h = \sum h_i - (H_{终} - H_{起}) \tag{2-1-27}$$

$$\sum h_i = h_1 + h_2 + \cdots + h_n \tag{2-1-28}$$

(2)高差闭合差允许值的计算

高差闭合差是衡量观测值质量的精度指标,必须有一个限度规定,如果超出这一限度,应查明原因,返工重测。

四等水准测量高差闭合差的允许值为

$$f_{h容} = \pm 20\sqrt{L} \tag{2-1-29}$$

式中:L——水准路线的长度,km。

(3)高差闭合差的调整

若高差闭合差在允许范围内,可将闭合差按与各段的距离(L_i)成正比反号调整于各测段的高差之中。若各测段的高差改正数为 v_i,则

$$v_i = \frac{-f_h}{\sum L_i} L_i \qquad (2\text{-}1\text{-}30)$$

注：用上式计算时，改正数凑整至毫米，余数强行分配到长测段中。

3. 改正后高差的计算

各测段观测高差值加上相应的改正数，即可得到改正后的高差 $h_改$，即

$$h_{i改} = h_i + v_i \qquad (2\text{-}1\text{-}31)$$

4. 待定点高程的计算

沿推算方向，由起点的高程 $H_起$ 开始，逐个加上相应测段改正后的高差 $h_{i改}$，即可逐一得出待定点的高程 H_i，即

$$H_i = H_{i-1} + h_{i改} \qquad (2\text{-}1\text{-}32)$$

四 算例

【例 2-1-3】 某四等附合水准路线观测结果如图 2-1-17 所示，起点 III_{062} 的高程为 73.702m，终点 IV_{001} 的高程为 76.470m。求待定点 N_1、N_2、N_3 的高程。

【解】 依据上述各公式，在表 2-1-15 中完成计算。

四等水准路线测量成果计算表 　　　　　　　　表 2-1-15

点号	距离（km）	平均高差（m）	改正数（mm）	改正后高差（m）	高程（m）	备 注
III_{062}	0.561	+0.483	−1	+0.482	73.702	附合水准路线
N_1	1.253	−5.723	−3	−5.726	74.184	$f_{h容} = \pm 20\sqrt{L}$
N_2	0.825	+0.875	−2	+0.873	68.458	$= \pm 20\sqrt{4.008}$
N_3						$= \pm 40\text{mm}$
IV_{001}	1.370	+7.142	−3	+7.139	69.331	$f_h = \sum h_i - (H_终 - H_起)$
$\sum$	4.008	+2.777	−9	+2.678	76.470	$= +0.009\text{m}$
						$= +9\text{mm}$

注：三、四等水准路线高程计算方法同上，只是取位和精度指标不同而已。

任务五　一、二等水准测量

精密水准测量一般指国家一、二等水准测量，其外业计算尾数取位见表 2-1-16，在各项工程的不同建设阶段的高程控制测量中，极少进行一等水准测量，因此本节重点介绍二等水准测量。

一、二等水准测量外业计算尾数取位 　　　　　　表 2-1-16

测 量 等 级	往（返）测距离总和（km）	测段距离中数（km）	各测站高差（mm）	往（返）测高差总和（mm）	测段高差中数（mm）	水准点高程（mm）
一等	0.01	0.1	0.01	0.01	0.1	0.1
二等	0.01	0.1	0.01	0.01	0.1	0.1

一 二等水准测量观测（以数字水准仪观测为例）

1．测站观测程序

（1）往、返测时，奇数测站照准标尺分划的顺序为：

①后视标尺。

②前视标尺。

③前视标尺。

④后视标尺。

（2）往、返测时，偶数测站照准标尺分划的顺序为：

①前视标尺。

②后视标尺。

③后视标尺。

④前视标尺。

（3）一测站操作程序如下（以奇数站为例）：

①将仪器整平（望远镜绕垂直轴旋转，圆气泡始终位于指标环中央）。

②将望远镜照准后视标尺，用垂直丝对准条码中央，精确调焦使条码影像清晰，按测量键。

③显示读数后，旋转望远镜照准前视标尺条码中央，精确调焦使条码影像清晰，按测量键。

④显示读数后，重新照准前视标尺，按测量键。

⑤显示读数后，旋转望远镜照准后视标尺条码中央，精确调焦使条码影像清晰，按测量键。显示测站结果，测站检核后迁站。

2．水准测量限差

二等水准测量精度要求见表2-1-17，二等水准测量主要技术要求见表2-1-18，二等水准测量主要技术标准见表2-1-19，测段路线往返测高差不符值、附合路线闭合差及检测高差之差的限值见表2-1-20。

二等水准测量精度要求（单位：mm） 　　　　表2-1-17

测量等级	一等	二等
M_Δ	0.45	1.0
M_W	1.0	2.0

注：M_Δ 为每千米水准测量的偶然中误差；M_W 为每千米水准测量的全中误差。

二等水准测量主要技术要求 　　　　表2-1-18

测量等级	路线长度（km）	水准仪最低型号	水 准 尺	观 测 次 数
二等	≤400	DSZ_1、DS_1	铟瓦	往返

二等水准测量主要技术标准 　　　　表2-1-19

测量等级	每千米水准测量偶然中误差 M_Δ	每千米水准测量全中误差 M_W	限　差				
			检测已测段高差之差	往返测不符值		附合路线或环线闭合差	左右路线高差不符值
				平原	山区		
二等	≤1.0	≤2.0	$6\sqrt{R_i}$	$4\sqrt{K}$	$0.8\sqrt{n}$	$4\sqrt{L}$	—

测段路线往返测高差不符值、附合路线闭合差及检测高差之差的限值　　表 2-1-20

测量等级	测段路线往返测高差不符值（mm）	附合路线闭合差（mm）	环线闭合差（mm）	检测已测测段高差之差（mm）
一等	$\pm 1.8\sqrt{K}$	$\pm 2\sqrt{L}$	$\pm 2\sqrt{F}$	$\pm 3\sqrt{R}$
二等	$\pm 4\sqrt{K}$	$\pm 4\sqrt{L}$	$\pm 4\sqrt{F}$	$\pm 6\sqrt{R}$

3. 水准测量的精度

水准测量的精度根据往返测的高差不符值来评定,因为往返测的高差不符值集中反映了水准测量中各种误差的共同影响,这些误差对水准测量精度的影响,不论其性质和变化规律都是极其复杂的,其中,有偶然误差的影响,也有系统误差的影响。

根据研究和分析可知,在短距离,如一个测段的往返测高差不符值中,偶然误差是得到反映的,虽然也不排除有系统误差的影响,但毕竟由于距离短,所以影响很微弱,因而从测段的往返高差不符值 Δ 来估计偶然中误差还是合理的。在长的水准线路中,例如一个闭合环,影响观测的,除偶然误差外,还有系统误差,而且这种系统误差,在很长的路线上,也表现有偶然性质。环形闭合差表现为真误差的性质,因而可以利用环形闭合差 W 来估计含有偶然误差和系统误差在内的全中误差,《国家一、二等水准测量规范》（GB/T 12897—2006）中所采用的计算水准测量精度的公式,就是以这种基本思想为基础而导得的。

由 n 个测段往返测的高差不符值 Δ 计算每千米单程高差的偶然中误差（相当于单位权观测中误差）的公式为

$$\mu = \pm\sqrt{\dfrac{\dfrac{1}{2}\left[\dfrac{\Delta\Delta}{R}\right]}{n}} \tag{2-1-33}$$

往返测高差平均值的每千米偶然中误差为

$$M_{\Delta} = \frac{1}{2}\mu = \pm\sqrt{\frac{1}{4n}\left[\frac{\Delta\Delta}{R}\right]} \tag{2-1-34}$$

式中：Δ ——各测段往返测的高差不符值,mm;

　　　R——各测段的距离,km;

　　　n ——测段的数目。

式(2-1-34)就是《国家一、二等水准测量规范》（GB/T 12897—2006）中规定的用以计算往返测高差平均值的每千米偶然中误差的公式,这个公式是不严密的,因为在计算偶然误差时,完全没有顾及系统误差的影响。而顾及系统误差的严密公式,形式比较复杂,计算也比较麻烦,且所得结果与式(2-1-34)所算得的结果相差甚微,因此式(2-1-34)可以认为具有足够的可靠性。

按《国家一、二等水准测量规范》（GB/T 12897—2006）规定,一、二等水准路线须以测段往返高差不符值按式(2-1-34)计算每千米水准测量往返高差中数的偶然中误差 M_{Δ}。当水准路线构成水准网的水准环超过 20 个时,还需按水准环闭合差 W 计算每千米水准测量高差中

数的全中误差 M_W。

计算每千米水准测量全中误差的公式为

$$M_W = \pm \sqrt{\dfrac{\left[\dfrac{WW}{F}\right]}{N}} \qquad (2\text{-}1\text{-}35)$$

式中：W ——经过各项改正后的水准环闭合差，mm；

N ——水准环的数目；

F ——水准环线的周长。

每千米水准测量偶然中误差 M_Δ 和全中误差 M_W 的限值见表 2-1-21。

偶然中误差 M_Δ、全中误差 M_W 超限时，应分析原因，重测有关测段或路线。

一、二等水准测量偶然中误差、全中误差限值（单位：mm）　　表 2-1-21

测量等级	一等	二等
M_Δ	≤0.45	≤1.0
M_W	≤1.0	≤2.0

4.例题

二等水准测量记录手簿见表 2-1-22。

二等水准测量记录手簿　　　　　　　　　　　　　　表 2-1-22

测自 ___BM$_A$___ 至 ___BM$_B$___　　　　　___2012___ 年 ___7___ 月 ___5___ 日

时间　始　八时零分　末　九时三十分　　　成像　___清晰___

温度　20℃　云量　___无云___　　　　　　风向　___前右___　风速　___微风___

天气　晴　土质　黏土　　　　　　　　　　太阳方向　___右方___

水准测量记录格式　　　　　　　　　　　a)

测站编号	后距 视距差 d	前距 Σd	方向及尺号	标尺读数		同尺两次读数之差	备注
1	20.1	19.9	后	1.32047	1.32037	0.00010	
			前	1.48846	1.48838	0.00008	
	0.2	0.2	后－前	−0.16799	−0.16801	0.00002	
			h		−0.16800		
2	21.5	21.7	后	1.34477	1.34463	0.00014	
			前	1.50026	1.50032	−0.00006	
	−0.2	0	后－前	−0.15549	−0.15569	0.00020	−0.32359
			h		−0.15559		0.55517
3	36.0	35.9	后	1.59667	1.59642	0.00025	
			前	1.14506	1.14516	−0.00010	B_7
	0.1	0.1	后－前	0.45161	0.45126	0.00035	
			h		0.45144		
4	36.0	35.9	后	1.65668	1.65646	0.00022	
			前	1.55274	1.55295	−0.00021	
	0.1	0.2	后－前	0.10394	0.10351	0.00043	
			h		0.10373		

续上表

测站编号	后距 视距差 d	前距 ∑d	方向及尺号	标尺读数		同尺两次读数之差	备 注
5	36.5	36.4	后	1.57891	1.57905	-0.00014	
			前	1.68252	1.68235	0.00017	
	0.1	0.1	后-前	-0.10361	-0.10330	-0.00031	
			h		-0.10346		
6	36.0	35.9	后	1.11021	1.11007	0.00014	0.55529
			前	1.56197	1.56197	0	
	0.1	0.2	后-前	-0.45176	-0.45190	0.00014	Z_7
			h		-0.45183		
7	22.9	23.0	后	1.54641	1.54629	0.00012	0.32338
			前	1.38417	1.38419	-0.00002	
	-0.1	0.1	后-前	0.16224	0.16210	0.00014	A_7
			h		0.16217		
8	16.4	16.6	后	1.49901	1.49906	-0.00005	
			前	1.33783	1.33783	0	
	-0.2	-0.1	后-前	0.16118	0.16123	-0.00005	
			h		0.16121		

高程控制测量:二等水准测量成果计算 b)

点名	已知点高程 （m）	高差 （m）	距离 （km）	改正值 （mm）	改正后高差 （m）	高程 （m）
A_7	160.3580	-0.323485	83.2	+0.057	-0.323428	160.3580
Z_7						160.0346
		0.55523	143.8	+0.098	0.555328	
B_7	160.5899					160.5899
		∑0.231745	∑227	+0.155	∑0.2319	

辅助计算:$f_h = \sum h - (H_终 - H_始) = 0.231745 - (160.5899 - 160.3580) = -0.000155 \text{m} = 0.155 \text{mm}$

$\qquad f_{h允} = \pm 4L^{1/2} = \pm 1.9 \text{mm}$

因为$f_h < f_{h允}$,所以合格

已知点 A 和点 B_7 稳定 $\quad \Delta_1 = 0.21 \quad \Delta_2 = 0.12 \quad M_\Delta = \dfrac{1}{2}\mu = \pm\sqrt{\dfrac{1}{4n}\left[\dfrac{\Delta\Delta}{R}\right]} = 0.28 \text{mm} < 1 \text{mm} \quad$ 合格

注:高程值取小数点后 4 位。

为了尽可能消除或减弱各种误差对观测成果的影响。在观测中应遵守的事项如下：

（1）观测前 30min，应将仪器置于露天阴影处，使仪器与外界气温趋于一致；观测时应用测伞遮蔽阳光；迁站时应罩以仪器罩。

（2）仪器距前、后视水准标尺的距离应尽量相等，其差应小于规定的限值。这样，可以消除或削弱与距离有关的各种误差对观测高差的影响。

（3）对气泡式水准仪，观测前应测出倾斜螺旋的置平零点，并做标记，随着气温变化，应随时调整置平零点的位置。对于自动安平水准仪的圆水准器，须严格置平。

（4）在连续各测站上安置水准仪的三脚架时，应使其中两脚与水准路线方向平行，而第三脚置于路线方向的左侧或右侧。

（5）每一测段的往测与返测，其测站数均应为偶数，由往测转向返测时，两水准标尺应互换位置，并应重新整置仪器。在水准路线上每一测段仪器测站安排成偶数，可以削减两水准标尺零点不等差等误差对观测高差的影响。

（6）每一测段的水准测量路线应进行往测和返测，这样，可以消除或减弱性质相同、正负号也相同的误差影响，如水准标尺垂直位移的误差影响。

（7）除了路线转弯处外，每一测站与前后视标尺的三个位置应接近一条直线。

（8）一个测段的水准测量路线的往测和返测应在不同的气象条件下进行，如分别在上午和下午观测。

（9）水准测量的观测工作间歇时，最好能结束在固定的水准点上，否则，应选择两个坚稳可靠、光滑突出、便于放置水准标尺的固定点，作为间歇点加以标记，间歇后，应对两个间歇点的高差进行检测，检测结果如符合限差要求（对于二等水准测量，规定检测间歇点高差之差应不大于 1.0mm），就可以从间歇点起测。若仅能选定一个固定点作为间歇点，则在间歇后应仔细检视，确认没有发生任何位移，方可由间歇点起测。

（10）在高差甚大的地区，应选用长度稳定、标尺名义米长偏差和分划偶然误差较小的水准标尺作业。

（11）对于数字水准仪，应避免望远镜直接对着太阳；尽量避免视线被遮挡，遮挡不要超过标尺在望远镜中的 20%；仪器只能在厂方规定的温度范围内工作；确信震动源造成的震动消失后，才能启动测量键。

测量技能等级训练

1. 四等闭合导线测量示意图如图 2-1-18 所示，其要求如下：

（1）按国家标准《工程测量规范》（GB 50026—2007）执行。

（2）假定 A_i 为已知控制点，坐标为（500.000，500.000），$A_i C_i$ 为已知方向，方位角为 $46°20'36''$。

（3）观测并采用手工记录，简易平差。

（4）角度观测 3 测回（各测回必须变动度盘），距离观测 1 测回；开始读数和结束读数通知裁判。

（5）距离测量模式设置符合规范要求。

（6）气压、温度输入仪器，由仪器自动改正，仪器加、乘常数等按要求的表格填写。

2. 按四等水准的技术要求进行闭合水准路线观测。水准路线分四个测段，路线总长度约 1.1km，其中，已知高程点为 $A($　　$)$，待定点 $B($　　$)$、$C($　　$)$、$D($　　$)$，如图 2-1-19 所示。观测完成后采用近似平差方法计算各待定点高程。（2012 年全国铁路职业院校专业测量技能大赛试题）

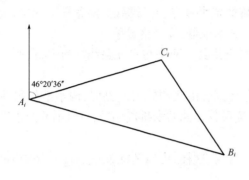

图 2-1-18　四等闭合导线测量示意图

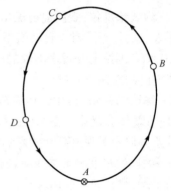

图 2-1-19　四等水准路线示意图

3. 某附合水准路线示意图如图 2-1-20 所示，BM 为已知高程的水准点，Z_1 为待定高程的水准点，现已知 $H_{BM} = 163.182m$。（二等水准测量考核试题）

要求：

（1）按规定的水准线路往返观测。

（2）皮尺量距作为选择置镜点的依据。

4. 如图 2-1-21 所示闭合水准路线，已知 A_{01} 点高程为 133.255m，试测算 B_{04}、C_{01} 和 D_{03} 点的高程，测算按二等水准测量要求进行。上交成果：二等水准测量竞赛成果，包括观测手簿、高程误差配赋表。[2018 年黑龙江省职业院校学生技能大赛暨国赛选拔赛（高职组）试题]

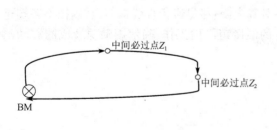

图 2-1-20　附合水准路线示意图

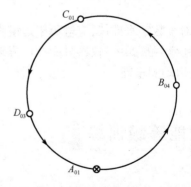

图 2-1-21　二等水准测量路线示意图

项目二 地形图及其应用

项目二 地形图及其应用

项目概要

本项目介绍地形图的基本知识；大比例尺地形图的数字化测绘方法；地形图的应用，内容包括：求图上某点的坐标、求图上某点的高程、求图上两点间的距离、求图上某直线的坐标方位角、求图上某直线的坡度、量测图形面积、按限制坡度选定最短路线、绘制一定方向的断面图、确定汇水范围、场地平整的土（石）方估算。

任务一 大比例尺地形图的基本知识

一 地形图比例尺

地形图比例尺是地面上两点之间的水平距离与地形图上相应两点之间的平距之比，并用分子为 1 的分数表示，即 $\dfrac{1}{M}$。

1. 数字比例尺

采用分子为 1 的分数来表示。根据测区面积和图幅尺寸的大小，选用以下三种类型的比例尺：

（1）小比例尺地形图常指 1∶100 万、1∶50 万、1∶20 万的地形图。

（2）中比例尺地形图常指 1∶10 万、1∶5 万、1∶2.5 万的地形图。

（3）大比例尺地形图常指 1∶1 万、1∶5000、1∶2000、1∶1000、1∶500 的地形图。

在城镇建设及建筑工程规划、设计工作中，常使用大比例尺地形图，尤其是 1∶2000、1∶1000、1∶500 的地形图使用得较多。

2. 图示比例尺

在绘制地形图时，应在图幅下面附一比例尺图，称为图示比例尺，如图 2-2-1 所示。尺按 2cm 分段，最左一段再分为 20 等份，故每一等份为 1mm。根据比例尺大小按 2cm 所代表的实际长度标注于尺的上方，故尺上数字即代表该比例尺对应的实地水平距离（m），可参见如图 2-2-1 所示的 37.3m 和 108.0m。

二 比例尺精度

由于人的肉眼在图上能分辨出的最短距离一般为 0.1mm，所以我们把地形图上 0.1mm 所代表的实际长度称做"比例尺精度"。例如，测量一张 1∶2000 比例尺的地形图，图上 0.1mm 代表实地 $0.1 \times 2000 = 2000\text{mm} = 0.2\text{m}$，此 0.2m 即为 1∶2000 比例尺的精度。因此，在测量 1：2000 的地形图时,量距精度只需达到 0.2m 对应的相对误差即可。大比例尺地形图比例尺精度见表 2-2-1。

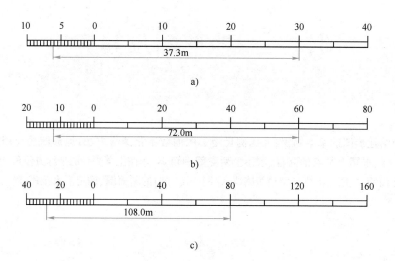

图 2-2-1　图示比例尺

a)1：500;b)1：1000;c)1：2000

大比例尺地形图比例尺精度表　　　　　　　　　　　　　表 2-2-1

比例尺	1：5000	1：2000	1：1000	1：500
比例尺精度(m)	0.50	0.20	0.10	0.05

可见比例尺越大,其精度也越高,这样的地形图表示的地貌、地物也越详尽,但测量时所需人力、物力及时间自然也越多。因此,应根据工程规划和设计的需要,合理选用适当的比例尺,这样既能满足工程要求,也可避免不必要的耗费。

三　国家基本比例尺地图图式(以 1：500、1：1000、1：2000 地形图图式为例)

1. 范围

《国家基本比例尺地图图式》(GB/T 20257—2017)的本部分内容规定了 1：500、1：1000、1：2000 地形图上表示的各种自然和人工地物、地貌要素的符号和注记的等级、规格和颜色标准、图幅整饰规格,以及使用这些符号的原则、要求和基本方法。

本部分适用于 1：500、1：1000、1：2000 地形图的测绘,也是各部门使用地形图进行规划、设计、科学研究的基本依据。编制其他图种的地理底图或测绘相应比例尺的地图可参照使用。

2. 符号使用的一般规定

(1)符号的分类

①依比例尺符号:指地物依比例尺缩小后,其长度和宽度能依比例尺表示的地物符号。

②半依比例尺符号:指地物依比例尺缩小后,其长度能依比例尺而宽度不能依比例尺表示的地物符号。在本部分,符号旁只标注宽度尺寸值。

③不依比例尺符号:指地物依比例尺缩小后,其长度和宽度不能依比例尺表示的地物符号。在本部分,符号旁标注符号长、宽尺寸值。

（2）符号的尺寸

①符号旁以数字标注的尺寸值，均以毫米（mm）为单位。

②符号旁只注一个尺寸值的，表示圆或外接圆的直径、等边三角形或正方形的边长；两个尺寸值并列的，第一个数字表示符号主要部分的高度，第二个数字表示符号主要部分的宽度；线状符号一端的数字，单线是指其粗度，两平行线是指含线划粗的宽度（街道是指其空白部分的宽度）。符号上需要特别标注的尺寸值，则用点线引示。

③符号线划的粗细、线段的长短和交叉线段的夹角等，没有标明的均以本图式的符号为准。一般情况下，线划粗为0.15mm，点的直径为0.3mm，符号非主要部分的线划长为0.5mm，非垂直交叉线段的夹角为45°或60°。

3. 符号与注记

符号与注记表见表2-2-2。

符 号 与 注 记 表

表2-2-2

编号	符 号 名 称	符 号 式 样			符号细部图
		1∶500	1∶1000	1∶2000	
1	测量控制点				
1.1	三角点 a. 土堆上的 张湾岭、黄土岗——点名 156.718、203.623——高程 5.0——比高	3.0 △ $\frac{张湾岭}{156.718}$ a 5.0 △ $\frac{黄土岗}{203.623}$			$\frac{1.0}{0.5}$ 1.0
1.2	小三角点 a. 土堆上的 摩天岭、张庄——点名 294.91、156.71——高程 4.0——比高	3.0 ▽ $\frac{摩天岭}{294.91}$ a 4.0 ▽ $\frac{张庄}{156.71}$			1.0 0.5 1.0
1.3	导线点 a. 土堆上的 I16、I23——等级、点号 84.46、94.40——高程 2.4——比高	2.0 ⊙ $\frac{I16}{84.46}$ a 2.4 ◈ $\frac{I23}{94.40}$			
1.4	埋石图根点 a. 土堆上的 12、16——点号 275.46、175.64——高程 2.5——比高	2.0 ⊡ $\frac{12}{275.46}$ a 2.5 ⊡ $\frac{16}{175.64}$			2.0 ⊡ $\frac{0.5}{0.5}$ 1.0

编号	符 号 名 称	符 号 式 样			符号细部图
		1：500	1：1000	1：2000	
1.5	不埋石图根点 19——点号 84.47——高程	2.0 □ $\frac{19}{84.47}$			
1.6	水准点 Ⅱ——等级 京石 5——点名点号 32.805——高程	2.0 ⊗ $\frac{Ⅱ京石5}{32.805}$			
1.7	卫星定位等级点 B——等级 14——点号 495.263——高程	3.0 △ $\frac{B14}{495.263}$			
2		水系			
2.1	地面河流 a.岸线 b.高水位岸线 清江——河流名称	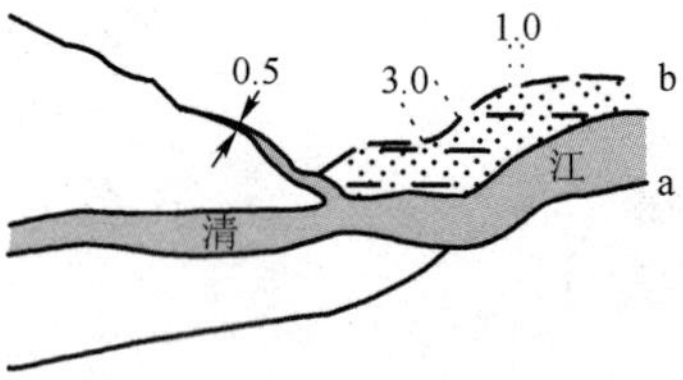			
2.2	涵洞 a.依比例尺的 b.半依比例尺的	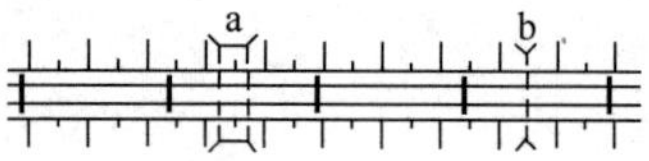			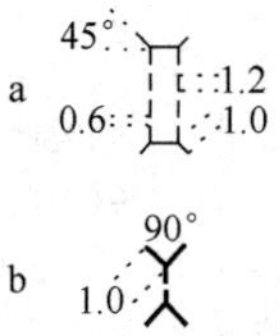
2.3	干沟 2.5——深度	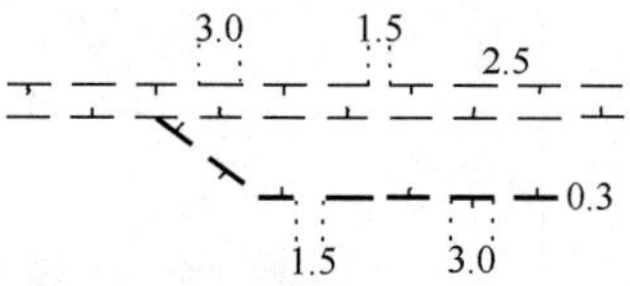			
2.4	湖泊 龙湖——湖泊名称 （咸）——水质				
2.5	池塘				

编号	符 号 名 称	符 号 式 样			符号细部图
		1：500	1：1000	1：2000	
3			居民地及设施		
3.1	单幢房屋 a.一般房屋 b.有地下室的房屋 c.突出房屋 d.简易房屋 混、钢——房屋结构 1、3、28——房屋层数 –2——地下房屋层数	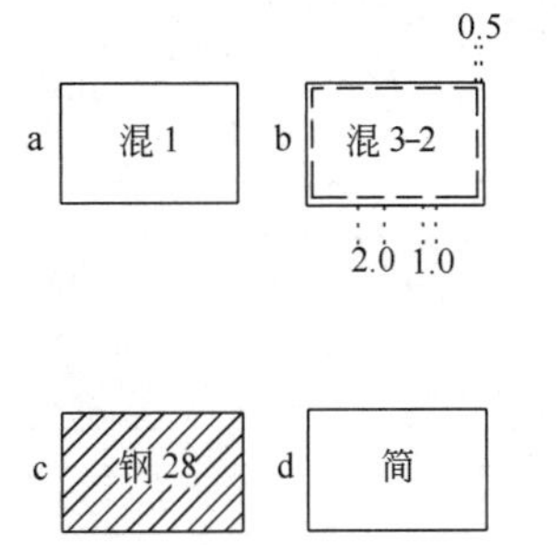		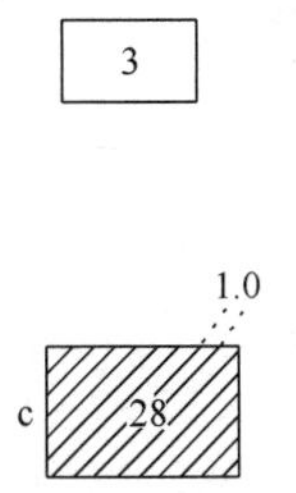	
3.2	围墙 a.依比例尺的 b.不依比例尺的	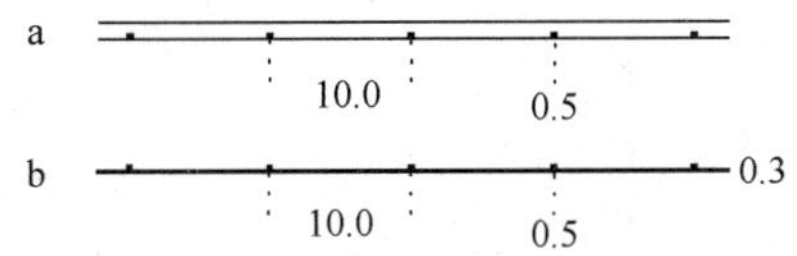			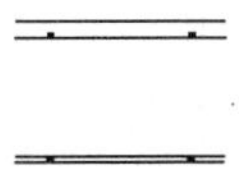
3.3	栅栏、栏杆	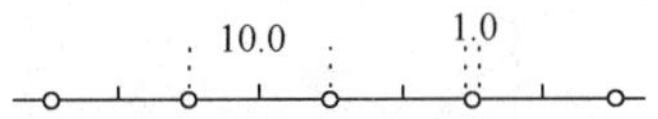			
4			交通		
4.1	标准轨铁路 a.一般的 b.电气化的 b1.电杆 c.建筑中的	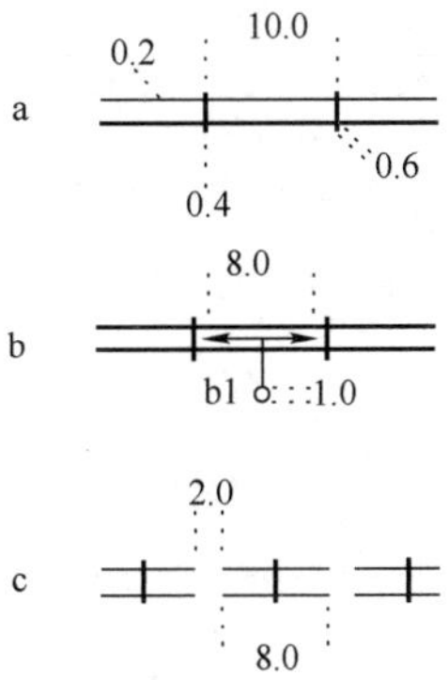		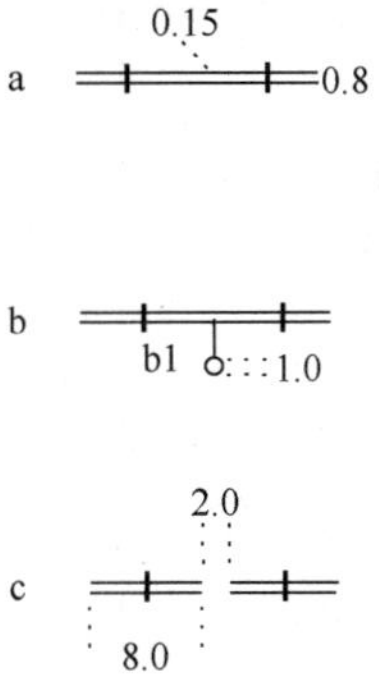	
4.2	高速公路 a.临时停车点 b.隔离带 c.建筑中的	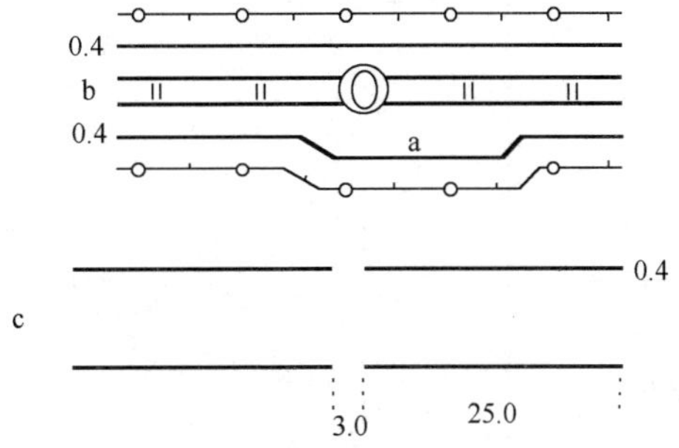			

编号	符号名称	符号式样			符号细部图
		1：500	1：1000	1：2000	
5		植被与土质			
5.1	稻田 a.田埂	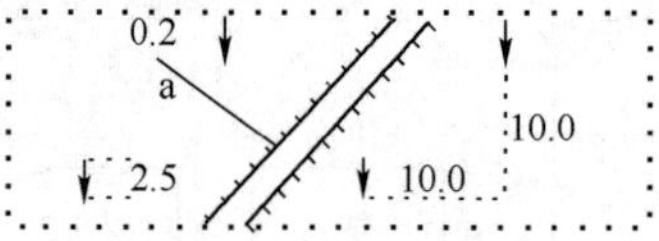			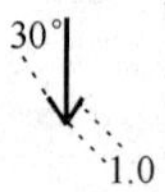
5.2	旱地	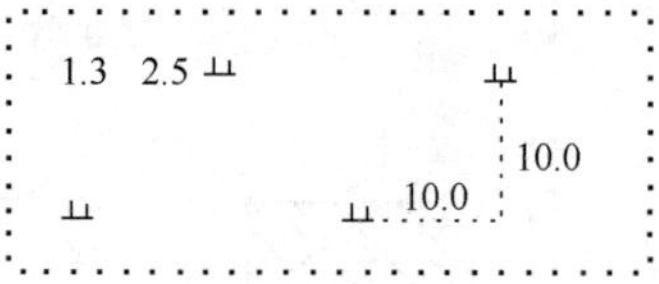			
5.3	菜地	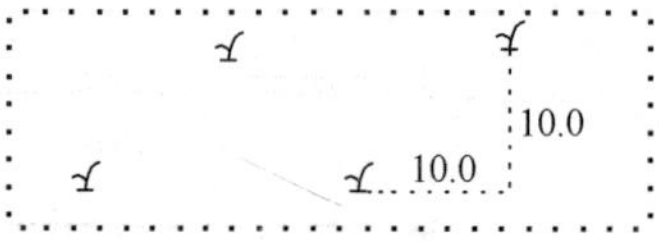			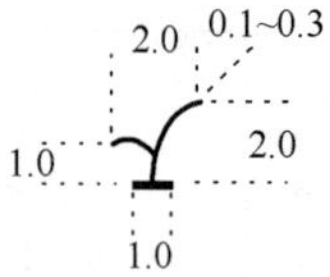
5.4	水生作物地 a.非常年积水的 菱——品种名称	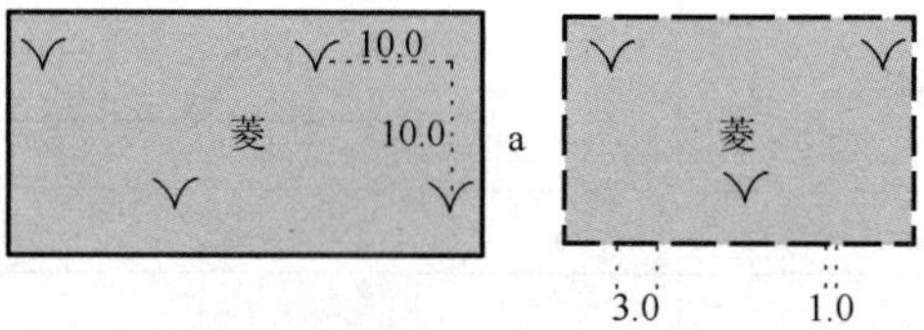			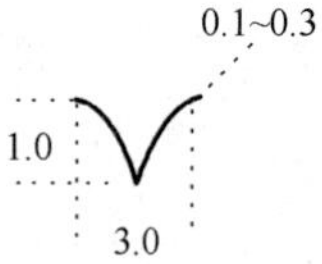
5.5 5.5.1	园地 经济林 a.果园	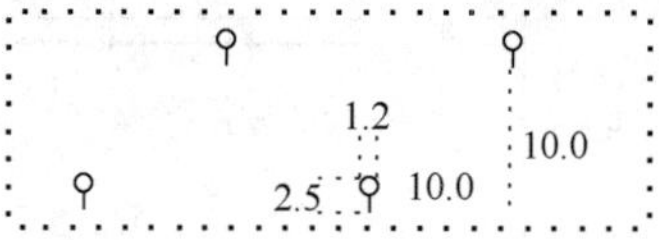			
	b.桑园	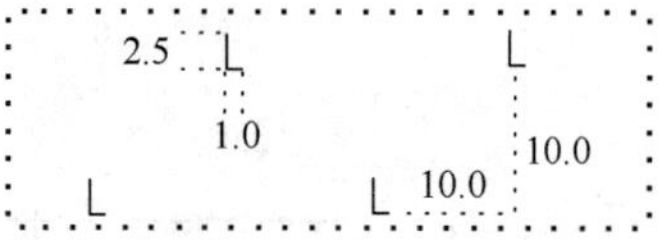			
	c.茶园	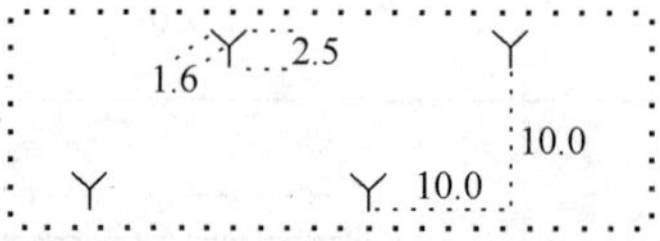			
	d.橡胶园	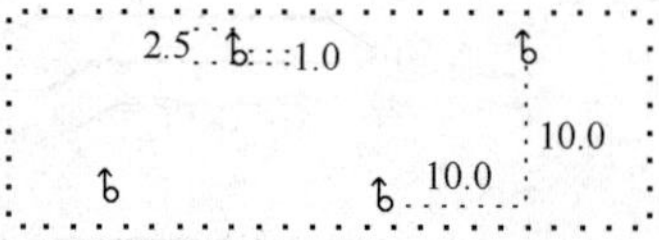			
	e.其他经济林	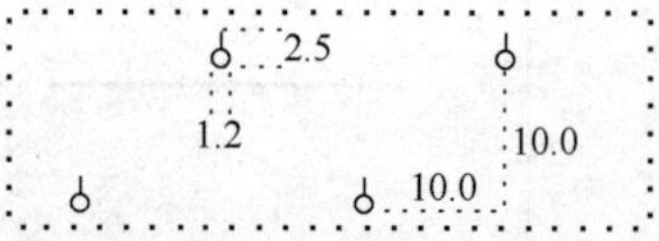			

编号	符号名称	符号式样			符号细部图
		1：500	1：1000	1：2000	
5.5.2	经济作物地	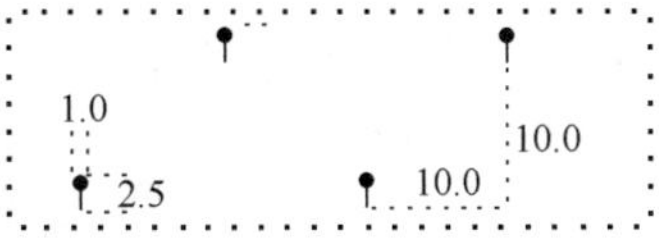 1.0 2.5 10.0 10.0			
5.6	成林	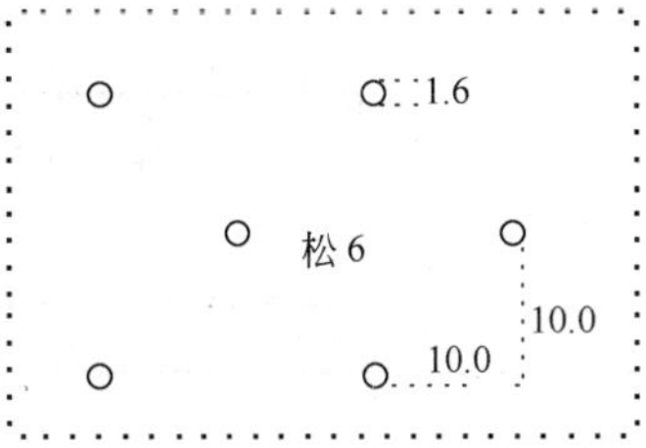 1.6 松6 10.0 10.0			
5.7	幼林、苗圃	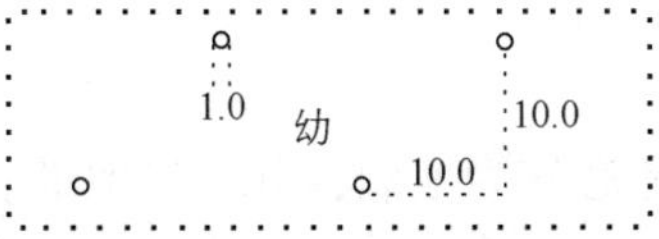 1.0 幼 10.0 10.0			
5.8	高草地 芦苇——植物名称	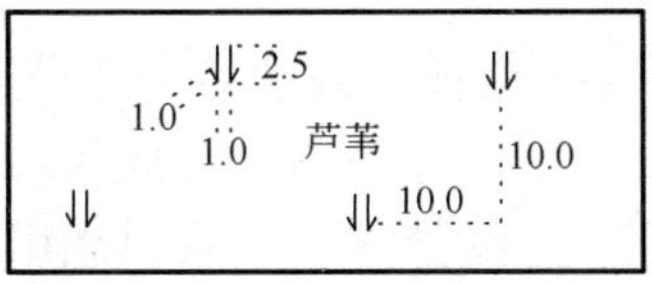 2.5 1.0 1.0 芦苇 10.0 10.0			
5.9	草地 a.天然草地 b.改良草地 c.人工牧草地 d.人工绿地	a 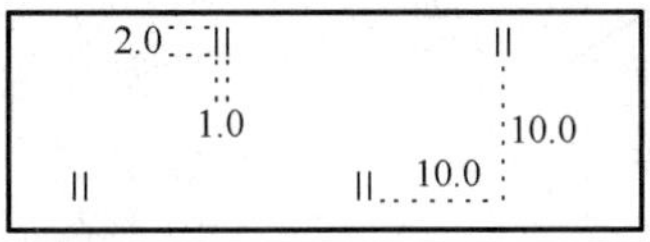 2.0 1.0 10.0 10.0 b 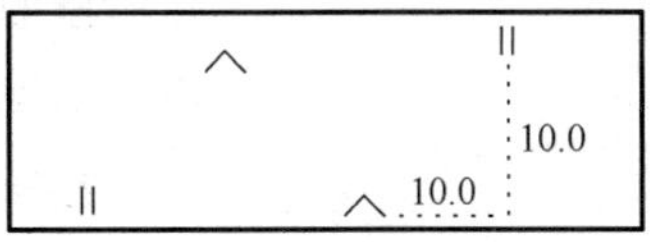 10.0 10.0 c 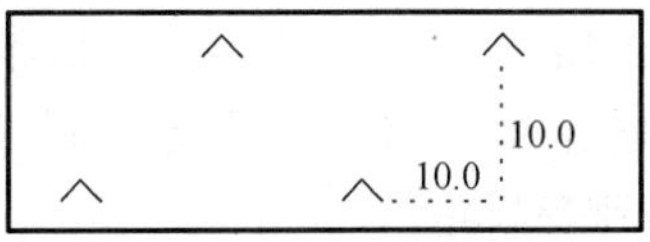 10.0 d 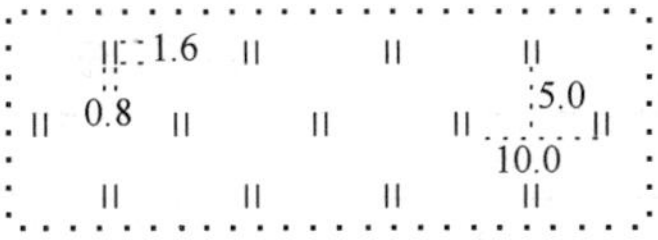 1.6 0.8 5.0 10.0			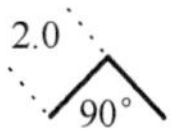 2.0 90°
5.10	半荒草地	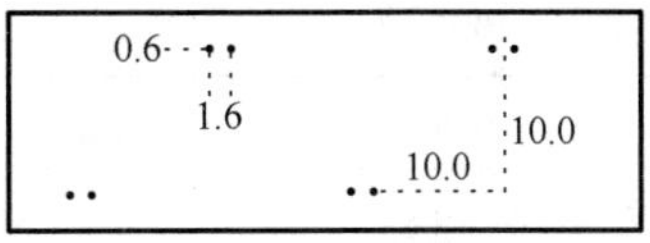 0.6 1.6 10.0 10.0			
5.11	荒草地	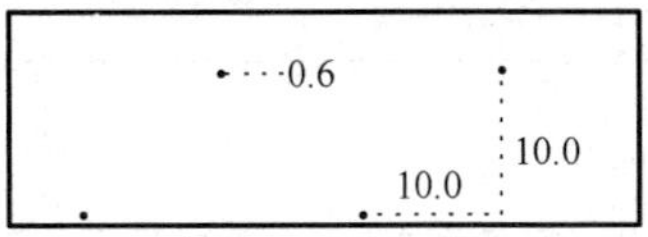 0.6 10.0 10.0			

续上表

编号	符号名称	符号式样			符号细部图
		1：500	1：1000	1：2000	
5.12	花圃、花坛		1.5 ⎵ 1.5	10.0 ⎵ 10.0	
5.13	盐碱地	‖‖ ‖‖ ‖‖ ‖‖ ‖‖ ‖‖ ‖‖ ‖‖			3.6 2.4 30°

四 地貌符号

地形表面自然起伏的形态称为地貌，如山、盆地等。

1. 等高线

地形图多采用等高线来表示地貌。地理学中已讲过，等高线是将地面高程相等的相邻点连成的闭合曲线。图 2-2-2 所示为一座小山头，现设想用一组相隔 5m 的水平面去截该地貌，将其断面进行水平投影，即得一组等高线图。若按比例尺绘出这一组等高线，就可以准确而形象地表示这个山头的地貌变化情况。因此，等高线可以形象而准确地描绘地貌的形态，这也是用等高线描绘地貌的理由。

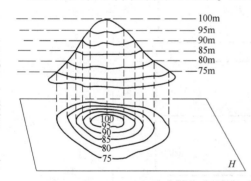

图 2-2-2　等高线示意图

2. 等高距

相邻两条等高线间的高差叫等高线的"等高距"，常用 h 表示。测图时，根据测图比例尺的不同，按表 2-2-3 选用不同的等高距。在同一张测图中，一般不应选用两种等高距。

等高距表　　　　　　　　　　　　　表 2-2-3

测图比例尺	地貌情况及其坡度		
	平地（0°~2°）	丘陵地（2°~6°）	山地（6°以上）
1：500	0.5	0.5	1.0
1：1000	0.5	1.0	1.0
1：2000	1.0	1.0	2.0
1：5000	2.0	2.0	5.0

3. 等高线平距

相邻两等高线间的水平距离称为"等高线平距"，常用 d 表示。地面坡度越小，则等高线平距越大,等高线也越稀;反之,则等高线越密。若地面坡度均匀,则绘出的等高线间的平距必相等。

4.等高线的分类

(1)首曲线。按规定等高距画出的等高线,称为"基本等高线",也叫"首曲线",用0.15mm粗的细实线绘制,如图2-2-3所示的92m、94m、96m、98m 等高线。

(2)计曲线。为了阅读方便,每隔4根基本等高线应加粗1根,并用0.3mm粗的实线绘制,称为"加粗等高线",也叫"计曲线"。因此,两根加粗等高线的等高距为基本等高距的5倍。如图2-2-3所示的90m、100m 等高线。

(3)间曲线。如部分地貌复杂,为了能较好地反映这部分地貌的变化情况,可加绘基本等高距一半的"半距等高线",也叫"间曲线"。如图2-2-3所示的97m 长虚线等高线。

(4)助曲线。如使用半距等高线后,尚有部分地貌未能表达清楚时,可再加用基本等高距四分之一的"辅助等高线",又称"助曲线",用短虚线表示。

在平坦地区,地貌起伏变化不大,只用基本等高线,图上仅能画出两三根。这时,也可使用半距或辅助等高线,以便能较完整地反映地貌的真实变化情况。

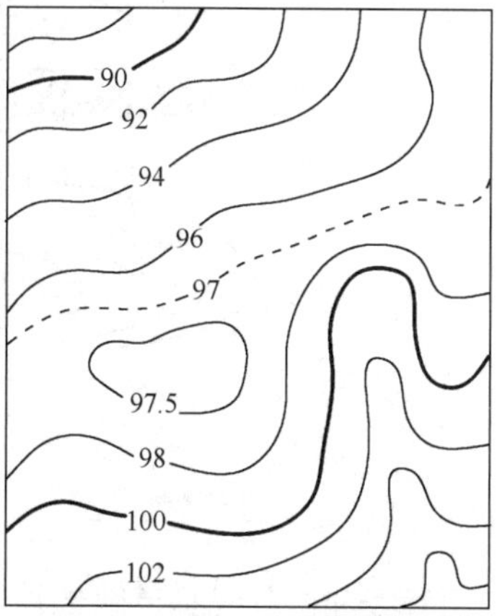

图2-2-3 等高线的各种曲线示意图

5.几种典型地貌的等高线

自然地貌变化多样,但可归结为几种典型的地貌形态,初学者要注意掌握这些地貌特征和它的等高线形式。

(1)山头和洼地

两者画出的等高线都是一组封闭的曲线,其不同点在于各等高线的高程注记。山头等高线的高程,由外向内,数字逐渐增大,如图2-2-4a)所示;而洼地的等高线的高程,由外向内,数字逐渐缩小,如图2-2-4b)所示。

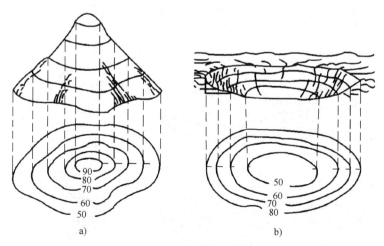

图2-2-4 山头和洼地等高线示意图

a)山头;b)洼地

（2）山脊和山谷

高地向一个方向凸出延伸的部位叫"山脊"，其最高点的连线叫"山脊线"，也称"分水线"。因落在山脊上的雨水，将沿分水线向山脊的两侧流走，故名"分水线"，如图2-2-5a）所示的点画线。

洼地向一个方向延伸的部位叫"山谷"，其最低点连线叫"山谷线"，也称"集水线"。因由山脊流下的雨水，均往山谷集中，沿山谷线下泄，故名"集水线"，如图2-2-5b）所示的点画线。

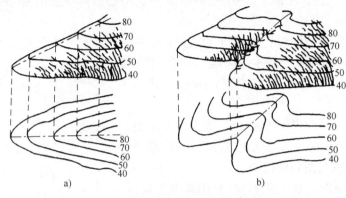

图2-2-5　山脊和山谷等高线示意图

a）山脊；b）山谷

山脊线和山谷线是反映地貌特征的线，故合称为"地性线"。它必与山脊或山谷部分的等高线相垂直。在测图时，应力求其与实地情况相符。

（3）鞍部

相邻两山头之间的低凹部位俗称"山垭口"（图2-2-6中S点部分），因形似马鞍，故名"鞍部"。鞍部是道路翻越山岭必通过的部位，其等高线的特征是：一条低于鞍部高程的封闭曲线，内套有两组高于鞍部高程的闭合曲线，如图2-2-6所示。

（4）悬崖和陡崖

山头上部凸出，山腰又凹进，山头遮住凹进去的山腰部位，称为"悬崖"。山头部分的等高线与下部山腰部分的等高线相交，凹进而被山头遮挡的山腰部分的等高线应画成虚线，如图2-2-7所示。

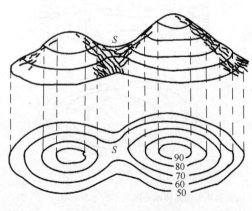

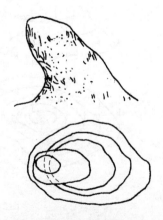

图2-2-6　鞍部等高线示意图　　　　　图2-2-7　悬崖等高线示意图

陡崖是坡度陡峭的山坡部分,其坡度在70°以上,故等高线十分密集。若坡度达90°,则等高线将重合在一起,如图2-2-8所示。

(5)冲沟

由于多年雨水对山坡的冲刷,造成水土流失而形成的深沟,如图2-2-9所示。符号与土质悬崖相同,见《国家基本比例尺地图图式》(GB/T 20257—2017)。

6.等高线的特征

综上所述,等高线具有如下特点:

(1)同一条等高线上的各点高程必相等。

(2)等高线是一条封闭的曲线,不能在图内突然中断。若某条等高线不能在本图内闭合,则必然在相邻图幅内闭合,故应将它画到图边线处。

(3)除悬崖、陡崖、绝壁外,不同高程的等高线不能相交,也不能重合(图2-2-8)。

(4)等高线不能任意跨过河流,应沿河岸上高程相同的点向上游延伸,直到上游河底高程相同处,再跨过河床,然后再沿对岸高程相同的点向下游延伸,如图2-2-10所示。

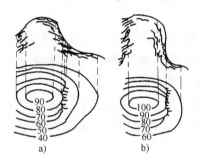

图2-2-8 陡崖等高线示意图
a)石质陡崖;b)土质陡崖

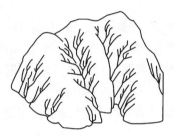

图2-2-9 冲沟等高线示意图

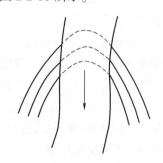

图2-2-10 跨越河流等高线
绘制方法示意图

五 地形图的方向

因地形图的测绘,常采用经纬仪导线作控制,导线则按坐标方格网展绘,而坐标方格网的上方为磁北方向,故绘出的地形图上方也必定是磁北方向。在小城市或村镇建设中,测区较小,其地形图也较小,图根导线也较简单,这时可不绘坐标方格网,而在图上附一指北针表示测图方向,但仍应以图纸上方为北方向。图2-2-11为常用的指北针图示。

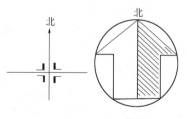

图2-2-11 常用指北针图示

任务二 全站仪野外数据采集

测绘大比例尺地形图应遵循"从整体到局部""先控制后碎部"的原则。地形测图就是在地面图根控制点上设站,架立仪器,测定周围地形特征点在图上的平面位置和高程,进而描绘出地物和地貌。

地形图测绘的方法分为两大类:图解法测图和数字测图。

（1）图解法测图，又称白纸测图或手工测图。这种方法是利用测量仪器对地球表面局部区域内的各种地物、地貌特征的空间位置进行测定，并以一定的比例尺，按规定的图式符号将其绘制在图纸上（白纸或聚酯薄膜）。为了便于现场绘图，测量数据通常为角度和水平距离。图解法测图的方法有：平板仪测绘法、经纬仪测绘法、经纬仪和小平板联合测绘法、光电测距仪测绘法等。

图解法测图在绘图过程中，数据的精度由于展点、绘图以及图纸伸缩变形等因素的影响会有较大的降低，而且白纸测图工序多、劳动强度大、质量管理难，同时纸质地形图难以承载更多的图形信息，图纸更新也极不方便，已不能适应信息时代经济建设的需要。

（2）数字测图，随着电子技术和计算机技术日新月异的发展及其在测绘领域的广泛应用，20世纪90年代产生了全站仪、电子数据终端，并逐步构成了野外数据采集系统，它们与计算机辅助制图系统相结合，形成了一套从野外数据采集到内业制图，全过程数字化和自动化的测量制图系统。人们通常将这种测图方式称为数字化测图，简称数字测图。近些年，随着全站仪和RTK等先进测量仪器和技术的普及，数字测图得到了突飞猛进的发展，并逐步取代了白纸测图的生产方式。

广义地讲，数字测图方法包括：全野外数字化测图、地图数字化成图、无人机摄影测量和遥感数字测图。狭义的数字测图指全野外数字化测图，常用的方法是全站仪野外采集数据辅助成图法和RTK野外采集数据辅助成图法，主要的测量数据为点的三维坐标。

该方法信息存储和传输方便、精度与比例尺无关、不存在变形及损耗，能方便、及时地进行局部修测更新，便于保持地形图的现势性，极大地提高了地形测量资料的应用范围，在经济建设中发挥了重要作用。

本任务主要介绍全站仪野外数据采集。

一 碎部测量前的准备工作

1. 图根控制测量

（1）图根控制布设

图根点布设是在各等级控制下加密，一般不超过两次附合。在较小的独立测区测图，图根控制可作首级控制。

（2）图根点密度分布

图根点在平坦而开阔地区的密度分布，每平方千米相对于比例尺为 1∶2000、1∶1000、1∶500 的地形图分别不少于 4 个、16 个、64 个图根点。

（3）图根点布设方法

可采用图根导线、图根三角、交会法和 GPS 等方法，还可采用自由设站法和一步测量法。

自由设站法：在一个未知坐标的测站上对 2～5 个控制点进行方向和（或）距离观测，便可自动计算出测站点的坐标，接着即进行地形点的测量工作。

一步测量法：图根控制与碎部测量同步进行的测量方法，称为一步测量法。即在一个测站上，先测导线的数据（角度、边长等），紧接着在该测站进行碎部测量。

2. 增设测站点

数字测图时应尽量利用各级控制点作为测站点。但由于地表上的地物、地貌有时是极其复杂零碎的,要在各级控制点上采集到所有的碎部点往往比较困难,因此除了利用各级控制点外,还要增设测站点。

增设测站点是在控制点或图根点上,采用极坐标法、支导线法、自由设站法等方法测定测站点的坐标和高程。测图时,测站点的点位精度,相当于附近图根点的中误差不应大于图上0.2mm,高程中误差不应大于测图基本等高距的1/6。

3.测区的划分

数字测图中,一般都是多个小组同时作业,为了便于作业,在野外采集数据之前,通常要对测区进行"作业区"划分。一般以道路、河流、沟渠、山脊等明显线状地物为界线,将测区划分为若干个作业区。对于地籍测量来说,一般以街坊为单位划分作业区。分区的原则是各区之间的数据(地物)尽可能地独立(不相关)。采用自然地块进行分块,对于跨区地物,如电力线等,会增加内业编图的麻烦。

4.资料的准备

目前多数数字测图系统在野外进行数据采集时,要求绘制较详细的草图。如果测区有相近比例尺的地图,则可利用旧图或影像图并适当放大复制,裁成合适的大小(如 A4 幅面)作为工作草图。在这种情况下,作业员可先进行测区调查,对照实地将变化的地物反映在草图上,同时标出控制点的位置,这种工作草图也起到工作计划图的作用。在没有合适的地图可作为工作草图的情况下,应在数据采集时绘制工作草图。工作草图应绘制地物的相关位置、地貌的地形线、点号、丈量距离记录、地理名称和说明注记等。草图可按地物的相互关系分块地绘制,也可按测站绘制,地物密集处可绘制局部放大图。草图上点号标注应清楚正确,并与全站仪内存或电子手簿记录点号对应。

二 组织准备

以 8 个人为一组,每组选一名组长和一名副组长,组长负责全组组织以及实际操作训练,副组长负责组织进行理论知识学习和复习。依据任务要求,组织安排作业人员,包括外业人员、内业人员及生活保障人员等。根据任务量及工期对外业人员进行分组。使用全站仪测记法无码作业,通常一个作业小组配备观测员 1 人,跑镜员 1~2 人(根据作业情况及人员情况酌情增减),领镜员 1~2 人;使用全站仪测记法有码作业,通常一个作业小组配备观测员 1 人,跑尺员 1~3 人;使用电子平板作业,通常一个作业小组配备测站 1 人,跑尺员 1~2 人。领尺员是作业小组的核心,负责画草图和内业成图。需要注意的是,领尺员必须和测站保持良好的通信联系,保证草图上的点号和手簿上的点号一致。

三 场地、仪器和材料准备

选择长约200m 的实训场地。每组配备全站仪 1 台、对讲机 1 台、备用电池 2 块、对中杆 2 个、反光棱镜 2 个、盒尺等。全站仪、对讲机应提前充电。在数字测图中,由于测站到镜站的距离一般都比较远,每组都应该配备对讲机。在数据采集之前,最好提前将测区的全部已知点成果通过计算机输入全站仪的内存中,以方便调用。学生每人都要带教材、工作业、记录表和计算器。

四 数据采集前仪器的准备工作

1. 选择数据采集文件

全站仪数据采集可以将测得的碎部点坐标保存，为了方便点的管理和后期数据的导出，全站仪野外数据采集前首先要建立（或选择）数据采集文件。

2. 已知控制点的录入

在测图前，最好在室内就将控制点成果录入全站仪内存中，从而提高工作效率。

3. 仪器参数设置及内存文件整理

仪器在使用前要对仪器中影响测量成果的内部参数进行检查、设置，包括温度、气压、棱镜常数、测距模式等。检查仪器内存中的文件，如果内存不足，可删掉已传输完毕的无用文件。

下面以拓普康 GTS-332N 为例，介绍全站仪在数字测图外业前仪器准备的具体操作步骤，详见表 2-2-4。

数据采集前仪器准备工作的步骤与图示   表 2-2-4

序　号	标题	内　　容
1. 选择数据采集文件	图示	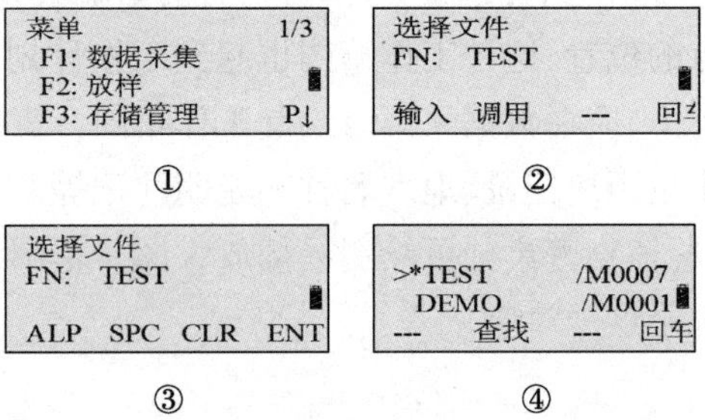 菜单　　　　1/3 F1: 数据采集 F2: 放样 F3: 存储管理　P↓ ①　　　　　　　　选择文件 FN:　TEST 输入　调用　---　回车 ② 选择文件 FN:　TEST ALP　SPC　CLR　ENT ③　　　　　　　　>*TEST　　/M0007 DEMO　　/M0001 ---　查找　---　回车 ④
	步骤	（1）按下 MENU 键，仪器显示主菜单 1/3 页，如图①所示。 （2）按 F1 键，仪器进入数据采集状态，显示数据采集菜单，提示输入数据采集文件名，如图②所示。文件名可直接输入（按 F1，如图③界面进行编辑），比如以工程名称命名或以日期命名等，也可以从全站仪内存调用（按 F2，如图④界面进行编辑）
2. 已知控制点的录入	图示	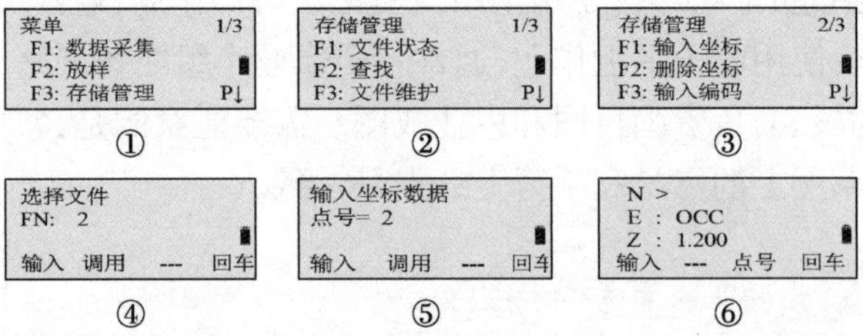 菜单　　　　1/3 F1: 数据采集 F2: 放样 F3: 存储管理　P↓ ① 存储管理　　1/3 F1: 文件状态 F2: 查找 F3: 文件维护　P↓ ② 存储管理　　2/3 F1: 输入坐标 F2: 删除坐标 F3: 输入编码　P↓ ③ 选择文件 FN:　2 输入　调用　---　回车 ④ 输入坐标数据 点号＝2 输入　调用　---　回车 ⑤ N > E : OCC Z : 1.200 输入　---　点号　回车 ⑥
	步骤	（1）按下 MENU 键，仪器显示主菜单 1/3 页，如图①所示。 （2）按 F3 进入存储管理界面 1/3 页，如图②所示，按 F4 翻页进入存储管理界面 2/3 页，如图③所示。 （3）按 F1 进入选择文件界面，如图④所示。输入或调用文件，进入文件中的输入坐标数据界面，如图⑤所示。 （4）输入点号，进入坐标输入状态，依次将控制点坐标（X,Y,H）输入内存中，如图⑥所示

序　号	标题	内　容
3. 内存文件整理	图示	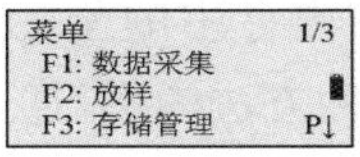 菜单　　　　1/3　　　存储管理　　　1/3　　　> *TEST　/M0007 F1: 数据采集　　　　F1: 文件状态　　　　　#TEST　/C0002 F2: 放样　　　　　　F2: 查找　　　　　　：　DEMO　/M0002 F3: 存储管理　P↓　　F3: 文件维护　P↓　　更名　查找　删除　-- 　　　① 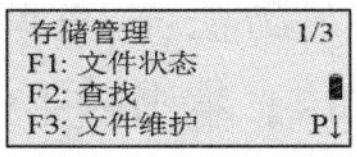　　　　　　　　　② 　　　　　　　　　③
	步骤	(1)按下 MENU 键,仪器显示主菜单1/3 页,如图①所示。 (2)按 F3 进入存储管理界面1/3 页,如图②所示。 (3)按 F3 进入文件维护界面,如图③所示。检查仪器内存中的文件,删掉已传输完毕的无用文件,防止测量过程中内存不足
4. 参数设置	图示	V: 708.45′.54″　　　设置音响模式　　　　棱镜常数设置 HF●↓6　　　●↓6　　PSM:1.50 PPM:25.40　棱镜 =　　　　mm 置　　　　　　　　　信号 : [ ]　　　　　　---　---　[CLR] [ENT] 置　　　　　　P1↓　　棱镜　PPM　T-P　--- 　　① 　　　　　　　　　② 　　　　　　　　　③ 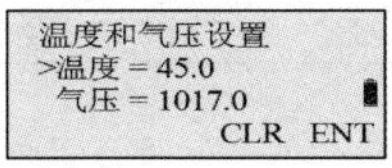 温度和气压设置　　　N: 99.750　　m　　N: 99.750 >温度 = 45.0　　　　E: 100.425　m　　E: 100.425 气压 = 1017.0　　　　Z: 10.100　　m　　Z: 10.100 　　　　　CLR ENT　　测量　模式　S/A P1↓　精测　跟踪　粗测　F 　　④ 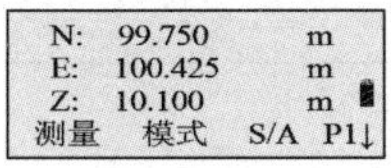　　　　　　　　　⑤ 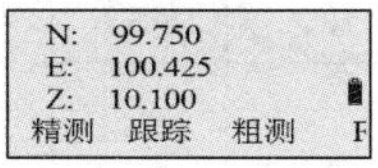　　　　　　　　　⑥
	步骤	(1)按下 ★ 进入参数设置界面,如图①所示。 (2)按 F4 进入棱镜、温度、气压设置总界面,如图②所示。 (3)按 F1 进行棱镜常数设置界面,如图③所示,输入棱镜常数,常用棱镜常数为 −30mm 或 0mm,棱镜常数一般在棱镜上有标注。 (4)按 F3 进入温度、气压设置界面,如图④所示,输入温度值、气压值。 (5)坐标测量模式设置,按❷进入坐标测量界面,如图⑤所示。 (6)按 F2 进入模式设置界面,如图⑥所示,按 F1 选择精测模式

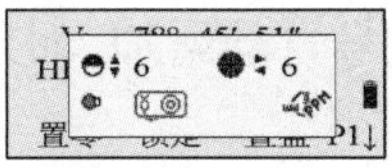

五 数据采集

1. 安置仪器

在测站上进行对中、整平后,量取仪器高,仪器高量至毫米。打开电源开关 POWER 键,转动望远镜,使全站仪进入观测状态。

2. 输入数据采集文件名

按 MENU 菜单键,在主菜单1/3 下,选择“数据采集”,输入数据采集文件名(或调用上一次作业使用的文件),具体操作见表2-2-4。

3. 输入测站数据

测站数据的设定有两种方法:一是调用内存中的坐标数据(作业前输入或调用测量数

据),二是直接由键盘输入坐标数据。本书以内存中的坐标数据为例,见表2-2-5。

4. 输入后视点数据

后视定向数据一般有三种方法:一是调用内存中的坐标数据;二是直接输入控制点坐标;三是直接键入定向边的方位角。本书以第一种方法为例,通过输入点号设置后视点,具体操作步骤见表2-2-5。

5. 定向

当测站点和后视点设置完毕后按F3(测量)键,再照准后视点,选择一种测量方式,如F3(坐标),这时定向方位角设置完毕。

6. 碎部点测量

在数据采集菜单1/2下,按F3(前视/侧视)键即开始碎部点采集。按F1(输入)键输入点号后,按F4(回车)键,以同样方法输入编码和棱镜高。按F3(测量)键,照准目标,再按F3(坐标)键测量开始,数据被存储。进入下一点,点号自动增加,如果不输入编码,采用无码作业或镜高不变,可选F4(同前),见表2-2-5。

数据采集操作步骤与图示　　　　　　　　　　　　　　表2-2-5

序　　号	标题	内　　容
1. 测站点输入	图示	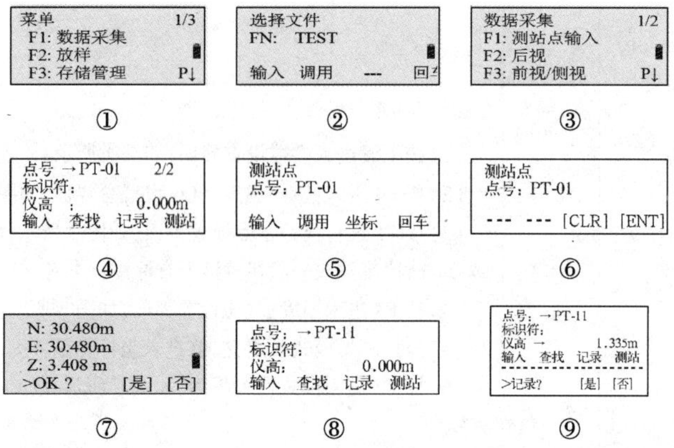 ①　　②　　③ ④　　⑤　　⑥ ⑦　　⑧　　⑨
	步骤	(1)按下MENU键,仪器显示主菜单1/3页,如图①所示。 (2)按F1键,仪器进入数据采集状态,如图②所示,输入或调用文件,进入数据采集界面,如图③所示。 (3)按F1即显示原有数据,如图④所示。在该界面按F4进入测站点设置界面,如图⑤所示。 (4)按F1输入键,输入PT-01,如图⑥所示,自动调出点的坐标,如图⑦所示,核对没有错误后点击F3(是),返回到数据界面,如图⑧所示。 (5)按▼按钮移动光标到仪高处,如图⑨所示,设置完点F3记录键,返回数据采集界面,如图③所示

序　号	标题	内　　容
2.后视	图示	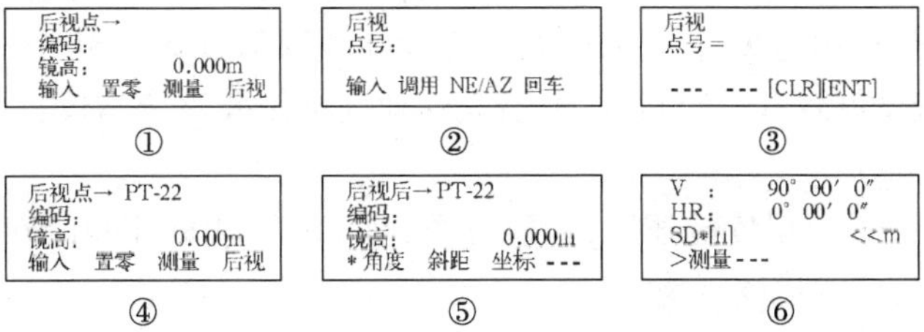 后视点→ 编码: 镜高:　　　　0.000m 输入　置零　测量　后视 ①　　　　后视 点号: 输入　调用 NE/AZ 回车 ②　　　　后视 点号＝ --- --- [CLR][ENT] ③ 后视点→ PT-22 编码: 镜高:　　　　0.000m 输入　置零　测量　后视 ④　　　　后视后→ PT-22 编码: 镜高:　　　　0.000山 ＊角度　斜距　坐标 --- ⑤　　　　V ：　　90°00′00″ HR：　　0°00′0″ SD＊[山]　　　＜＜m ＞测量 --- ⑥
2.后视	步骤	(1)在数据采集界面,按 F2(后视),进入后视程序界面,如图①所示。 (2)按 F4 进入后视点输入界面,如图②所示。 (3)按 F1 输入键,进入点号输入界面,如图③所示,输入 PT-22,全站仪自动调出该点坐标,点是,进入界面④。 (4)按▼按钮移动光标到编码和镜高,分别按 F1 输入,设置完后,瞄准后视点底部,按 F3 测量,进入界面⑤,选择一种测量模式并按相应的键。如:按 F2 斜距将会进入界面⑥,测量结果被记录,后视定向完成
3.数据采集	图示	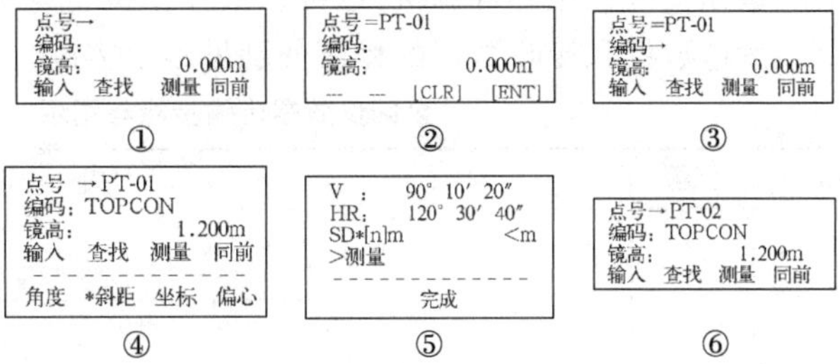 点号→ 编码: 镜高:　　　　0.000m 输入　查找　测量 同前 ①　　　　点号＝PT-01 编码: 镜高:　　　　0.000m --- --- [CLR] [ENT] ②　　　　点号＝PT-01 编码→ 镜高:　　　　0.000m 输入　查找　测量 同前 ③ 点号 →PT-01 编码:TOPCON 镜高:　　　1.200m 输入　查找　测量 同前 角度 ＊斜距 坐标 偏心 ④　　　　V ：　　90°10′20″ HR：　　120°30′40″ SD＊[n]m　　　＜m ＞测量 完成 ⑤　　　　点号 →PT-02 编码:TOPCON 镜高:　　　1.200m 输入　查找　测量 同前 ⑥
3.数据采集	步骤	(1)在数据采集界面,按 F3(前视/侧视),进入数据采集界面,如图①所示。 (2)按 F1 输入键,进入点号输入界面,输入点号 PT-01,如图②所示。 (3)按▼按钮移动光标到编码,如图③所示,按 F1 输入,同理设置镜高,设置完毕照准碎部点棱镜,按 F3 测量,按 F2 斜距,如图④所示。界面显示测量结果,如图⑤所示,记录后进入如图⑥所示界面。 (4)点号自动增加,输入下一个镜点数据并照准该点,按 F4(同前),仪器将按照上一个镜点的测量方式进行测量,测量数据被存储,按同样方式继续测量,直至最后一点

六　全站仪数据文件管理与数据通信

1.全站仪的数据文件管理

文件管理指对全站仪内存中的文件按时或定期进行整理,包括命名、更名、删除及文件保存与使用。管理好文件能够保障外业工作的顺利进行,避免由于文件的丢失和损坏给测量工作带来损失。野外工作中,要做到"当天文件当天管,当天数据当天清"。

2. 全站仪数据通信

数据通信是把数据的处理与传输合为一体，实现数字信息的接收、存储、处理和传输，并对信息流加以控制、校验和管理的一种通信形式。全站仪的数据通信形式有：利用专用传输程序传输数据，利用超级终端传输数据，蓝牙无线通信方式，USB 接口传输。

实现全站仪和计算机间的通信，作业前必须要对全站仪、计算机进行通信参数设置。主要包括：

（1）设置数据传输速度，即波特率，有 1200、2400、4800、9600、19200 五种，选择一种，选择数据越大，传输速度越快。

（2）设置通信参数的检校方式：有 N（无）、O（奇）、E（偶）三种，选择一种。

（3）设置通信参数的数据位：有 7 位、8 位两种，选择一种。

（4）设置通信参数停止位：有 1 位、2 位两种，选择一种。

（5）设置通信设置控制流，选"是"或"否"。

（6）设置通信端口：有 COM1、COM2⋯一般选 COM1。

通信时要保证全站仪与计算机通信参数设置一致，只有一致才能正确通信。

全站仪与计算机通信操作见表 2-2-6。

3. 发送数据及接收数据

内存中的数据文件传送到计算机，也可以从计算机将坐标数据文件和编码库数据直接装入仪器内存。发送数据和接收数据的程序分别见表 2-2-6。

全站仪数据传输步骤与图示 表 2-2-6

序　号	标题	内　　容
1. 通信参数设置	图示	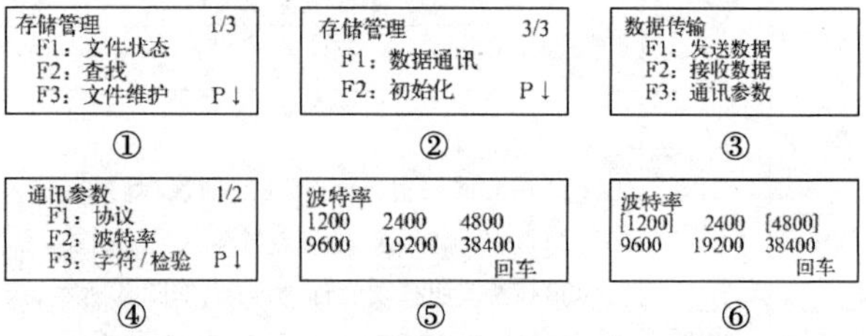
	步骤	（1）按下 MENU 键，按 F3 进入存储管理界面，如图①所示。 （2）按两次 F4 键翻页，进入存储管理 3/3 界面，如图②所示，按 F1，进入数据传输界面，如图③所示。 （3）按 F3 进入通信参数设置界面，如图④所示。按 F2 进入波特率设置界面，如图⑤所示。 （4）按▶和◀进行波特率设置，如图⑥所示，设置完按 F4，界面自动返回到通信参数设置，如图④所示。在该界面可以继续进行协议设置、字符/检验设置、翻页进行停止位设置

序　号	标题	内　容

2. 发送数据

图示:

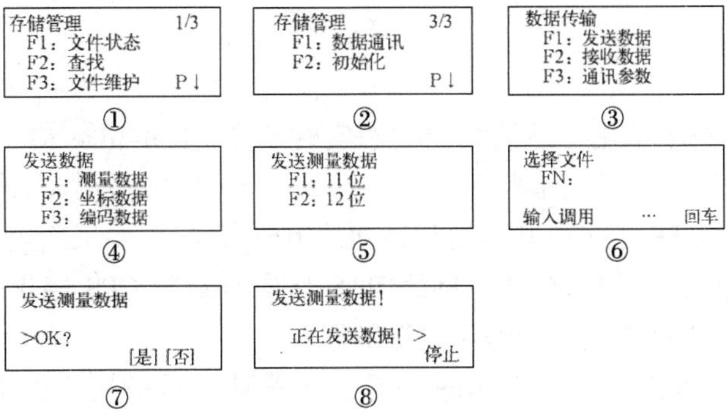

```
存储管理        1/3        存储管理        3/3        数据传输
 F1：文件状态               F1：数据通讯               F1：发送数据
 F2：查找                   F2：初始化                 F2：接收数据
 F3：文件维护   P↓                       P↓          F3：通讯参数
      ①                          ②                        ③

发送数据                   发送测量数据                选择文件
 F1：测量数据               F1：11 位                  FN：
 F2：坐标数据               F2：12 位
 F3：编码数据                                          输入 调用   …  回车
      ④                          ⑤                        ⑥

发送测量数据               发送测量数据！
                          
>OK?                       正在发送数据！ >
        [是] [否]                         停止
      ⑦                          ⑧
```

步骤:

　　(1)进入存储管理界面,如图①所示,按 F4 翻页,进入存储管理 3/3 的界面,如图②所示。按 F1,进入数据传输界面,如图③所示。

　　(2)按 F1,进入发送数据界面,选择发送数据类型,如图④所示。

　　(3)如选择测量数据,按 F1,进入发送测量数据界面,如图⑤所示,选择 11 位或 12 位数据,如选择 11 位,按 F1,进入选择文件界面,如图⑥所示。

　　(4)按输入键或调用键选择要发送的测量数据文件名,选择好后按 F4 确定。

　　(5)仪器和电脑软件相连后按 F3(是),如图⑦、⑧所示

3. 接收数据

图示:

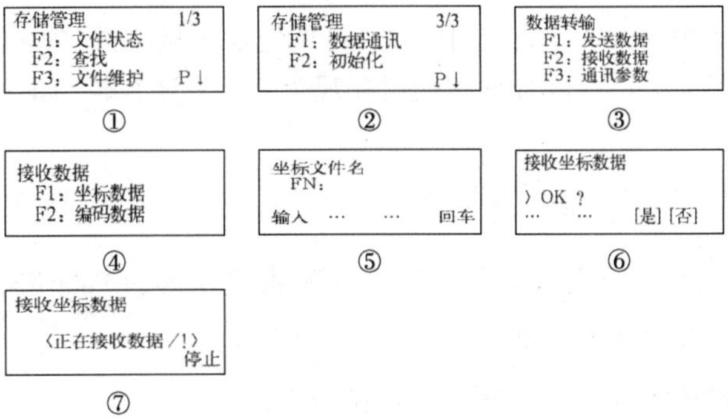

```
存储管理        1/3        存储管理        3/3        数据转输
 F1：文件状态               F1：数据通讯               F1：发送数据
 F2：查找                   F2：初始化                 F2：接收数据
 F3：文件维护   P↓                       P↓          F3：通讯参数
      ①                          ②                        ③

接收数据                   坐标文件名                  接收坐标数据
 F1：坐标数据               FN：
 F2：编码数据                                          〉OK ？
                          输入   …   …   回车              …   …   [是][否]
      ④                          ⑤                        ⑥

接收坐标数据
〈正在接收数据 /！〉
                  停止
      ⑦
```

步骤:

　　(1)进入存储管理界面,如图①所示,按 F4 翻页,进入存储管理 3/3 的界面,如图②所示。按 F1,进入数据传输界面,如图③所示。

　　(2)按 F1,进入接收数据界面,选择接收数据类型,如图④所示。

　　(3)如选择坐标数据,按 F1,进入选择文件界面,如图⑤所示。

　　(4)按 F1 输入键,输入接收的坐标数据文件名。

　　(5)仪器和电脑软件相连后按 F3(是),如图⑥、⑦所示

任务三　RTK 野外数据采集

一　知识准备

RTK 技术采用了载波相位动态实时差分（Real-time Kinematic）方法，RTK 坐标数据采集能够在野外实时得到厘米级的定位精度，它已经是野外数据采集的一种重要手段。按照 RTK 工作原理，RTK 系统由基准站和移动站组成，目前主要采用电台 1 + N 模式和网络 RTK 模式。本任务主要讲述网络模式。网络 RTK 作业时只需 GPS 接收机（含手簿）1 套，内插手机上网卡，接收省内基准站信号即可进行工作。

南方导航推出的全新 Mini 三星三防银河 1，是一款基于北斗卫星导航系统的三星六频测量型卫星接收机，北斗特有的 IGSO 卫星设计对中国区域进行局部增强，卫星信号更优越，可以同时接收我国的北斗卫星导航系统（COMPASS）、美国的全球定位系统（GPS）和俄罗斯"格洛纳斯"（GLONASS）系统的卫星信号，并可定制兼容其他卫星系统。定位精度，静态可达 $\pm(2.5\text{mm} + 0.5\text{mm/km} \times d)$，RTK 精度可达 $\pm(10\text{mm} + 1\text{mm/km} \times d)$，其中 d 为被测点间距离，单位为 km。

二　组织准备

以 8 个人为一组，每组选一名组长和一名副组长，组长负责全组组织以及实际操作训练，副组长负责组织进行理论知识学习和复习。

三　场地、仪器和材料准备

选择面积约 200m² 的实训场地。每组配 GPS 接收机（含手簿）1 套，手机或对讲机（每台 GPS 接收机上配 1 个），每台 GPS 接收机配观测记录手簿 1 本。学生每人带教材、工作业、记录表。

四　RTK 仪器的安装与设置

以下 GPS 接收机以南方银河 1 为例，配套手簿为 PolarX3。

1. 移动站安装与设置

移动站安装与设置步骤与图示见表 2-2-7。

2. 网络设置

网络 RTK 需要接收远处固定基准站的信号，连接方式是数据流量，工作前要进行网络设置，见表 2-2-8。

五　RTK 野外数据采集的操作步骤

1. 新建工程

将采集的数据保存在一个文件中，以便后期数据的导出，见表 2-2-9。

序 号	标题	内 容
1. 移动站安装	图示	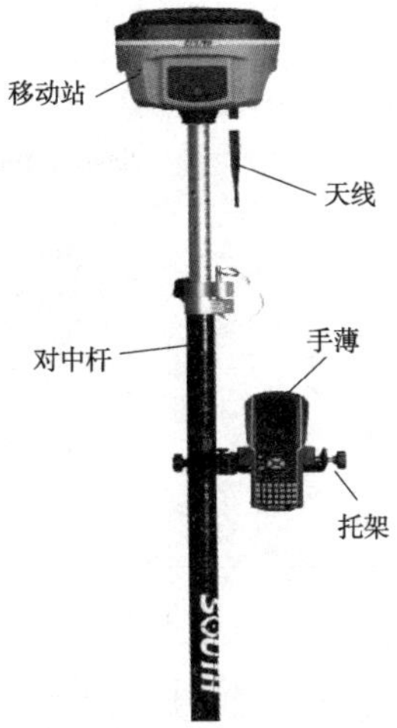 移动站 天线 对中杆 手簿 托架
	步骤	将移动站主机接在碳纤对中杆上,并将接收天线接在主机下端,同时将手簿使用托架夹在对中杆的适合位置。 注意:移动站为网络模式时,天线采用小天线中的短天线
2. 主机与手簿蓝牙连接	图示	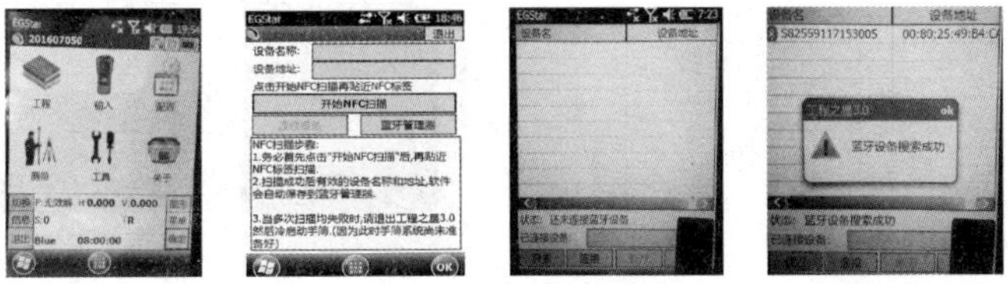 ①　②　③　④
	步骤	(1)主簿开机进入工程之星软件界面,如图①所示,点击右上角 图标进入如图②所示界面。 (2)点击"蓝牙管理器"按钮进入如图③所示界面。 (3)点击"搜索"按钮,搜索成功进入如图④所示界面。 (4)选中相应仪器编号,点击"连接",连接成功后主机蓝牙指示灯长亮

序　号	标题	内　容
3.网络移动站 主机模式设置	图示	 ① 　② 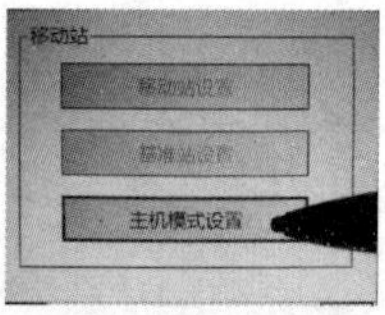　③ 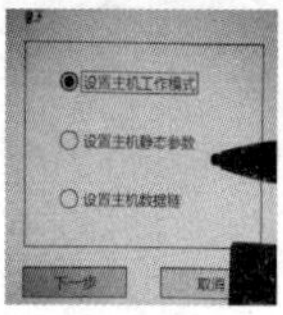 ④ 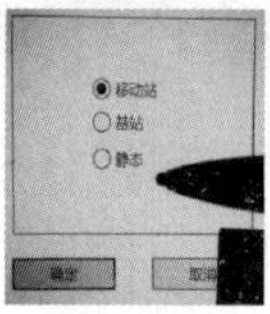　⑤ 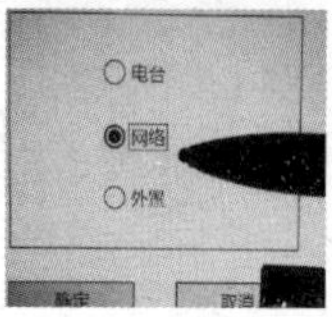　⑥
	步骤	（1）工程之星软件点击"配置"，得到相应的下拉菜单，如图①所示；点仪器设置进入仪器设置下拉菜单，点击仪器设置，如图②所示；点击后进入主机模式设置界面，如图③所示。 （2）选择主机模式设置，点击确定，进入主机设置界面，如图④所示。 （3）选择设置主机工作模式，进入选择移动站，如图⑤所示；点击确定，界面返回到主机设置界面，如图④所示。 （4）选择设置主机数据链，进入数据链设置界面，如图⑥所示；选择网络，主机会播报"移动站网络模式"

网络设置步骤及图示

表 2-2-8

序　号	标题	内　容
网络连接设置	图示	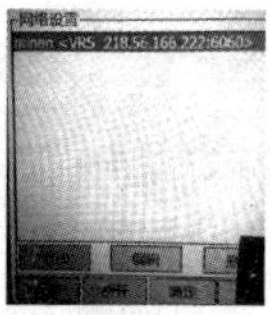 ① 　② 　③
	步骤	（1）工程之星软件点击配置，得到相应的下拉菜单，点仪器设置进入仪器设置下拉菜单，点击网络设置，进入网络设置界面，如图①所示。 （2）点击增加（增加新的网络账号信息）或"编辑"（更改原有网络账号信息），进入网络设置界面，如图②所示。 （3）在图②界面中，"名称"可自定义，"方式""连接""APN"不要改，输入相应 IP 地址、端口、账号密码选择相应接入点即可。 （4）点击"确定"→"连接"进入登陆实时状态界面，待各项状态变绿打钩后，显示上发 GPGGA 数据即完成网络连接设置，如图③所示

RTK 新建工程的步骤与图示 表 2-2-9

序　　号	标题	内　　容
新建工程	图示	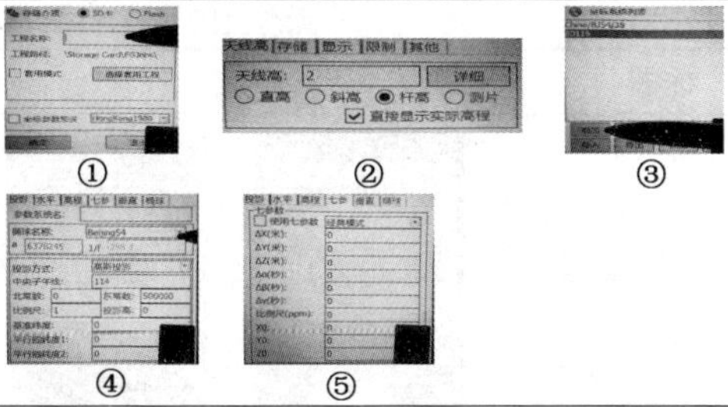
	步骤	（1）“工程”→“新建工程”，在弹出的对话框中输入工程名称后点击“确定”，如图①所示。 （2）“配置”→“工程设置”对话框中设置默认“天线高”，如图②所示。 （3）“配置”→“坐标系统设置”→“增加”设置新的坐标系统参数模板或“编辑”原有的参数模板，如图③所示。 （4）“参数系统名称”，可以自定义；“椭球名称”，选好坐标系；“中央子午线”，设置中央子午线，如图④所示。 （5）如果有四参数或七参数的可以直接在“水平”或“七参”中输入，否则要自己采集点坐标求参数，如图⑤所示

2. 校正坐标系

校正坐标系的方法有三种：一是直接输入坐标系转换的参数，二是求转换参数，三是已有转换参数进行点校正。网络 RTK 主要是求转换参数，见表 2-2-10。

求转换参数的步骤与图示 表 2-2-10

序　　号	标题	内　　容
求转换参数	图示	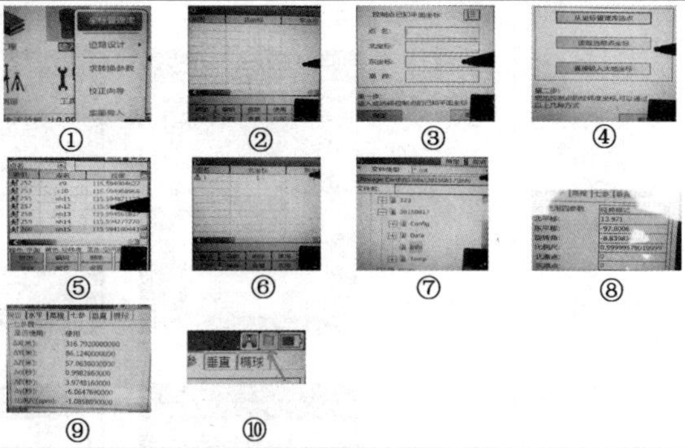
	步骤	（1）首先在新建工程后到已知点点位测得两点的原始坐标。 （2）单击“输入”下拉菜单，如图①所示，点击“求转换参数”，进入如图②所示界面。 （3）单击“增加”进入如图③所示界面，输入控制点的已知坐标→点击“确定”，进入如图④所示界面。 （4）单击“从坐标管理库选点”进入如图⑤所示界面，选择对应已知点测得的原始坐标，点击“确定”，进入如图⑥所示界面。 （5）同样方法点“增加”，输入另外一个已知点。 （6）两点都输入后点击“保存”，进入如图⑦所示界面，输入自定义的文件名，点击“确定”保存成功，返回如图⑥所示界面。 （7）单击“应用”→“是”，至此参数求解完毕。 （8）如图⑩单击绿色按钮（图中箭头指示处）查看水平四参数，如图⑧所示；查看七参数，如图⑨所示。 注意：四参数合格标准——旋转角是一个比较小的数，比例因子 K 范围保证在 0.9999 ~ 1.0000之间；七参数合格标准——7 个转换参数都有参考限值，X、Y、Z 轴旋转一般都必须是秒级的（工程之星中限值为小于 10s）；X、Y、Z 轴平移一般小于 1000

3. 点测量

在地形图各特征点进行点测量,获取点位信息,为绘图提供必要数据,见表2-2-11。

点测量的步骤与图示

表2-2-11

序　号	标题	内　容
点测量	图示	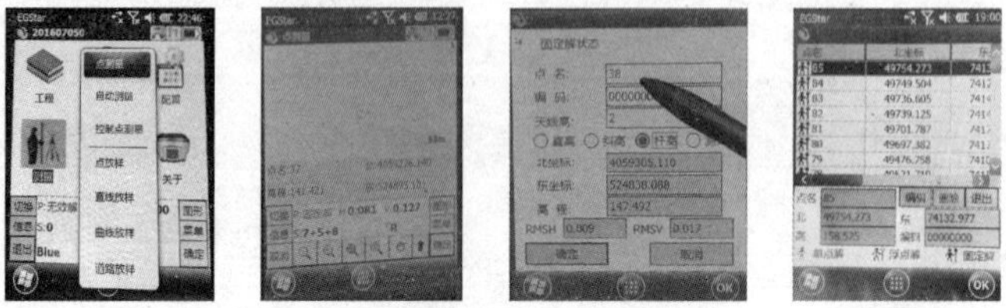 ①　　②　　③　　④
	步骤	(1)打开工程之星,点击"测量",如图①所示。 (2)点击"点测量",进入如图②所示界面。 (3)按手簿上"A"键进行测量,然后在弹出对话框中输入"点号"和"天线高",按"OK"确定(保存),如图③所示。继续存点时,点名将自动累加。 (4)连续按两次"B"键,可以查看所测量坐标,如图④所示

六　数据传输

数据传输的目的是将外业采集数据以绘图时的数据格式传输到计算机中,并以数据文件形式记录保存下来,为数字绘图提供数据源。野外采集数据传输的步骤与图示见表2-2-12。

野外采集数据传输的步骤与图示

表2-2-12

序　号	标题	内　容
1. 数据导出	图示	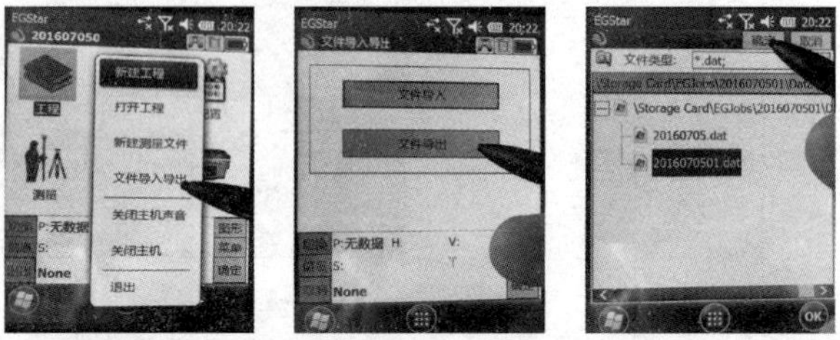 ①　　②　　③ 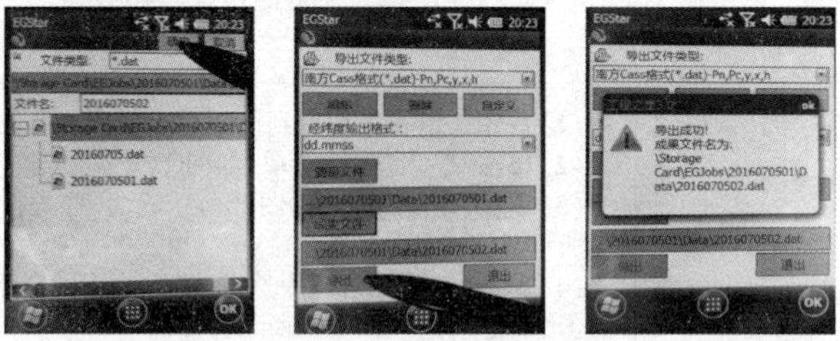 ④　　⑤　　⑥
	步骤	(1)数据的导出:"工程"→"文件导入导出",如图①所示→"文件导出",如图②所示→选择相应的导出文件类型,一般选南方cass格式,如图⑤所示→选择测量文件,如图③所示→成果文件自定义命名,如图④所示→"导出",如图⑤所示→导出成功,如图⑥所示。 (2)导出的成果文件在StorageCard→EGjobs→相应工程文件名→data文件里。 (3)数据可以通过计算机从手簿里拷出,也可以用U盘直接从手簿里拷出

序　号	标题	内　容
2. 数据传输	图示	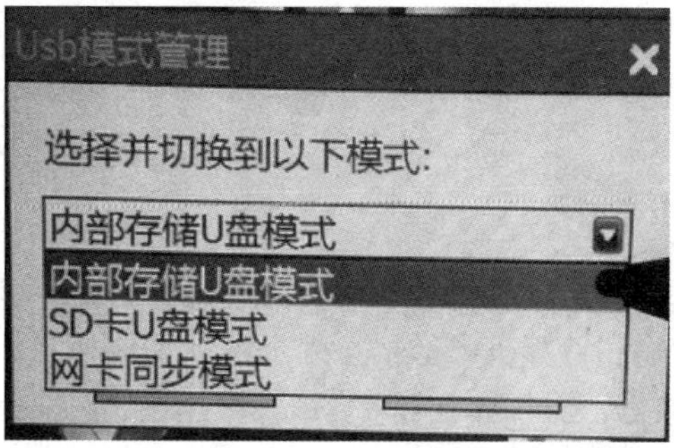
	步骤	（1）数据传输可以直接通过数据线从手簿里拷入计算机。 （2）如果连接计算机后不出现 U 盘图标，需要进行如下操作："设置"→"系统"→"USB 管理"→"内部存储 U 盘模式"。 （3）选择"SD 卡 U 盘模式"，可以通过数据电缆在计算机上直接读取手簿内存及内置 SD 卡里的数据。 （4）选择"网卡同步模式"则需要计算机安装微软的 Microsoft ActiveSync 同步软件

七　注意事项

（1）手簿显示"无数据"，此时手簿与主机蓝牙断开，原因一般是手簿与主机距离超出蓝牙控制范围。手簿与主机的距离最好不要超过 15m，否则手簿软件界面容易卡屏。

（2）工程之星网络信号前正常是显示"R"，有时会跳成数字 1~8。这是因为非正常关机导致主机模式跳到电台模式，重新调回网络 RTK 模式即可。

（3）网络设置都正确，手机卡也不欠费，显示单点解，说明 GPS 主机未加外接网络天线。

（4）网络设置里连接网络时，若网络验证不能通过，说明手机卡欠费或手机卡接触不良；若用户名密码验证不能通过，说明用户名密码错误。

（5）测得点坐标高程与实际差 1.8m 或 2m 左右，这是因为新建工程时仪器高没有输入，测得的数据差了对中杆的高度。

（6）开机时主机嘀嘀嘀响而且状态灯在电池充足时闪烁，这说明主机注册码过期，主机注册在"关于"→"主机注册"里面，注册码区分大小写，手簿输入大写字母按住"Shift"键，注册码内容为 0~9 和 A~F 数字字母组合，无英文字母 O。

任务二、任务三中两种数字测量方法在数据采集完成后进行，可利用地形地籍成图软件辅助完成，如 CASS9.2 软件，限于篇幅，就不再讲解，同学们可自行安装或在以后工作中实践。

任务四　无人机摄影测量

无人机是通过无线电遥控设备或机载计算机程序控制系统进行操控的不载人飞行器。无人机低空摄影测量系统是一个集成了摄影传感器、飞行器姿态控制系统、航线控制飞行系统、数据存储传输系统以及航空摄影影像数据后处理系统的新型摄影测量与遥感平台。

一　技术原理

无人机系统在设计和最优化组合方面具有突出的特点，是集成了高空拍摄、遥控、遥测技术、视频影像传输和计算机影像信息处理的新型应用技术。利用无人机快速、方便的特点获取高分辨率空间数据，通过3S技术在系统中的集成应用，达到实时对地观测和对空间数据的快速处理（图2-2-12、图2-2-13）。

图2-2-12　无人机航拍

a)　　　　　　　　　　　　b)　　　　　　　　　　　　c)

图2-2-13　无人机摄影系统主要设备

a)数码相机；b)三轴稳定平台；c)地面监控系统

无人机航空摄影测量原理类似于传统航空摄影测量，即通过搭载在无人机平台上的传感器快速获取影像数据，然后对获取的影像按传统方式进行内、外业处理工作，以制作应用所需的各类产品（如4D产品等）。无人机航拍系统组织架构如图2-2-14所示。

无人机低空摄影测量系统所采用的无人机是按照国际通用标准设计，并且其研制的目的主要是作为遥感平台。在进行航空立体成像时，飞机携带相机沿飞行线（或条带）获取航空图像。由于无人机姿态不稳定，受气流影响大，航向及旁向重叠度要比传统大飞机（相对于无人机）的重叠度要大，一般情况下航向重叠度为70%～80%，旁向重叠度为30%～40%。图像重叠意味着在相隔一定距离的不同位置拍摄同一目标。存在视差意味着可以构成立体像对，并可进一步获得立体模型，在此基础上，可进行后续空中三角测量加密和立体测图等工作。几种无人机航拍系统如图2-2-15所示。

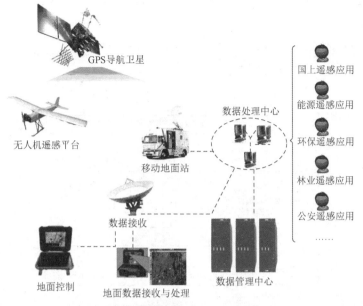

图 2-2-14　无人机航拍系统组织架构

a)　　　　　　　　　　　b)　　　　　　　　　　　c)

图 2-2-15　几种无人机航拍系统

相对于传统大飞机航空摄影,无人机在获取数据方面具有以下特点:

(1)无人机、飞艇等飞行器都易受气流和风向影响,偏角和滚角大(其中以飞艇的摄影质量最差),后续处理比较困难。

(2)无人机上面搭载的一般都是非量测相机,需要提前对非量测相机进行畸变检校,畸变检校没有专业航空摄像机严格,会对量测精度造成一定的影响。

(3)无人机承重小,携带的数码相机相幅比较小,拍摄的低空照片像幅很小,因此图像数量非常大,处理起来比较困难。

(4)无人机上携带的 POS 系统定位精度差,获取的外方位元素精度差,也会导致自动匹配困难。

由于无人机获取数据方面的特点,在后续数据处理方面,无人机航空摄影数据处理因其特殊性也与传统航空摄影存在较大差异,传统的影像匹配方法应用到无人机影像时往往达不到较好的效果。因此采用现有的摄影测量工作站完成空中三角测量工作比较困难,目前针对无人机的图像处理软件主要在全自动化摄影测量处理方面进行提升。以武汉大学、中国测绘科学研究院、适普软件有限公司、航天远景科技有限公司等为代表的国内诸多科研机构和公司都针对无人机开发了专用的无人机空中三角测量加密、影像快速配准的程序,已在生产中开始大规模推广应用。无人机航空摄影测量生产流程如图 2-2-16 所示。

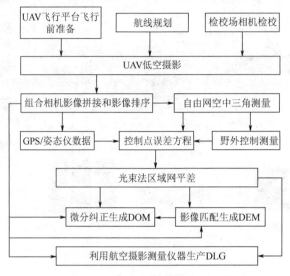

图 2-2-16　无人机航空摄影测量生产流程

二 无人机航空摄影测量技术的优势

作为一种新的摄影测量作业模式,无人机航空摄影测量系统相对传统摄影测量而言,有较为明显的优势:

(1)无人机结构简单、使用成本低,不但能完成有人驾驶飞机执行的任务,更适用于有人飞机不宜执行的任务,执行任务灵活性高,且还具有小型轻便、低噪节能、高效机动、影像清晰、轻型化、小型化、智能化等特点。

(2)无人机航空摄影测量系统具有运行成本低的特点。

(3)无人机航空摄影空域协调简单(尤其是在不影响民航和军用的情况下),无须专用跑道,起降简单,可大大缩短数据获取周期。

(4)对于小区域的补图、更新作业而言,传统航测方式很不经济,无人机可以很方便地进行小区域的航空拍摄。

(5)无人驾驶飞机为航拍摄影提供了操作方便、易于转场的遥感平台。起飞降落受场地限制较小,在操场、公路或其他较开阔的地面均可起降,其稳定性、安全性好,转场等非常容易。

(6)无人机航拍影像具有高清晰、大比例尺、小面积、高现势性的优点,特别适合获取带状地区航拍影像(如公路、铁路、河流、水库、海岸线等)。

正是基于上述优势,无人机航空摄影测量系统正逐渐成为航空摄影测量系统的有益补充,是空间数据获得的重要工具之一。尤其是在我国各领域信息化建设均飞速发展的形势下,各行业数字化建设进程明显加快,无人机小区域航空航空摄影技术在实践中取得了明显成效和经验。这种以无人机为空中平台的航空技术,适应国家经济和文化建设发展的需要,为中小城市特别是城、镇、县、乡等地区经济和文化建设提供了有效的航空技术服务手段。

随着我国改革开放的进一步深入,经济建设迅猛发展,各地区的地貌发生巨大变迁。现有的航空遥感技术手段已无法适应经济发展的需要,新的航测技术为日益发展的经济建设和文化事业服务。以无人驾驶飞机为空中航空摄影平台的技术,正是适应这一需要而发展起来的一项新型应用性技术,能够较好地满足现阶段我国对航空遥感业务的需求,对陈旧的地理资料进行更新。

此外,无人机航空摄影技术可广泛应用于国家生态环境保护、矿产资源勘探、海洋环境监测、土地利用调查、水资源开发、农作物长势监测与估产、农业作业、自然灾害监测与评估、城市规划与市政管理、森林病虫害防护与监测、公共安全、国防事业、数字地球以及广告摄影等领域,有着广阔的市场需求(图2-2-17)。

a)   b)

图 2-2-17 无人机航空摄影应用

在铁路工程中,无人机航空摄影技术应用刚刚起步。线位方案的微小调整、航空申请困难、成图工期要求紧张、既有线改造中原有部分区域地形图现势性差等现象经常存在,这些问题都可以通过无人机航空摄影技术解决。

三 应用案例

2012 年在某铁路专用线初测时采用无人机进行了航拍,完成全线 1:2000 地形图的测绘工作。实践证明该技术应用效果良好,值得进一步深入研究和推广。

航线设计:由于某铁路专用线线路较长,航飞架次比较多,选择其中某一段进行说明。

相机基本参数见表 2-2-13。

cannon5D Mark Ⅱ相机基本参数   表 2-2-13

相 机 型 号	佳能 5D Mark Ⅱ	相 机 型 号	佳能 5D Mark Ⅱ
相片大小(pixel)	5616×3744	径向畸变系数 $k_2(10^{-16})$	-5.29
焦距(mm)	24.0	偏心畸变系数 $p_1(10^{-8})$	7.8087790670
像主点 x_0	2805.2330	偏心畸变系数 $p_2(10^{-8})$	-6.1462701818
像主点 y_0	1909.9680	非正方形比例(10^{-6})	-2.498976
焦距 f	3805.0257	非正交性畸变(10^{-5})	-1.7928397
径向畸变系数系 $k_1(10^{-9})$	7.8963158668		

根据在 1:50000 地形图上完成的初步设计方案,利用 1:250000 数字高程模型辅助进行航线设计,设计航线如图 2-2-18 所示。

航向重叠度能达到 65% ~75%,旁向重叠度为 35% ~50%,但是受天气及相机姿态的影响,所拍摄影像间的预设重叠度无法得到严格的保证,相邻影像间会存在一定的旋偏角和上下错动。相邻影像对比如图 2-2-19 所示。

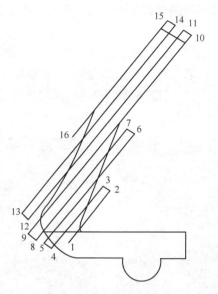

图 2-2-18　某铁路专用线航线设计示意图(局部)

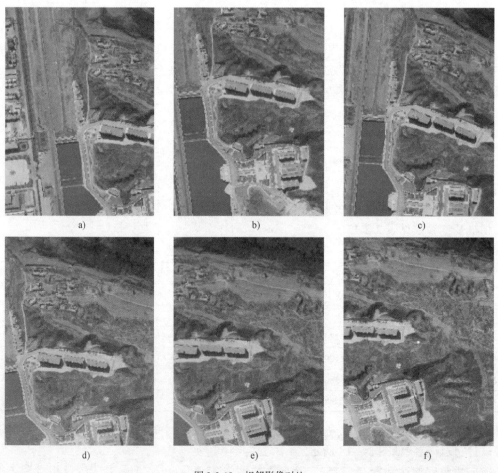

图 2-2-19　相邻影像对比

1. 数据处理

(1)数据质检

航飞数据获取以后,根据航飞控制系统记录的 POS 数据以及影像,对飞行质量和影像质量进行质检,确保航飞重叠度满足航线设计要求,对不满足设计要求的测区及时安排外业补飞。

(2)相机检校和影像畸变校正

从图 2-2-20a)中可以直接看出边缘图像点的镜头畸变值较中间大,而图 2-2-20b)给出了镜头畸变大小与点离像主点距离的模拟函数关系。

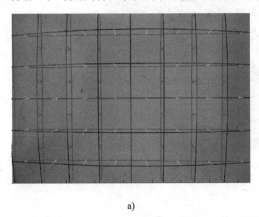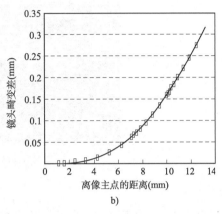

a)   b)

图 2-2-20　相机检校和影像畸变校正

因此,利用无人飞行器进行航空摄影测量时,必须在任务前或后对相机进行标定;航空摄影完成后,利用相机标定参数对获取的影像进行畸变校正,为后期提高空中三角测量精度奠定基础。

2. 控制点布设

(1)按照无人机航空摄影 1∶2000 地形图规范要求进行外控点布设,原则上按照均匀布设、边角加密的方式进行,大面积弱纹理区域(如水域、森林及农田等)边界加密。

(2)根据测区和天气情况选择飞行前布控和飞行后布控两种方式进行,飞行前采用布设标志板的方式,有利于提高精度;飞行后布控,尽量选择特征明显的标志点。本案例采用飞行后布控的方式。

3. 空中三角测量加密

分别采用 PixelGrid 和 Inpho 两种摄影测量工作站进行空中三角测量加密,并做精度分析(图 2-2-21、图 2-2-22)。

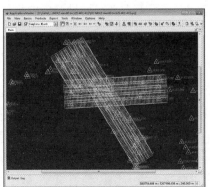

图 2-2-21　PixelGrid 主界面   图 2-2-22　Inpho 主界面

4. 地形图采集和编辑

完成空中三角测量加密后,利用 JX4、MapMatrix 数字摄影测量工作站进行地形图采集,之后利用 MapEditor 地形图编辑软件进行地形图编辑。该铁路专用线 1∶2000 地形图如图 2-2-23 所示。

图 2-2-23　某铁路专用线 1∶2000 地形图示例

5. 应用分析

该测段地形以山区为主,为了保证成图精度,外业共布设了 245 个像控点,并选取了 63 处质检点进行地形图质检。

将外业 RTK 实测地形点与航测内业测量同名点进行比较,统计地形图实际精度情况,对该案例应用无人机空中三角测量铁路带状地形图的精度进行分析。

其平面及高程中误差精度统计见表 2-2-14。

地形图精度分析（单位:m）　　　　　　　　　　　　　表 2-2-14

误差分量	D_x	D_y	D_{xy}	D_z
中误差	0.302	0.285	0.415	0.406

质检结果满足我国数字航空摄影测量规范规定的 1∶2000 地形图 Ⅱ 级、Ⅲ 级地形测图的精度要求。

随着无人飞行器硬件和软件的发展,POS 辅助空中三角测量技术应用于无人飞行器低空摄影测量是完全可行的。另外,GNSS 与北斗导航系统的联合动态定位在低空摄影测量中蕴含着巨大潜力,采用无人飞行器进行航空摄影测量技术在工程测量中的应用具有广阔的前景。

任务五　地形图的应用

地形图的一个突出特点是具有可量性和可定向性。设计人员可在地形图上对地物、地貌做定量分析。例如,可以确定图上某点的平面坐标和高程,确定图上两点的距离和方位等。地形图的另一个特点是综合性和易读性。地形图提供的信息内容非常丰富,如居民地、交通网、境界线等各种社会经济要素,水系、地貌、土壤和植被等自然地理要素,还有控制点、坐标方格网、比例尺等数字要素,此外,还有文字、数字和符号等各种注记,尤其是大比例尺地形图更是土建工程规划、设计、施工和竣工管理等不可缺少的重要资料。因此,正确识读和应用地形图是土建工程技术人员必须具备的基本技能。

一 求图上某点的坐标

大比例尺地形图绘有 $10\text{cm} \times 10\text{cm}$ 的坐标方格网,并在图廓的西、南边上注有方格的纵、横坐标值,如图 2-2-24 所示。根据图上坐标方格网的坐标可以确定图上某点的坐标。例如,欲求图上 A 点的坐标,首先根据图上坐标注记和 A 点在图上的位置,找出 A 点所在的方格,过 A 点作坐标方格网的平行线与坐标方格相交于 a、b 两点,量出 $pa = 2.46\text{cm}$,$pb = 6.48\text{cm}$,再按地形图比例尺($1:1000$)换算成实际距离 $pb \times 1000 \div 100 = 64.8\text{m}$,$pa \times 1000 \div 100 = 24.6\text{m}$,则 A 点的坐标为

$$\begin{cases} x_A = x_p + pb \times 1000 \div 100 = 600 + 64.8 = 664.8\text{m} \\ y_A = y_p + pa \times 1000 \div 100 = 600 + 24.6 = 624.6\text{m} \end{cases} \tag{2-2-1}$$

图解法求得的坐标精度受图解精度的限制,一般认为,图解精度为图上 0.1mm,则图解精度不会高于 $0.1M$(单位:mm),M 为地形图比例尺分母。

二 求图上某点的高程

地形图上点的高程可根据等高线的高程求得。如图 2-2-25 所示,若某点 A 恰好在等高线上,则 A 点的高程与该等高线的高程相同,即 $H_A = 51.0\text{m}$。若某点 B 不在等高线上,而位于 54m 和 55m 两根等高线之间,这时可通过 B 点作一条垂直于相邻等高线的线段 mn,量取 mn 和 mB,如长度为 9.0mm、5.4mm,已知等高距 $h = 1\text{m}$,则可按内插法求得 B 点的高程。

$$H_B = H_m + \frac{mB}{mn} \cdot h = 54 + \frac{5.4}{9.0} \times 1 = 54.6\text{m} \tag{2-2-2}$$

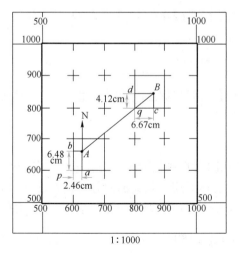

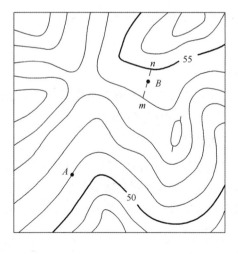

图 2-2-24　图上某点坐标计算示意图　　　　图 2-2-25　图上某点高程计算示意图

求图上某点的高程,通常也可根据等高线用目估法按比例推算该点的高程。例如,mB 约为 mn 的 $6/10$,则

$$H_B = H_m + \frac{6}{10}h = 54.6\text{m}$$

三 求图上两点间的距离

求图上两点间的水平距离有下列两种方法。

1. 根据两点的坐标求水平距离

如图 2-2-24 所示,欲求 AB 的距离,可按式(2-2-1)先求出图上 A、B 两点的坐标值 x_A、y_A 和 x_B、y_B,然后按式(2-2-3)反算 AB 的水平距离。

$$D_{AB} = \sqrt{(x_B - x_A)^2 + (y_B - y_A)^2} \tag{2-2-3}$$

2. 在地形图上直接量距

用脚规在图上直接卡出 A、B 两点的长度,再与地形图上的图示比例尺比较,即可得出 AB 的水平距离。当精度要求不高时,可用比例尺(三棱尺)直接在图上量取。

$$D_{AB} = d_{AB} M \tag{2-2-4}$$

式中:d_{AB}——图上 A、B 两点之间的距离;

　　M——地形图比例尺分母。

若图解坐标的求得考虑了图纸伸缩变形的影响,则解析法求得距离的精度高于图解法的精度。图纸上若绘有图示比例尺时,一般用图解法量取两点间的距离,这样既方便,又能保证精度。

四 求图上某直线的坐标方位角

如图 2-2-24 所示,欲求图上直线 AB 的坐标方位角,有下列两种方法。

1. 解析法

图上 A、B 两点的坐标可按式(2-2-1)求得,然后按式(2-2-5)计算直线 AB 的方位角。

$$\alpha_{AB} = \arctan \frac{y_B - y_A}{x_B - x_A} = \arctan \frac{\Delta y_{AB}}{\Delta x_{AB}} \tag{2-2-5}$$

当使用电子计算器或三角函数计算 α_{AB} 的角值时,要根据 Δx_{AB} 和 Δy_{AB} 的符号,先确定其所在的象限,然后再确定其大小。

2. 图解法

当精度要求不高时,可采用图解法用量角器在图上直接量取坐标方位角。如图 2-2-24 所示,通过 A、B 两点分别精确地作坐标纵轴的平行线,然后用量角器的中心分别对准 A、B 两点,量出直线 AB 的坐标方位角 α'_{AB} 和直线 BA 的坐标方位角 α'_{BA},则直线 AB 的计算坐标方位角为

$$\alpha_{AB} = \frac{1}{2} \left[\alpha'_{AB} + (\alpha'_{BA} \pm 180°) \right] \tag{2-2-6}$$

由于坐标量算的精度比角度量测的精度高,因此,通常用解析法获得方位角。

五 求图上某直线的坡度

在地形图上求得直线的长度及两端点的高程后,则可按式(2-2-7)计算该直线的平均坡度。

$$i = \frac{h}{d \cdot M} = \frac{h}{D} \qquad (2\text{-}2\text{-}7)$$

式中:d——图上量得的长度;

$\quad M$——地形图比例尺分母;

$\quad h$——直线两端点间的高差;

$\quad D$——该直线对应的实地水平距离。

坡度通常用千分率(‰)或百分率(%)的形式表示。"+"为上坡,"-"为下坡。

注:若直线两端位于等高线上,则求得的坡度可认为符合实际坡度。若直线较长,中间通过许多条等高线,且等高线的平距不等,则所求的坡度只是该直线两端点间的平均坡度。

六 量测图形面积

在规划设计和工程建筑中,常需在地形图上量测一定轮廓范围内的面积。例如,平整土地的填挖面积,规划设计城市某一区域的面积,厂矿用地面积,渠道和道路工程中的填、挖断面的面积,汇水面积等。量测图形面积的方法很多,下面介绍常用的三种图形面积量测方法。

1. 几何图形法

若图形是由直线连接的多边形,则可将图形划分为若干种简单的几何图形,如三角形、四边形、梯形等,如图 2-2-26 所示。然后用比例尺量取计算时所需的元素(长、宽、高),应用面积计算公式求出各个简单几何图形的面积,再汇总出多边形的面积。

图形面积如为曲线时,可近似地用直线连接成多边形,再按上述方法计算面积。

当用几何图形法量算线状地物面积时,可将线状地物看作长方形,用分规量出其总长度,乘以实际测量宽度,即可得线状地物面积。

将多边形划分为简单几何图形时,需要注意以下几点:

(1)将多边形划分为三角形,面积量算的精度最高,其次为梯形、长方形。

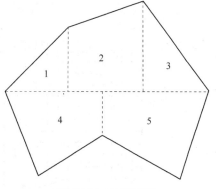

图 2-2-26　几何图形法

(2)划分为三角形以外的几何图形时,应尽量使它的图形个数最少,线段最长,以减少误差。

(3)划分几何图形时,应尽量使底与高之比接近 1∶1(使梯形的中位线接近于高)。

(4)若图形的某些线段有实际测量数据,则应首先选用实际测量数据。

(5)进行校核和提高面积量算的精度时,要求对同一几何图形,量取另一组面积计算要素,量算两次面积,两次量算结果在容许范围内(表 2-2-15),方可取其平均值。

两次量算面积的较差的容许范围　　　　　　　　　　　　　　　　　　表 2-2-15

图上面积(mm²)	相 对 误 差	图上面积(mm²)	相 对 误 差
<100	<1/30	1000~3000	<1/150
100~400	<1/50	3000~5000	<1/200
400~1000	<1/100	>5000	<1/250

2.透明格网法

如曲线包围的是不规则图形,可用绘有边长为1mm或2mm的正方形格网的透明膜片,通过蒙图数格法量算图形的面积。此法操作简单,易于掌握,能保证一定精度,在量算图形面积中被广泛采用。

量算面积时,将透明纸或膜片覆盖在欲量算的图形上,如图2-2-27所示,欲量算的图形被分割为一定数量的整方格,每一整格代表一定面积值,再将边缘各分散格(也称破格)目估凑成若干整格(通常一律把破格作半格计)。图形范围内所包含的方格数,乘以每格所代表的面积值,即为所量算图形的面积。如果知道一个方格所代表的实际面积,就可求得整个图形所代表的实际面积。例如,透明方格纸上每一方格为$1mm^2$,地形图的比例尺为1:2000,则每个方格相当于$4m^2$实地面积。

3.平行线法

平行线法又称积距法。为了减少边缘破格因目估产生的面积误差,可采用平行线法。

如图2-2-28所示,量算面积时,将绘有间距$d=1mm$或2mm的平行线组的透明纸(或透明膜片)覆盖在待算的图形上,使图形的上、下边缘线(a、s两点)处于平行线的中央位置,固定平行线透明纸,则整个图形被平行切割成若干等高(d)的梯形(图上平行的虚线为梯形上、下底的平均值,以c表示),则图形的总面积为

$$p = c_1 d + c_2 d + c_3 d + \cdots + c_n d = d(c_1 + c_2 + c_3 + \cdots + c_n) = d\sum c \qquad (2\text{-}2\text{-}8)$$

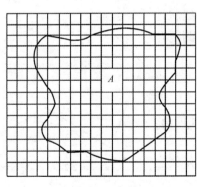

图2-2-27　透明网格法　　　　　图2-2-28　平行线法

图形面积p等于平行线间距乘以中位线的总长。最后,再根据测图比例尺将其换算为实地面积,即

$$p = d\sum c \cdot M^2 \qquad (2\text{-}2\text{-}9)$$

式中:M——测图比例尺分母。

例如,在1:2000比例尺的地形图上,量得各梯形上、下底平均值的总和$\sum c = 876mm$,$d = 2mm$,则此图形的实地面积为

$$p = 2 \times 876 \times 2000^2 \div 1000^2 = 7008 \mathrm{m}^2$$

4.求积仪法

在这里不进行介绍,同学们可以参考其他书籍。

七 按限制坡度选定最短路线

在道路、管线等工程规划中,一般要求按限制坡度选定一条最短路线或等坡度线。其基本做法如下。

如图 2-2-29 所示,设从公路旁 A 点到山头 B 点选定一条路线。限制坡度为 4%,地形图比例尺为 1∶2000,等高距为 1m。为了满足限制坡度的要求,可根据式(2-2-10)求出该线路通过相邻两等高线的最短平距,即求出相邻两等高线间满足设计坡度的最短距离。

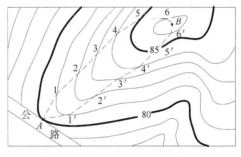

图 2-2-29　按限制坡度选定最短路线

$$d = \frac{h}{iM} = \frac{1}{0.04 \times 2000} = 12.5 \mathrm{mm} \tag{2-2-10}$$

用脚规张开 12.5mm,先以 A 点为圆心画圆弧交 81m 等高线于 1、1′点;再以 1(1′)点画圆弧交 82m 等高线于 2 点;以此类推直到 B 点。连接相邻点,便得同坡度路线 A—1—2—…—B。若所画弧不能与相邻等高线相交,则以最短平距直接连接相邻两等高线,这样,该线段即为坡度小于 4% 的最短线路,符合设计要求。在图上尚可沿另一方向定出第二条 A—1′—2′—…—B,可以作为比较方案。其实,在图上满足设计要求的线路有多条,在实际工作中,还需在野外考虑工程上的其他因素,如少占或不占良田、避开不良地质地段、工程费用最少等进行修改,最后确定一条既经济又合理的路线。

八 绘制给定方向的断面图

断面图是显示指定地面起伏变化的剖面。在道路、管道等工程设计中,为进行填挖土(石)方量的概算或合理地确定线路的纵坡等,均需较详细地了解沿线路方向上的地面起伏情况,为此常根据大比例尺地形图绘制沿线方向的断面图。如图 2-2-30 所示,欲绘制地形图上 MN 方向的断面图,首先在图纸上绘出两条互相垂直的坐标轴线,横坐标轴 D 表示水平距离,纵坐标轴 H 表示高程。然后,用脚规在地形图上自 M 点起沿 MN 方向依次量取相邻等高线的平距 $M1$、12…,并以同一比例尺绘在横轴上,得 M'、$1'$、$2'$、…、N',再根据各点的高程按高程比例尺绘出各点,即得各点在断面图上的位置:M、1、2、3、…、N。最后用圆滑的曲线连接 M、1、2、3、…、N 点,即得直线 MN 的断面图。绘制纵断面图时,应特别注意不能忽略 a、b、c 这三点的绘制。

为了明显地表示地面起伏变化情况,断面图上的高程比例尺一般比水平距离比例尺大 10 倍或 20 倍。

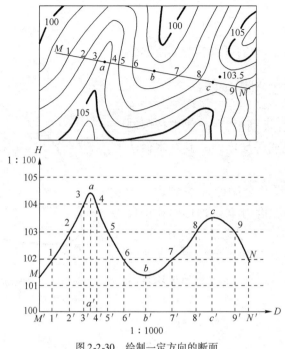

图 2-2-30　绘制一定方向的断面

九　确定汇水范围

在修筑桥涵和水库大坝等工程中,桥梁、涵洞孔径的大小,大坝的设计位置、高度,水库的库容量大小等,都需要了解这个区域水流量的大小,而水流量是根据汇水面积确定的。汇集水流量的面积称为汇水面积,由相邻分水线连接而成。

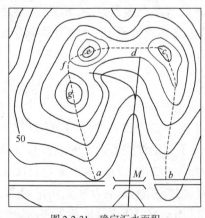

图 2-2-31　确定汇水面积

由于地面上的雨水是沿山脊线向两侧分流,所以汇水范围的确定,就是在地形图上自选定的断面起,沿山脊线或其他分水线而求得。如图 2-2-31 所示,线路在 M 处要修建桥梁或涵洞,则由山脊线 bcdefga 所围成的闭合图形就是 M 上游的汇水范围的边界线。

确定汇水范围时应该注意以下两点:

(1)边界线应与山脊线一致,且与等高线垂直。

(2)边界线是经过一系列山头和鞍部的曲线,并与河谷的指定断面 M 处的直线闭合。

图上汇水范围确定后,可用面积求算方法求得汇水面积,再根据当地的最大降雨量来确定最大洪水流量,作为设计桥涵孔径及管径尺寸的参考。

十　场地平整的土(石)方估算

在土建工程建设中,通常要对地区的原地形做必要的改造,使改造后的地形适合于布置和修建各类建筑物,并便于排泄地面水,满足交通运输和铺设地下管道的需要。这种改造地形的工作,称为场地平整。在场地平整工作中,为了使土(石)方工程合理,即填方和挖方基本平衡,常要利用地形图来确定填、挖边界线,进行填、挖土(石)方量的概算。场地平整的方法很多,其中,方格网法是应用最广泛的一种。下面介绍此法的两种情况。

1.设计成水平场地

图 2-2-32 为 1:1000 比例尺地形图,拟在图上将原地面平整成某一高程的水平面,使填、挖土(石)方量基本平衡,其步骤如下:

(1)绘制方格网

在地形图上的拟建场地内绘制方格网。方格大小根据地形复杂程度、地形图比例尺及要求的精度而定。方格的方向尽量与边界方向、主要建筑物方向或施工坐标方向一致。一般方格的边长以 10m 或 20m 为宜。图中方格为 20m×20m。各方格点的点号注于方格点的左下角,如图 2-2-32 所示的 A_1、A_2、E_3、E_4 等。

(2)求各方格网点的地面高程

根据等高线高程,用目估法或内插法求出各

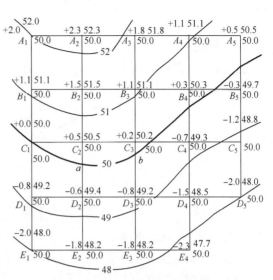

图 2-2-32 1:1000 比例尺地形图

方格点的地面高程,并注于方格网点的右上角。如图 2-2-32 中 A_1 点为 52.0m,B_1 点为 51.1m 等。

(3)计算设计高程

用加权平均值法计算出原地形的平均高程,即为场地平整成水平面时填、挖方量保持平衡的设计高程。计算时,一般以各方格网点控制面积的大小作为确定"权"的标准。如果把一个方格(10m×10m 或 20m×20m)的面积作为一个单位面积,定为权 =1,那么位于整个方格网边界的外转角点(如 A_1、A_5、D_5、E_1、E_4)的权为 1;位于边界上的方格点(如 A_2、A_3、A_4、B_1、B_5、C_1、C_5、D_1、E_2、E_3)的权为 2;位于整个方格网边界的内转角点(如 D_4)的权为 3;位于方格网内部中心点(如 B_2、B_3、B_4、C_2、C_3、C_4、D_2、D_3)的权为 4。即每个方格网点的权为该点处四周方格的个数。设 H_i 表示方格点 i 的地面高程,P_i 表示相应各点 i 的权,则各方格网点高程的加权平均值即为设计高程 $H_设$,即

$$H_设 = \frac{\sum P_i H_i}{\sum P_i} \qquad (2\text{-}2\text{-}11)$$

现将图 2-2-32 中各方格网点的地面高程代入式(2-2-11),得该区域的地面设计高程

$H_设 = [1 \times (52.0 + 50.5 + 48.0 + 47.7 + 48.0) + 2 \times (52.3 + 51.8 + 51.1 + 49.7 + 48.8 +$
$\qquad 48.2 + 48.2 + 49.2 + 50.0 + 51.1) + 3 \times 48.5 + 4 \times (51.5 + 51.1 + 50.3 + 50.5 +$
$\qquad 50.2 + 49.3 + 49.4 + 49.2)] \div (1 \times 5 + 2 \times 10 + 3 \times 1 + 4 \times 8) = 50.0\text{m}$

并注于各方格网点的右下角。

(4)计算方格网点填、挖值(量)

各方格网点地面高程与设计高程之差,即为该点填、挖数值($h = H_地 - H_设$),并注于相应方格网点的左上角,如 52.0 - 50.0 = +2.0。h 为正值表示挖深,为负值表示填高。

(5)确定填挖边界线

在地形图上根据等高线,用目估法或内插法定出设计高程为 50.0m 的高程点,即填挖边

界点,称为零点。连接相邻零点的曲线(图 2-2-33 中 50m 的等高线)即为填挖边界线。位于填挖边界线以北为挖方区域,以南为填方区域。零点和填挖边界线是计算土方量和施工的依据。

零点的位置也可按相似三角形的比例求出。如图 2-2-33 所示,C_2 点挖深 0.5m,D_2 点填高 0.6m,则零点至 C_2 点的距离为

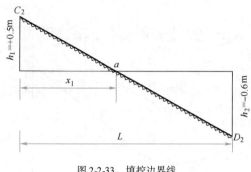

图 2-2-33 填挖边界线

$$x_1 = \frac{L}{|h_1| + |h_2|} \cdot |h_1| \quad (2\text{-}2\text{-}12)$$

式中: L——方格网边长;

    $|h_1|$、$|h_2|$——分别为方格两端点填、挖值的绝对值;

    x_1——零点距填挖值为 h_1 的方格点的距离。

将各数值代入式(2-2-12),得

$$x_1(aC_2) = \frac{20}{0.5 + 0.6} \times 0.5 = 9.1\text{m}$$

同法可得 $x_2(bC_3)$ 为 4m。

同理,可求出各零点的位置。然后在图上逐点连接出零点位置。

(6)计算填、挖土(石)方量

计算填、挖土(石)方量有三种情况:一种是整个方格为挖方,如图 2-2-32 所示方格 $B_2C_2C_3B_3$;一种是整个方格全为填方,如图 2-2-32 所示方格 $D_2E_2E_3D_3$;还有一种是既有挖方,又有填方的方格,如图 2-2-32 所示方格 $C_2D_2D_3C_3$。

现以方格 $B_2C_2C_3B_3$、$C_2D_2D_3C_3$、$D_2E_2E_3D_3$ 为例,说明计算方法。

①方格 $B_2C_2C_3B_3$ 全为挖方,则

$$V_{挖} = \frac{1}{4}(1.5 + 1.1 + 0.5 + 0.2)A_{挖} = +0.825A_{挖} = +0.825 \times 20 \times 20 = 330\text{m}^3 \quad (2\text{-}2\text{-}13)$$

②方格 $C_2D_2D_3C_3$ 既有挖方,又有填方,则

$$V_{填} = \frac{1}{4}(0 + 0 - 0.6 - 0.8)A_{填} = -0.35A_{填} \text{ m}^3 \quad (2\text{-}2\text{-}14)$$

式中:$A_{填}$——按曲边梯形(或近似梯形)的面积计算,即

$$A_{填} = \frac{1}{2}[x_1(aC_2) + x_2(bC_3)] \cdot L = \frac{1}{2}(9.1 + 4) \times 20 = 131\text{m}^2$$

代入式(2-2-14),得

$$V_{填} = -0.35A_{填} = -0.35 \times 131 = -45.85\text{m}^3$$

$$V_{挖} = \frac{1}{4}(0.5 + 0.2 + 0 + 0)A_{挖} = +0.175A_{挖} \text{ m}^3 \quad (2\text{-}2\text{-}15)$$

$A_{挖}$ 应仿照 $A_{填}$ 进行计算(或 $A_{挖} = 400 - A_{填}$)。有时填挖边界线将方格分为五边形和三角形,则应先将五边形分为矩形和梯形,之后再计算面积。

③方格 $D_2E_2E_3D_3$ 全为填方,则

$$V_{填} = \frac{1}{4}(-0.8 - 0.6 - 1.8 - 1.8)A_{填} = -1.25A_{填} = -1.25 \times 400 = -500\text{m}^3 \quad (2\text{-}2\text{-}16)$$

式中:$A_{挖}$、$A_{填}$——分别为方格网中相应的填、挖面积。

根据各方格的填、挖土(石)方量,可求得整个场地的总填、挖土(石)方量。填、挖土(石)

方总量应基本平衡,且

$$V_挖 = \sum V_挖 \tag{2-2-17}$$

$$V_填 = \sum V_填 \tag{2-2-18}$$

2.设计成一定坡度的倾斜场地

如图 2-2-34 所示,根据原地形情况,将方格网范围内平整为倾斜场地。设计要求:倾斜面的坡度,从北到南的坡度为 −2% ,自西向东的坡度为 −1.5% ;倾斜平面的设计高程应使填、挖土(石)方量基本平衡。其设计步骤如下。

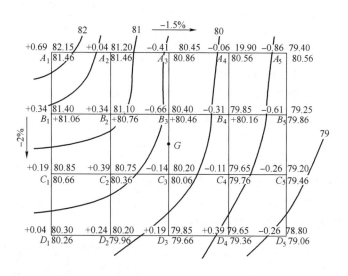

图 2-2-34　一定坡度的倾斜场地

(1)绘制方格网,并求出各方格网点的地面高程

与设计成水平场地一样,同法绘制方格网,并将各方格点的地面高程标注在图上。图 2-2-34 中方格网边长为 20m。

(2)计算各方格网点的设计高程

根据填、挖土(石)方量平衡的原则,按式(2-2-11)计算该场地的设计高程。此高程为整个场地几何图形中心(图中 G 点)的设计高程。如用图 2-2-34 中的数据计算,得 $H_设 = 80.26\text{m}$ 。

重心点及其设计高程确定以后,根据方格网点间距和设计坡度,自重心点沿方格方向,向四周推算各方格点的设计高程。在图 2-2-34 中标出:

$$南北两方格点间设计高差 = 20 \times 2\% = 0.4\text{m}$$

$$东西两方格点间设计高差 = 20 \times 1.5\% = 0.3\text{m}$$

重心点 G 的设计高程为 80.26m,其北 B_3 点设计高程为 $80.26 + 0.2 = 80.46\text{m}$;其南 C_3 点设计高程为 $80.26 − 0.2 = 80.06\text{m}$, D_3 点设计高程为 $80.06 − 0.4 = 79.66\text{m}$ 。同理,可推得其他各方格点的设计高程。将设计高程注于方格网点的右下角,并进行计算校核。

①从一个角点起沿边界逐点地推算一周后回到起点,设计高程应该闭合。

②对角线各点设计高程的差值应完全一致。

3.计算方格点填、挖数值

根据图 2-2-34 中地面高程与设计高程值,按式 $h = H_地 − H_设$ 计算各方格点的填、挖数值,并注于相应点的左上角。

4.计算填、挖方量

根据方格点的填、挖数值,可仿照整理成水平场地的方法,确定填挖边界线,按式(2-2-13)~式(2-2-18)计算各方格点的填、挖土(石)方量及整个场地的总填、挖土(石)方量。

测量技能等级训练

1.试勾绘图2-2-35所示地貌的等高线图。并说明什么是地物、地貌,什么是等高线、等高线平距、等高距,等高线有哪些特性。

2.在图2-2-36中完成如下作业:

(1)根据等高线按比例内插法求出 A、C 两点的高程。

(2)用图解法求 A、B 两点的坐标。

(3)求 A、B 两点间的水平距离。

(4)求 AB 连线的坐标方位角。

(5)求 A 点至 C 点的平均坡度。

(6)从 A 点至 B 点选定一条坡度为 6.5% 的路线。

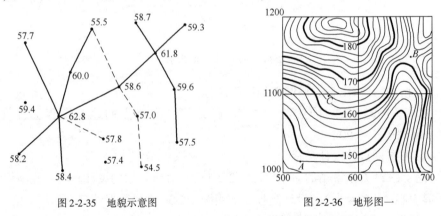

图2-2-35　地貌示意图　　　　　　　图2-2-36　地形图一

3.试根据地形图(图2-2-37)上所画的 AB 方向线,绘制出该方向线的断面图。

图2-2-37　地形图二

4. 图 2-2-38 为 1∶2000 的地形图,欲作通过设计高程为 52m 的 a、b 两点向南设计坡度为 4% 的倾斜面,试绘出其填、挖边界线。

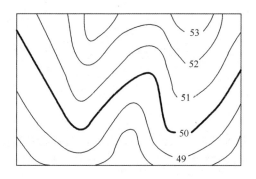

图 2-2-38 1∶2000 地形图

5. 请利用 GNSS 接收机配合全站仪按测图要求绘制 1∶500 数字地形图。数字测图赛场的地物包括房屋、道路和绿化地等,测图面积约为 $200 \times 200m$。G_1、G_2、G_3 为控制点,要求采用 GNSS 卫星定位接收机与全站仪相结合的测图方式,完成指定区域的 1∶500 数字地图的数据采集和编辑成图。上交成果:数据采集的原始文件 dat 格式、野外数据采集草图和 dwg 格式的地形图文件。测图要求按技术规范。控制点坐标如下:

G_1:$x = 1901.778m$,$y = 2880.933m$,$H = 70.244m$。

G_2:$x = 1803.096m$,$y = 2762.329m$,$H = 70.078m$。

G_3:$x = 1714.339m$,$y = 2805.436m$,$H = 69.969m$。

(2018 年全国职业院校技能大赛工程测量竞赛试题)

项目三　施工测量的基本知识

项目概要

　　本项目介绍了施工测量的基本任务和特点，水平角、水平距离和高程的测设，点的平面位置的测设方法，线路曲线要素及计算。掌握这些基本的施工测量方法可为后续专业测量工作的学习做好准备。

任务一　施工测量概述

 概述

　　各种工程在施工阶段所进行的测量工作称为施工测量。施工测量的基本任务是用测量仪器，根据测量的基本原理和方法，把设计图纸上设计的建筑物、构筑物的平面位置和高程位置，按照设计要求，以一定的精度测设于地面，并设上标志作为施工的依据。此外，在施工过程中，还需进行一系列的测量工作，以衔接和指导各工序间的施工。

　　施工阶段的测量工作包括：建立施工控制网；建筑物定位和基础放线；工程施工中各道工序的细部测设，如基础模板、工程砌筑、构件安装等的测设；工程竣工后，为了便于管理维修和扩建而进行的竣工测量；有些高大建筑在施工期间和管理期间所进行的变形观测。总之，施工测量贯穿于施工的全过程。

二　特点

　　施工测量的精度要高于地形图的测绘精度，而且根据建筑物、构筑物的重要性，结构材料及施工方法等不同，对施工测量精度要求也有所不同。例如，工业建筑的测设精度高于民用建筑的测设精度；钢结构建筑物的测设精度高于钢筋混凝土结构建筑物的测设精度；装配式建筑物的测设精度高于非装配式建筑物的测设精度；高层建筑物的测设精度高于低层建筑物的测设精度等。由于施工测量贯穿于施工的全过程，施工测量精度直接影响工程质量和施工进程，所以测量人员必须了解施工的全过程，密切配合施工进度进行工作。另外，施工现场多为地面与高空各工种交叉作业，并有大量的土方填挖，地面情况变动很大，再加上动力机械及车辆频繁，因此，对测量标志的埋设应特别稳固，并要妥善保护，经常检查，及时恢复。在高空或危险地段施测时，应采取安全措施，以防发生事故。

一　角度放样

1. 角度放样的概念

角度放样(这里指水平角)也称拨角,是在已知点上安置全站仪(电子经纬仪),以通过该点的某一固定方向为起始方向,按已知角值把该角的另一个方向测设到地面上。通常可采用正倒镜分中法进行角度放样。

2. 角度放样的方法

如图 2-3-1 所示,A、B 为现场已知点,欲定出 AP 方向使 $\angle BAP = \beta$,具体步骤如下:

将全站仪安置在 A 点,盘左瞄准 B 点配置水平度盘读数为零,逆时针方向转动照准部使水平度盘读数为 $b = 360° - \beta$(当顺时针方向拨角 β 时,水平度盘读数应为 $b = \beta$),在视线方向上适当位置定出 P_1 点;然后盘右瞄准 B 点,用上述方法再次拨角并在视线上定出 P_2 点,定出 P_1、P_2 的中点 P,则 $\angle BAP$ 就是要放样的 β 角。

正倒镜分中法放样已知水平角时,采用两个盘位拨角主要是为了校核,而精度提高并不明显。在实际工作中,有时也常用盘左或盘右一个盘位进行角度放样。

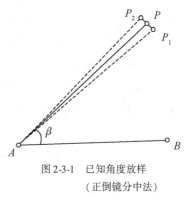

图 2-3-1　已知角度放样

(正倒镜分中法)

二　距离放样

1. 距离放样的概念

距离放样是在量距起点和量距方向确定的条件下,自量距起点沿量距方向丈量已知距离定出直线另一端点的过程。根据地形条件和精度要求的不同,距离放样可采用不同的丈量工具和方法,通常精度要求不高时可用钢尺或皮尺量距放样,精度要求高时可用全站仪或测距仪放样,下面仅介绍全站仪距离放样。

2. 距离放样的方法

如图 2-3-2 所示,A 为已知点,欲在 AC 方向上定一点 B,使 A、B 间的水平距离等于 D。具体放样方法如下:

(1)在已知点 A 安置全站仪,照准 AC 方向。

(2)距离测量模式下按放样键,选择水平距离后输入放样距离,沿 AC 方向在 B 点的大致位置放置棱镜,照准棱镜开始测量,此时,显示屏上显示测量距离与放样距离之差,移动目标棱镜,直至距离差等于 0 为止。

(3)由仪器指挥在桩顶画出 AC 方向线,并在柱顶中心位置画垂直于 AC 方向的短线,交点为 B'。在 B' 处置棱镜,测定 A、B' 间的水平距离 D'(在距离放样模式下显示距离差)。

(4)计算差值 $\Delta D = D - D'$(或显示的距离差),根据 ΔD 用钢卷尺在柱顶修正点位。

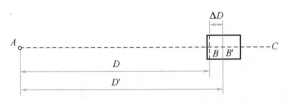

图 2-3-2　已知距离放样

三　高程放样

1. 高程放样的概念

高程放样就是根据一个已知的高程点放样出另一个已知高程的点。高程放样主要采用水准测量的方法，有时也采用钢尺直接量取垂直距离或三角高程测量的方法。

高程放样时，首先需要在测区内布设一定密度的水准点（临时水准点）作为放样的起算点，然后根据设计高程在实地标定出放样点的高程位置。高程位置的标定措施可根据工程要求及现场条件确定，土石方工程一般用木桩标定放样高程的位置，可在木柱侧面画水平线或标定在桩顶上；混凝土及砌筑工程一般用红漆做记号标定在面壁或模板上。

2. 一般高程放样

一般情况下，放样高程位置均低于水准仪视线高且不超出水准尺的工作长度。如图 2-3-3 所示，A 为已知点，其高程为 H_A，欲在 B 点定出高程为 H_B 的位置。具体放样过程为：先在 B 点打一长木桩，将水准仪安置在 A、B 之间，在 A 点立水准尺，后视 A 尺并读数 a，计算 B 处水准尺应有的前视读数 b：

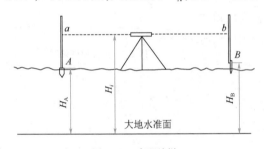

图 2-3-3　高程放样

$$b = (H_A + a) - H_B \qquad (2\text{-}3\text{-}1)$$

靠 B 点木桩侧面竖立水准尺，上下移动水准尺，当水准仪在尺上的读数恰好为 b 时，在木桩侧面紧靠尺底画一横线，此横线即为设计高程 H_B 的位置。也可在 B 点桩顶竖立水准尺并读取读数 b'，再用钢卷尺自桩顶向下量 $b - b'$ 即得高程为 H 的位置。

为了提高放样精度，放样前应仔细检校水准仪和水准尺；放样时尽可能使前后视距相等；放样后可按水准测量的方法观测已知点与放样点之间的实际高差，并以此对放样点进行检核和必要的归化改正。

3. 高墩台的高程放样

当桥梁墩台高出地面较多时，放样高程位置往往高于水准仪的视线高，以前经常采用钢尺直接量取垂距或"倒尺"的方法进行高程放样，但受到一定条件的限制，当墩台较高时，可能超出水准尺的工作长度无法用"倒尺"实现，用尺量取产生一定的累积误差造成数据不准确。随着测量技术的发展，全站仪及 GPS 技术的普及使用，现可利用全站仪进行三角高程测量的方法进行高程放样。

动画：高墩台的
高程放样

（1）三角高程测量原理

采用全站仪（光电测距仪）进行高程测量放样时，可在任意点或已知高程点上安置全站仪。

①在任意点上安置全站仪,如图 2-3-4 所示,由于全站仪的视线不都在一个水平面上,而全站仪所读读数有正负之分,在进行高程测量放样计算时,输入的数据必须以全站仪所读读数实际输入,设后视点 BM 的高程为 H_0,在同一测站下(全站仪的仪器高恒等),放样点的实测高程的计算公式(以下为棱镜高度保持不变的放样点高程推导公式)见式(2-3-2)。

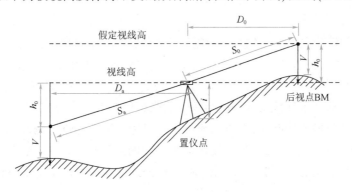

图 2-3-4　三角高程测量

$$H_n = H_{视线} - h_n - V = (H_0 - h_0 + V) + h_n - V = H_0 - h_0 + h_n \qquad (2\text{-}3\text{-}2)$$

式中:H_n——放样点高程;

　$H_{视线}$——视线高程,$H_{视线} = H_0 - h_0 + V$;

　H_0——后视点 BM 的高程;

　h_0——全站仪望远镜中心与后视点棱镜中心的高差;

　h_n——全站仪望远镜中心与放样点棱镜中心的高差;

　V——棱镜中心高。

当棱镜高度改变时,设棱镜改变后的高度相对于后视时的高度改变值为 ω(改变后的高度减去棱镜初始高度),则放样点的实测高程为

$$H_n = H_0 - h_0 + h_n - \omega \qquad (2\text{-}3\text{-}3)$$

式中:ω——改变后的棱镜高度与棱镜初始高度之差。

②在已知高程的地面点 O 上安置仪器,则放样点的实测高程为

$$H_n = H_0 + h_n + L - V \qquad (2\text{-}3\text{-}4)$$

式中:H_n——放样点的高程;

　H_0——已知点 O 的高程;

　h_n——全站仪望远镜中心与放样点棱镜中心的高差;

　L——仪器中心高;

　V——棱镜中心高。

(2)测设步骤(以任意点为测站点为例)

①全站仪在任意点设站,整平即可,但所选的点位应与已知高程点和待测高程点通视,且尽量设在两点之间。

②全站仪照准已知高程点上的棱镜,测出在已知高程点上测得的主高程差 h_0。

③跟踪杆置于待测高程点上,保持高度不变,照准待测点上的棱镜中心,测出在未知高程点上测得的主高程差 h_n。

④按式(2-3-2)计算出待测点的高程。

⑤同样方法测定其他未知点的高程。

（3）放样

放样时根据放样点的高程用式(2-3-4)来计算在待测高程点上应测得的主高程差 h_n，在待测位置上下移动棱镜，当全站仪上的高差读数为 h_n 时，棱镜杆底端即为放样点所在的位置。

4.深基坑的高程放样

当基坑开挖较深，基底设计高程与基坑边已知水准点的高程相差较大并超出水准尺的工作长度时，在边坡开挖时，在边坡的适当位置挖出工作平台，可在基坑边坡上设转点，测出其高程，用一般高程测量的方法，通过转点将高程传递下去，动画：深基坑的最后放样高程位置低于水准仪视线高时再按一般高程放样方法进行放样。

当全站仪具有免棱镜功能时，也可以通过全站仪免棱镜功能进行测设，测设方法同高墩台的高程放样，利用全站仪进行三角高程放样。所不同的是，可在基坑底部待测点上设反射片，利用免棱镜功能照准反射片，测量其高差。其计算公式应在原基础上加上后视点的棱镜高，即

$$H_n = H_0 - h_0 + h_n + V \tag{2-3-5}$$

式中：H_n——放样点的高程；

  H_0——后视点 BM 的高程；

  h_0——全站仪望远镜中心与后视点棱镜中心的高差；

  h_n——全站仪望远镜中心与放样点的高差；

  V——后视点棱镜中心高。

任务三　施工测量中点位测设的方法

一　点的平面位置放样的概念

点的平面位置放样是以两个控制点为依据，放样出一个已知平面坐标地面位置的常用方法，是目前在施工现场确定点的平面位置的主要方法。

平面点位放样的基本操作是距离放样和角度放样。按照距离和角度的组合形式，平面点位放样的基本方法有极坐标法、角度交会法、距离交会法、直角坐标法等。

长期以来，极坐标法、直角坐标法、距离交会法放样主要采用经纬仪配合钢尺作业，由于钢尺量距受地形条件影响较大，尤其在距离较长时，量距工作量大，效率低，而且很难保证量距精度，因而用钢尺进行极坐标法放样只能适应于放样点较近且便于量距的地方。而角度交会法放样需要几台经纬仪同时测量，需要的工作人员较多。

目前，全站仪已基本普及，极坐标法放样时通常采用全站仪。用全站仪进行极坐标法放样具有适应性强、速度快、精度高等优点，因而这种方法在工程施工放样中得到了广泛应用。本任务只介绍全站仪坐标放样。

二　坐标放样

放样位置附近至少要有两个控制点作为放样的起算点，如图2-3-5中的控制点 $A(X_A, Y_A)$ 和 $B(X_B, Y_B)$，设放样点 P 的设计 P 坐标为 (X_P, Y_P)，全站仪坐标放样原理如下：

1. 计算放样数据

根据 A、B 点的坐标计算 A、B 两点间的坐标差($\Delta X = X_B - X_A$，$\Delta Y = Y_B - Y_A$)，再按下列公式计算确定 AB 的坐标方位角 α_{AB}。

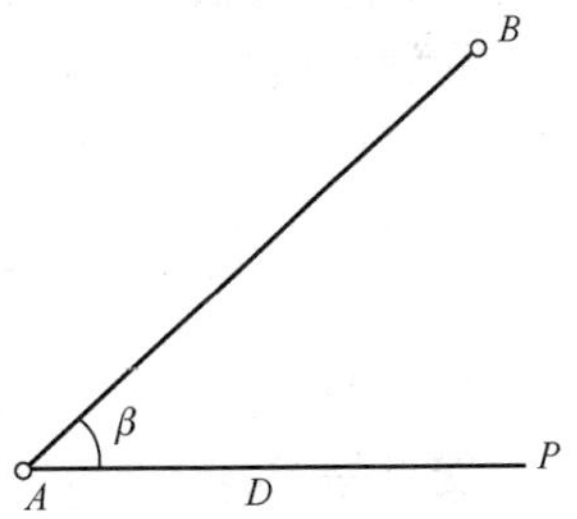

当 $\Delta X = 0$ 且 $\Delta Y > 0$ 时，$\alpha_{AB} = 90°$；

当 $\Delta X = 0$ 且 $\Delta Y < 0$ 时，$\alpha_{AB} = 270°$；

当 $\Delta X > 0$ 且 $\Delta Y > 0$ 时，$\alpha_{AB} = \arctan \Delta Y / \Delta X$；

当 $\Delta X > 0$ 且 $\Delta Y < 0$ 时，$\alpha_{AB} = \arctan \Delta Y / \Delta X + 360°$；

当 $\Delta X < 0$ 时，$\alpha_{AB} = \arctan \Delta Y / \Delta X + 180°$。

同法，可计算直线 AP 的坐标方位角 α_{AP}。

由 AB 方向顺时针旋转至 AP 方向的水平夹角为：

$$\beta = \alpha_{AP} - \alpha_{AB} \tag{2-3-6}$$

若 $\beta < 0$ 时，则加 $360°$。

A、P 两点间的水平距离为

$$D = \sqrt{(X_P - X_A)^2 + (Y_P - Y_A)^2} \tag{2-3-7}$$

以上计算在全站仪内部程序已设置，不需要再计算。

图 2-3-5　极坐标发放点

2. 放样方法

(1)在一个已知点上安设全站仪(该点为测站点，另一已知点为后视点)。

(2)全站仪设置参数。

(3)进入坐标放样模式，输入测站点坐标，方法有两种：一种是利用内存中的数据；另一种是直接键入坐标。

(4)输入后视点坐标，并确认瞄准后视点。输入方法同测站点。

(5)按放样键，输入放样点坐标，显示待放样点的极坐标。依次进行角度和距离放样，直至 dHR 变为 $0°00'00''$ 和 dHD $= 0$ 时，该点即为要放样的点。

任务四　线路平面组成和平面位置的标志

一　线路平面组成

铁路与公路线路因为受地形、地质、技术或经济等因素的限制，不能以一条直线延续始终，而需要隔一定距离就要改变方向。在改变方向处，需要将相邻的直线用曲线连接起来，这种曲线称为平面曲线。这样在线路平面上形成直线和曲线两部分，如图 2-3-6 所示。设置线路中线的位置时，首先测设直线位置，然后再测设曲线。

图 2-3-6　线路平面组成

铁路与公路线路上采用的平面曲线按性质分主要有圆曲线和缓和曲线两种。圆曲线是同一个半径的圆弧;缓和曲线是连接直线和圆曲线的过渡曲线,也是连接不同半径圆弧的过渡曲线,其曲率半径由无穷大(直线的半径)逐渐变化为圆曲线半径。特别是在铁路干线线路中都要加设缓和曲线。

二 交点和转向角

1. 交点

交点是指路线改变方向时,两相邻直线段延长线相交的点位,用"JD"表示。交点是确定中线直线段方向和测设曲线的重要控制点。

2. 转向角

转向角是指沿线路的一个方向偏转为另一个方向,偏转后的方向与原方向的夹角,习惯用 β 表示,如图 2-3-7 所示。转角有左转和右转之分,按线路前进方向,偏转后的方向的左侧称为左转向角,反之称为右转向角。

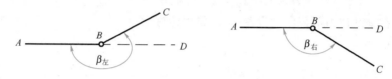

图 2-3-7 转向角示意图

三 平面位置的标志

在地面上用桩标定线路的平面位置,如线路的起点、终点、各交点、直线转点等。由它们构成了线路中线的骨干,控制着整个线路的方向,这些桩称为控制桩。控制桩要打方桩,桩顶与地面齐平,方桩上钉一小钉,表示桩的点位。为了便于寻找方桩,在线路前进方向左侧约0.3m处打一标志桩,写明主桩的名称及里程。所谓里程是指该点离线路起点的距离,通常以线路起点为 K0 +000.00。如图 2-3-8 所示的主桩为 ZD_{31} = K3 +402.31,即表示直线上第31个转点距离起点是 3km +402.31m,里程桩都用板桩。

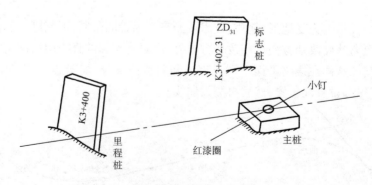

图 2-3-8 平面位置的标志

任务五　圆曲线主点、要素及计算

1. 圆曲线半径

铁路圆曲线半径一般取 50m、100m 的整倍数。Ⅰ、Ⅱ级铁路的最小半径在一般地区分别为 500m 和 450m,在特殊地段为 450m 和 400m;Ⅲ级铁路的最小半径在一般地区为 400m,在特殊困难地区为 350m。

公路圆曲线半径规定,高速公路的最小半径在平原微丘区为 650m,在山岭重丘区为 250m;一级公路在上述两种地区分别为 400m 和 125m;二级公路在上述两种地区分别为 250m 和 60m;三级公路在上述两种地区分别为 125m 和 30m;四级公路在上述两种地区分别为 60m 和 15m。

2. 圆曲线主点

圆曲线的主点如图 2-3-9 所示,在图 2-3-9 中:

ZY——直圆点,即直线与圆曲线的分界点;

QZ——曲中点,即圆曲线的中点;

YZ——圆直点,即圆曲线与直线的分界点;

JD——两直线的交点,但不在线路上。

ZY、QZ、YZ 总称为圆曲线的主点。

动画:圆曲线
主点测设

3. 圆曲线要素及计算

在图 2-3-9 中:

T——切线长,即交点至直圆点或圆直点的直线长度;

L——曲线长,即圆曲线的长度(ZY—QZ—YZ 圆弧的长度);

E_0——外矢距,为 JD 至 QZ 之间的距离;

α——转向角;

R——圆曲线的半径。

其中,T、L、E_0、α、R 统称为圆曲线要素。

具体计算公式如下

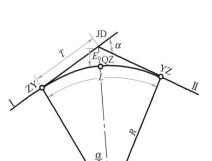

图 2-3-9　圆曲线主点和要素

$$
\begin{cases}
\text{切线长} \quad T = R \tan \dfrac{\alpha}{2} \\[2mm]
\text{曲线长} \quad L = R \alpha \dfrac{\pi}{180°} \\[2mm]
\text{外矢距} \quad E_0 = R \cdot \sec \dfrac{\alpha}{2} - R = R\left(\dfrac{\sec \alpha}{2} - 1\right) \\[2mm]
\text{切曲差} \quad q = 2T - L
\end{cases} \tag{2-3-8}
$$

式中:α 和 R——分别根据实际测定或在线路设计时选定,然后按式(2-3-8)可计算圆曲线要素 T、L、E_0。

【例 2-3-1】 已知 $\alpha = 42°34'24''$，$R = 500\mathrm{m}$，求圆曲线要素 T、L、E_0、q 的值。

【解】 由式(2-3-8)可得

$$T = 194.81\mathrm{m} \quad L = 371.52\mathrm{m} \quad E_0 = 36.61\mathrm{m} \quad q = 18.10\mathrm{m}$$

二 圆曲线主点里程计算

在主点测设之前，应先算出各主点的里程，并在标志桩上写明。圆曲线的主点里程增加的方向为 ZY→QZ→YZ，则计算各主点的里程为

$$\mathrm{ZY} = \mathrm{JD} - T \quad \mathrm{QZ} = \mathrm{ZY} + \frac{L}{2} \quad \mathrm{YZ} = \mathrm{QZ} + \frac{L}{2} = \mathrm{ZY} + L$$

如例 2-3-1，若已知 ZY 点的里程为 DK46+028.25，则 QZ 及 YZ 的里程可计算如下

ZY	DK46+028.25
+$L/2$	185.76
QZ	DK46+214.01
+$L/2$	185.76
YZ	DK46+399.77

为了保证计算无误，需进行校核，校核方法为：$\mathrm{YZ} = \mathrm{JD} + T - q$。

ZY	DK46+028.25
+T	194.81
JD	DK46+223.06
+T	194.81
	DK46+417.87
−q	18.10
YZ	DK46+399.77 （校核结果:计算无误）

任务六　圆曲线加缓和曲线主点、综合要素及计算

一 缓和曲线的作用及性质

当车辆在曲线上高速行驶时，会产生离心力，对车辆的运行安全和旅客的舒适度有影响。离心力的大小取决于车体重量、运行速度和圆曲线的半径。由于离心力的影响，使曲线外轨的负荷压力骤然增大，内轨负荷压力相应减小，当离心力超过某一限度时，列车就有脱轨和倾覆的危险。为了克服离心力的影响，铁路在曲线部分采用外轨逐渐超高，轨距逐渐加宽的办法，公路采用外侧路面超高的办法来平衡离心力的作用，从而保证列车安全运行。如图 2-3-10 所示，无论是外轨超高还是内轨加宽都不可能突然进行，而是逐渐完成的，因此在直线与圆曲线之间加设一段曲线，其曲率半径 ρ 从直线的曲率半径 ∞（无穷大）逐渐变化到圆曲线的半径 R，这样的曲线称为缓和曲线或过渡曲线。

在此曲线上任一点的曲率半径 ρ 与曲线的长度 l 成反比，如图 2-3-11 所示。

$$\rho l = C \qquad (2\text{-}3\text{-}9)$$

式中:C——常数,称曲线半径变更率。

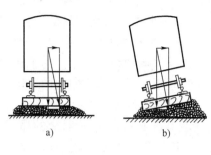
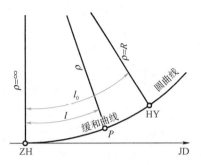

图 2-3-10　外轨超高　　　　　图 2-3-11　缓和曲线设置

当 $l = l_0$ 时,

$$\rho = R$$

所以

$$C = \rho l = R l_0 \qquad (2\text{-}3\text{-}10)$$

式中:l_0——缓和曲线长度。

式(2-3-9)或式(2-3-10)是缓和曲线必要的前提条件。在实际应用中,能满足上面要求的曲线,我国常采用的是辐射螺旋线。

二　缓和曲线方程式

按照 $C = \rho l$ 为条件推出的缓和曲线方程为:

$$x = l - \frac{l^5}{40C^2} + \frac{l^9}{3456C^4} \ \cdots$$

$$y = \frac{l^3}{6C} - \frac{l^7}{336C^3} + \frac{l^{11}}{42240C^5} \ \cdots$$

在实际应用时,只取前面的两项或一项即可,舍去高次项,代入 $C = R l_0$,因此,缓和曲线方程式为

$$\begin{cases} x = l - \dfrac{l^5}{40R^2 l_0^2} \\ y = \dfrac{l^3}{6R l_0} \end{cases} \qquad (2\text{-}3\text{-}11)$$

式(2-3-11)表示在以直缓(ZH)点或缓直(HZ)点为原点,以相应的切线方向为横轴的直角坐标系中,缓和曲线上任一点的直角坐标,如图 2-3-12 所示。

当 $l = l_0$ 时,则 $x = x_0,y = y_0$,代入式(2-3-11)得

$$\begin{cases} x_0 = l_0 - \dfrac{l_0^3}{40R^2} \\ y_0 = \dfrac{l_0^2}{6R} \end{cases} \qquad (2\text{-}3\text{-}12)$$

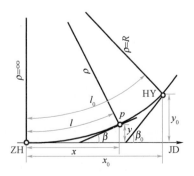

图 2-3-12　缓和曲线上点的直角坐标

式中:x_0、y_0——缓圆(HY)点或圆缓(YH)点的坐标。

225

三 缓和曲线的常数

根据《铁路技术管理规程》规定,在铁路干线线路中的曲线,都要加设缓和曲线,缓和曲线是连接直线与圆曲线的过渡曲线。必须研究圆曲线加缓和曲线后几何图形的变化情况,以及曲线上各主点的表示方法。图 2-3-13b)是没有加设缓和曲线的圆曲线。缓和曲线是在不改变直线段方向和保持圆曲线半径不变的条件下,插入直线段和圆曲线之间的。为了在圆曲线与直线之间加入一段缓和曲线 l_0,原来的圆曲线需要在垂直于其切线的方向向内移动一段距离 p,因而圆心就由 O 移到 O_1,而原来的半径 R 保持不变,如图 2-3-13a)所示。由图可看出,加入缓和曲线后,圆曲线的长度变短了。原来圆曲线的两端其圆心角为 β_0 相对应的那部分圆弧,现在由缓和曲线所代替,因而圆曲线只剩下 HY 到 YH 这段长度即 L_0。现在由于在圆曲线两端加设了等长的缓和曲线 l_0 后,曲线的主点变为:直缓点(ZH)、缓圆点(HY)、曲中点(QZ)、圆缓点(YH)、缓直点(HZ)。

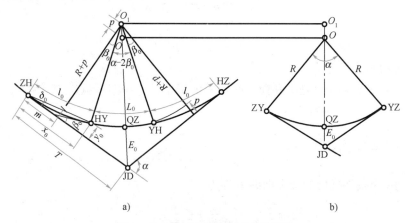

图 2-3-13　加入缓和曲线后曲线的变化

β_0、δ_0、m、p、x_0、y_0 统称为缓和曲线常数。按几何关系得知:

β_0——缓和曲线角,即 HY(或 YH)点的切线与 ZH(或 HZ)点切线的交角,亦即圆曲线一端延长部分所对应的圆心角;

δ_0——缓和曲线总偏角,即从 ZH 点测设 HY 点或从 HZ 点测设 YH 点的偏角;

m——切垂距,即 ZH(或 HZ)点至自圆心 O_1 向切线所作垂线的垂足的距离;

p——内移距,即垂线长与圆曲线半径 R 之差。

x_0、y_0 的计算由式(2-3-12)求出,则 β_0、p、m、δ_0 的计算公式为

$$\begin{cases} \beta_0 = \dfrac{180° l_0}{2R\pi} \\[3mm] m = \dfrac{l_0}{2} - \dfrac{l_0^3}{240R^2} \\[3mm] p = \dfrac{l_0^2}{24R} \\[3mm] \delta_0 = \dfrac{\beta_0}{3} = \dfrac{180° l_0}{6R\pi} \end{cases} \qquad (2\text{-}3\text{-}13)$$

根据 R 及 l_0,缓和曲线常数可按式(2-3-13)直接计算。

【例2-3-2】 已知 $R = 500\text{m}$,$l_0 = 60\text{m}$,求缓和曲线常数。

【解】 根据式(2-3-12)和式(2-3-13)计算得

$$\beta_0 = 3°26'16''\quad \delta_0 = 1°08'45''$$

$$m = 29.996\text{m}\quad p = 0.300\text{m}$$

$$x_0 = 59.978\text{m}\quad y_0 = 1.200\text{m}$$

四 圆曲线加缓和曲线的综合要素及主点测设

从图2-3-13的几何关系可得综合要素 T、L、E_0、q 的计算公式

$$\begin{cases} \text{切线长}\quad T = (R + p)\tan\dfrac{\alpha}{2} + m \\[2mm] \text{曲线长}\quad L = L_0 + 2l_0 = R(\alpha - 2\beta_0)\dfrac{\pi}{180°} + 2l_0 \\[2mm] \text{外矢距}\quad E_0 = (R + p)\sec\dfrac{\alpha}{2} - R \\[2mm] \text{切曲差}\quad q = 2T - L \end{cases} \quad (2\text{-}3\text{-}14)$$

当圆曲线半径 R、缓和曲线长 l_0、转向角 α 已知时,曲线要素 T、L、E_0、q 的数值可根据式(2-3-13)和式(2-3-14)计算。

【例2-3-3】 已知 $R = 500\text{m}$,$l_0 = 60\text{m}$,$\alpha = 28°36'20''$,ZH 点里程为 DK33+424.67,求综合要素及主点的里程。

【解】 (1)综合要素计算。根据式(2-3-13)和式(2-3-14),计算得

$$T = 157.56\text{m}$$

$$L = 309.64\text{m}$$

$$E_0 = 16.31\text{m}$$

$$q = 5.47\text{m}$$

(2)主点里程计算。已知 ZH 点里程为 DK33+424.67,则有

ZH	DK33+424.67
$+ l_0$	60
HY	DK33+484.67
$+ (L/2 - l_0)$	94.82
QZ	DK33+579.49
$+ (L/2 - l_0)$	94.82
YH	DK33+674.31
$+ l_0$	60

校核：

HZ	DK33 +734.31

ZH	DK33 +424.67
+2T	315.12
	DK33 +739.79
-q	5.47
HZ	DK33 +734.32（核）

测量技能等级训练

1. 施工测量包括哪些内容？

2. 测设与测绘（测图）有何不同？

3. 测设的基本工作有哪些项目？试述各个项目的测设方法。

4. 测设点的平面位置有哪几种方法？各适宜于什么场合？

5. 用水准仪测设已知坡度线时，为什么要将其基座上的一只脚螺旋放在坡度线的方向上，另两只脚螺旋放在与坡度线垂直的位置？

6. 如图 2-3-14 所示，测设出 $\angle AOB'$ 后，又用全站仪精确测 $\angle AOB' = 89°59'08''$。已知 OB' 的长度为 50m，问在垂直于 OB' 方向上，B' 点应移动多少距离才能得到 90° 的角？

7. 如图 2-3-15 所示，已知 $\alpha_{AB} = 26°37'$，$X_B = 287.36m$，$Y_B = 364.25m$、$X_P = 303.62m$、$Y_P = 338.28m$，试计算将仪器安置在 B 点用极坐标法测设 P 点所需的数据，并在图上注明。

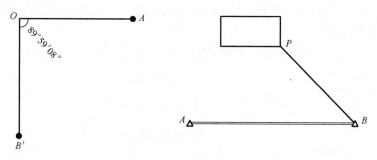

图 2-3-14　角度测量示意图　　　　图 2-3-15　极坐标法测量示意图

8. 已知某曲线 $R = 1000m$，$\alpha = 26°38'00''$，$l_0 = 120m$，直缓点（ZH）的里程为 K28 +529.47。试计算曲线主点的里程。

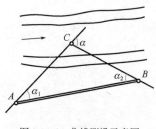

图 2-3-16　曲线测设示意图

9. 欲测设一曲线（图 2-3-16），其交点 JD 不能到达，测得 $\alpha_1 = 14°04'00''$，$\alpha_2 = 15°32'00''$，$AB = 84.84m$，算得 $AC = 46.00m$，$BC = 41.75m$。已知曲线半径 $R = 1000m$，缓和曲线长 $l_0 = 100m$，ZH 点里程为 K19 +348.30。

（1）计算曲线综合要素及主点里程。

（2）叙述主点（ZH、HY、YH 及 HZ）的测设方法。

（3）将仪器置于 HY 点，试叙述 K19 +360.00 点的测设方法。

10. 已知某道路曲线第一切线上控制点 $ZD_1(500,500)$ 和 $JD_1(750,750)$，该曲线设计半径 $R = 1000m$，缓和曲线长 $l_0 = 100m$，JD_1 里程为 $DK1 + 300$，曲线转向角 $\alpha_{右} = 23°03'38''$。请按要求计算道路曲线主点及若干中桩点(如 $K1 + 100$、$K1 + 200$、$K1 + 300$)的坐标，并利用现场已知置镜点 $O($ $)$、检核点 $A($ $)$、方向点 $B($ $)$ 将曲线主点和中桩点实地放样出来。控制点和待放样曲线之间的关系如图 2-3-17 所示。(2012 年全国铁路职业院校专业测量技能大赛极坐标法曲线放样试题)

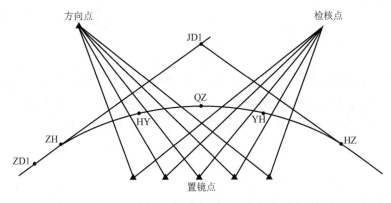

图 2-3-17　某道路曲线示意图

实施步骤：

(1)计算道路曲线常数、要素、主点里程、主点及若干曲线中桩坐标并填入表格中。

(2)放样前测量置镜点至检核点与方向点间的夹角,对已知控制点进行检核。

(3)根据计算数据,实地采用全站仪极坐标法放样曲线中桩点。

项目四　线　路　测　量

@ **项目概要**

　　本项目介绍了线路测量的内容和方法。主要包括中线测量、既有铁路测量、线路施工放样、路基施工放样、路基工程的变形观测等。

　　线路测量是指线路在勘测、设计和施工等阶段中所进行的各种测量工作。它主要包括：为选择和设计线路中心线的位置所进行的各种测绘工作；为把所设计的线路中心线标定在地面上的测设工作；为进行路基设计和施工的测绘和测设及既有线的测量工作。

任务一　中　线　测　量

　　中线测量是指将设计的线路中心线测设到地面的工作。中线测量是线路定测阶段的主要工作，根据放线资料将线路中心线在地面上标定出来。中线测量前，应掌握设计要点，核对线路设计资料，明确测量精度要求，在此基础上编制中线测量方案。

一　中线测量技术要求

　　(1)平面控制点和水准点：线路中线测量前，检查测区平面控制点和水准点分布情况。如控制点精度和密度不能满足中线测量需要时，平面按五等 GNSS 或一级导线测量精度要求加密，高程按五等水准测量精度要求加密。

　　(2)控制桩：线路控制桩可采用极坐标法、RTK 法和拨角放线法测设，并钉设方桩及中桩。

　　(3)通视要求：控制桩间宜通视，桩间距离宜为 200～400m，困难时不小于 100m，并设在便于置镜的地方。

　　(4)新旧线路对接：新建线路注明与既有线路的里程关系。

　　(5)公里桩和加桩：中线上钉设公里桩和加桩。直线上中桩间距不宜大于 50m，曲线上中桩间距不宜大于 20m。如地形平坦且曲线半径大于 800m 时，圆曲线内的中桩间距可为 40m。在地形变化处或设计需要时，另设加桩。

　　(6)断链处置：断链宜设在百米标处，困难时可以设在整 10m 桩上，不设在车站、桥梁、隧道和曲线范围内。

　　(7)隧道顶按隧道专业要求加桩。

　　(8)中桩桩位限差为：纵向 $S/2000+0.1$（S 为转点至桩位的距离，以 m 计）；横向 0.1m。

　　(9)中桩高程可采用光电测距三角高程测量、水准测量或 RTK 测量。中桩高程宜观测两次，两次测量成果的差值不大于 0.1m。

1. 圆曲线要素及其计算

在曲线实地测设前,必须进行曲线要系及其主要点的里程计算。在图 2-4-1 中 R 及 α 均为已知数据,R 是在设计中按线路等级及地形条件等因素选定的,α 是线路定测时测出的,其余要素可按式(2-4-1)计算得出。

$$
\begin{cases}
T = R \cdot \tan \dfrac{\alpha}{2} \\[2mm]
q = 2T - 2 \\[2mm]
L = \dfrac{\pi}{180} \cdot \alpha \cdot R \\[2mm]
E = R \cdot \left(\sec \dfrac{\alpha}{2} - 1 \right)
\end{cases}
\qquad (2\text{-}4\text{-}1)
$$

式中:T——切线长;

$\quad\ R$——曲线半径;

$\quad\ \alpha$——偏角;

$\quad\ L$——曲线长;

$\quad\ E$——外矢矩;

$\quad\ q$——曲线要素。

圆曲线的起点 ZY(称为直圆点),即直线与圆曲线的连接点,圆曲线的中点 QZ(称为曲中点)和圆曲线的终点 YZ(称为圆直点),即圆曲线与直线的连接点,总称为圆曲线的主要点。在这些点上的标桩称为圆曲线的控制桩。

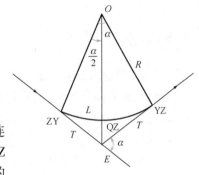

图 2-4-1 曲线元素示意图

2. 带缓和曲线的圆曲线要素及其计算

直线进入曲线改变方向要有一个渐变的过程。为了达到这些目的,通常在直线与圆曲线之间加设过渡曲线,这种起着过渡作用的曲线称为缓和曲线。它还用于连接不同曲率半径的圆曲线,当圆曲线两端加入缓和曲线后,圆曲线内移一段距离,方能使缓和曲线与直线衔接,而内移圆曲线可采用移动圆心或缩短半径的办法实现。具有缓和曲线的圆曲线,其主要点为 ZH(直缓点)、HY(缓圆点)、QZ(曲中点)、YH(圆缓点)、HZ(缓直点),曲线要素可用下列公式求得。

$$
\begin{cases}
T = m + (R + P) \cdot \tan \dfrac{\alpha}{2} \\[2mm]
L = \dfrac{\pi R \cdot (\alpha - 2\beta_0)}{180°} + 2 l_0 \\[2mm]
E = (R + P) \cdot \sec \dfrac{\alpha}{2} - R
\end{cases}
\qquad (2\text{-}4\text{-}2)
$$

式中:α——偏角;

T——切线长；

L——曲线长；

E——外矢矩；

R——圆曲线半径；

l_0——缓和曲线长度；

m——切线增长的距离，$m = \dfrac{l_0}{2} - \dfrac{l_0^3}{240R^2}$；

P——圆曲线相对于切线的内移量，$P = \dfrac{l_0^2}{24R}$；

β_0——缓和曲线角度，$\beta_0 = \dfrac{l_0}{2R} \cdot P$。

则缓和曲线任意一点的坐标为

$$x = 1 - \frac{\alpha}{40R^2 l_0^2} + \frac{l_0^9}{3456R^4 l_0^4} \tag{2-4-3}$$

$$y = 1 - \frac{l^3}{6R l_0} - \frac{l^3}{336R^3 l_0^4} + \frac{l^{11}}{42245R^5 l_0^5} \tag{2-4-4}$$

三 全站仪中线测量

全站仪测设中线时，一般先沿路线方向布设导线控制点，进行导线控制测量，其包括高精度的平面控制和高程控制，然后进行中线放样。平面按五等 GNSS 或一级导线测量精度要求加密，高程按五等水准测量精度要求布设。

在进行中线测量时，以控制点为基础，根据设计路线的地理位置和几何关系计算线路中线上各桩点的坐标，编排逐桩坐标表，然后实地放线，同时测定中桩的地面高程。

1. 全站仪测量的步骤

坐标放样是先把测站点、后视点坐标以及仪器高输入全站仪，再输入放样点坐标和棱镜高。调用极坐标的放样程序，仪器自动计算放样，并将值存入存储器中。然后便可放样出设计点的坐标位置。具体方法如图2-4-2所示。

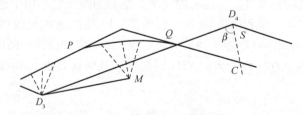

图2-4-2　全站仪中线放样图

（1）在 D_4 点安置仪器，后视 D_3 点。

（2）输入仪器高和测站点 D_4 的坐标，再输入后视点 D_3 的坐标。

（3）输入棱镜高和要放样的点 C_i 的坐标，调用放样程序。这时，仪器自动计算出极角 β 和极距 S 的值，并显示在显示屏上。

（4）松开水平制动，转动照准部，使极角 β 值变为 $0°00'00''$。

（5）在望远镜照准的方向上，置反射棱镜并测距 d（这时，仪器将测的距离 d 与 S 比较，显示屏上显示其差值 $\Delta D = d - S$），前后移动棱镜，直到 ΔD 为零时为止，该点即为要放样的点 C_i 的确切位置。

（6）在中桩位置定出后，随即测出该桩的地面高程（Z 坐标）。这样纵断面测量中的中平测量就无须单独进行，大大简化了测量工作。重复上述步骤（3）～（6），测设其他中桩位置。

2. 全站仪法注意事项

（1）中线测量采用Ⅲ级及以上测距精度的全站仪进行施测。

（2）线路控制桩从平面控制点直接测设。特殊困难条件下，可从平面控制点上发展附合导线或支导线。支导线边数不超过一条。

（3）线路控制桩观测一测回，取其平均值，计算测点实测坐标，以便中线加桩测量。

（4）线路控制桩的距离和竖直角观测限差应符合表 2-4-1 的规定。

距离和竖直角观测限差　　　表 2-4-1

测距仪精度等级	测距中误差（mm）	同一测回各次读数互差（mm）	测回间读数互差（mm）	竖直角指标差较差（"）	竖直角测回间较差（"）	往返测平距较差（mm）
Ⅰ、Ⅱ	<5	5	7	10	10	$2m_D$
Ⅲ	5～10	10	15			

（5）采用极坐标法测量中桩时，直接从平面控制点、加密控制点或线路控制桩上测设，测设距离不宜大于 500m。

四 RTK 中线测量

实时动态测量技术（Real Time Kinematic，简称 RTK）是以载波相位观测量为根据的实时差分 GNSS 测量。它的工作原理是在参考站上安置一台 GNSS 接收机，对所有可见 GNSS 卫星进行连续地观测，并将其观测数据，通过无线电传输设备，实时地发送给用户观测站。在用户站上，GNSS 接收机在接收 GNSS 卫星信号的同时，通过无线电接收设备，接收参考站传输的观测数据，然后根据相对定位的原理，实时地计算并显示用户站的三维坐标及其精度。

RTK 是以载波相位观测量为根据的实时差分 GNSS 测量，它能够实时提供测站点在指定坐标系中的厘米级精度的三维定位结果。RTK 测量系统通常由三部分组成，即 GNSS 信号接收部分（GNSS 接收机及天线）、实时数据传输部分（数据链，俗称电台）和实时数据处理部分（GNSS 控制器及其随机实时数据处理软件）。

动态定位测量（RTK 测量）常用于勘测阶段的中线测量，也可用于野外数字化测图、断面、水文勘测及既有线测量等。

1. 资料收集

（1）地形图：线路平面图或测区地形图、交通图。

（2）控制点：线路 GNSS 控制点（平面坐标、高程、WGS-84 坐标）、水准点。

（3）线路中线资料，其他放样点、线、面资料。

（4）其他和测量相关的资料。

2. 作业测区的划分

（1）将整个线路测区划分为若干个作业测区，以连续 3～5 对首级 GNSS 控制点之间的线路段落作为一个作业测区,每个作业测区的长度不宜超过 30km。线路测区划分如图 2-4-3 所示。

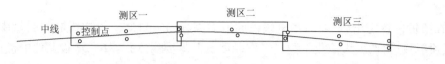

图 2-4-3　线路测区划分示意图

(2)求解转换参数:

①每个作业测区分别进行求解转换参数。

②平面坐标转换应用七参数或三参数、四参数法,高程转换应用拟合法。使用随机软件进行求解。

③转换参数可根据测区控制点的两套坐标求得。控制点精度平面在 D 级及以上,高程在四等水准及以上,两套坐标分别是 WGS-84 大地坐标(B,L,B)或(X,Y,Z)及平面坐标、正常高(x,y,h)。

④宜运用一个测区中的 4~8 个已知的 GNSS 点对平面和高程点进行求解,平面点不得少于 3 个,高程点不得少于 4 个,且应包围作业测区并均匀分布(图 2-4-4)。

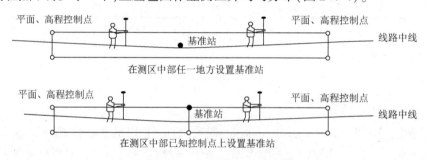

图 2-4-4　RTK 求解转换参数时已知平面、高程控制点与线路测区位置分布示意图

⑤相邻测区求解转换参数所用控制点将相邻区域内的控制点作为共用点使用。

⑥转换参数求解可分内业求解和外业实测求解。在已知控制点两套坐标不全时,可在现场采集数据后计算转换参数。在采集地形点时可先测量后求转换参数。放样平面或高程点时必须先求解转换参数,残差合格后方可进行放样。

⑦转换参数残差:平面坐标小于 ±15mm,高程小于 ±30mm。

(3)数据检查:

①检查过程应留有原始记录,并进行资料整理,检查结果可作为质量检查以及验收的依据。

②每次作业前必须对已知 GNSS 点进行检核,坐标、高程应符合表 2-4-2 限差要求,确保系统正常。如检查结果超限,必须及时查找原因,直到校核无误方可开始作业。

检核点实测坐标、高程与已知值互差限差(单位:mm)　　　　表 2-4-2

检　核　点	X 坐　标	Y 坐　标	高　程
已知 GNSS 点、水准点	20	20	40

③作业过程中,对测区线路附近的导线点、水准点进行坐标、高程采集测量,随时检查 RTK 系统,确保其工作状态正常。在改变作业测区、基准站迁站、基准站重新启动时,应对最

后两个中线桩进行检核,检核限差见表 2-4-3。

检核限差参考值(单位:cm)　　　　　　　　表 2-4-3

检 核 点	实测值与理论值互差	
	平面点位	高程
控制桩(方桩)	2.5	3.5
中桩(板桩)	7	5

④中线放样坐标与设计坐标较差不大于 5cm。

五 纵断面测量

根据已测出的线路中线里程和中桩高程,绘制的沿线路中线地面起伏变化的图,称纵断面图。

线路纵断面图通常绘在厘米方格纸上。水平方向表示线路里程,竖直方向表示高程。为了明确地反映出线路方向地面沿线起伏的变化情况,将高程比例尺设为距离比例尺的 10 倍。通常距离比例尺采用 1:10000,而高程比例尺采用 1:1000。线路纵断面图包括线路中线经过的地形、地质等自然状况以及设计的线路平面位置、设计坡度等资料,是施工设计的重要技术文件之一,如图 2-4-5 所示。

现将图 2-4-5 中各项内容说明如下:

(1)连续里程。表示线路自起点计算的公里数,短竖线表示公里标的位置,下面注字为公里数,短线左侧的注字为公里标至相邻百米标的距离。

(2)线路平面。表示线路平面形状示意图。中央的实线表示直线段,曲线段用向上凸出表示线路向右转;向下凸出表示线路向左转;斜线表示缓和曲线;斜线间的直线表示圆曲线。在曲线处注明曲线要素。曲线起终点的注字表示起终点至百米标的距离。

(3)里程。表示勘测里程,在百米桩和公里桩处注字。

(4)加桩。竖线表示加桩位置,注字表示加桩到相邻百米桩的距离。

(5)地面高程。表示各中线桩高程。

(6)设计坡度。采用中线纵向的设计坡度,斜线方向表示上坡或下坡。斜线上面的注字是设计坡度的千分率(‰),下面注字为该坡段的长度。

(7)路肩设计高程。路基肩部的设计高程,由线路起点路肩高程、线路设计坡度及里程计算得出。

(8)工程地质特征。表示沿线地质情况。

六 横断面测量

横断面即垂直于线路方向的地面轮廓线。测量横断面的目的是要在纸上如实反映线路垂直方向的地形起伏情况,绘制横断面图,以进行路基等工程设计,计算土石方及圬工数量。

1.横断面测量的目的及布设方法

横断面施测的宽度和密度根据地形情况、地质情况及设计需要而定。初测阶段,受地形、

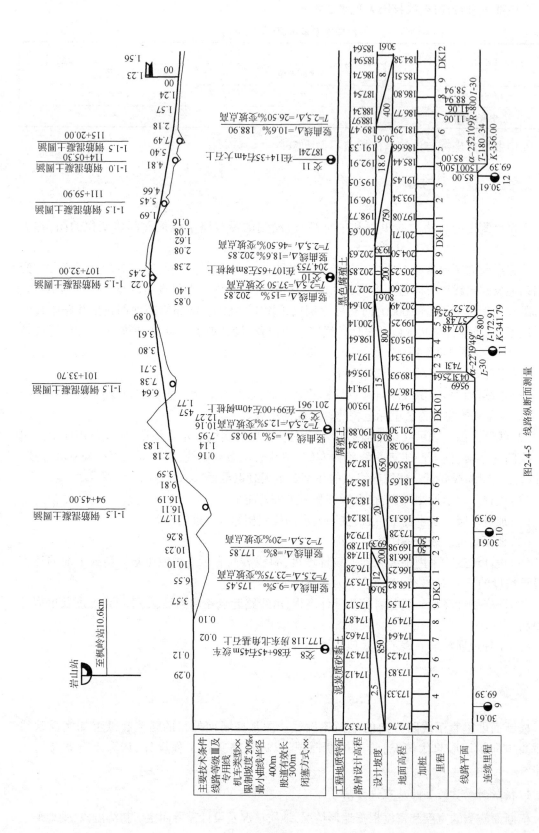

图2-4-5 线路纵断面测量

建筑物限制,线路通过困难或需对不同方案做比较的地段做控制断面测量,测量要求和精度同定测;定测阶段横断面间距一般不大于20m,一般在直线转点,曲线控制桩、公里桩和线路纵、横向地形明显变化处测绘横断面。在大中桥头、隧道洞口、挡土墙等重点工程地段及不良地段,按专业设计要求布设。

横断面测量里程和要求一般由相关设计专业现场调查后提出,采用RTK或全站仪进行测量。根据专业要求,横断面需标绘出地形变化点和地物要素,现场断面数据采集完成后采用手绘或电子打印成图,提供专业纸质断面成果。

2. 初测横断面测量

新线初测阶段一般不进行横断面测量,但地形、地质条件复杂地段,根据选线需要,需进行控制横断面测量,作为纸上定线的依据。横断面测量的数量、宽度根据地形、地质变化情况和设计需要确定,以满足横断面选线的要求。

横断面比例尺宜采用1∶200,横断面测量应准确反映地物、地貌及地形变化特征,相邻两测点的距离不得大于15m。测记时测点的距离取位至分米,高程取位至厘米。

横断面测量可采用全站仪测量或RTK测量方法,有条件时也可采用航空摄影测量或近景摄影测量等方法进行测绘。

3. 定测横断面测量方法

(1)全站仪测量法

将全站仪设置在中线点上,后视大里程或小里程中线桩,定向为0°,顺时针旋转90°或270°,即为横断面测量方向,直接测量地物点至置镜点的距离和高差。

(2)RTK测量法

将中线资料输入至RTK手簿内,启动基站和流动站后,测量时通过手簿显示屏上显示的偏距和里程值确定点位是否在横断面线上,跑点人员根据断面方向的地形变化点进行测量并存储,内业整理成设计专业需要的数据格式。

(3)横断面检测限差

在航测精度满足要求时,横断面测量优先采用航测法。当采用全站仪法、GNSS RTK法施测时,其检测限差按式(2-4-5)、式(2-4-6)计算。

高差

$$h_0 = 0.1\left(\frac{L}{100} + \frac{h}{10}\right) + 0.2 \tag{2-4-5}$$

距离

$$l = \frac{L}{100} + 0.1 \tag{2-4-6}$$

式中:h——检测点至线路中桩的高差,m;

L——检测点至线路中桩的水平距离,m。

任务二 既有铁路测量

既有铁路测量是对既有铁路的线路、站场的平面、纵断面组合状态及建筑物、设备的空间位置所进行的调查、丈量和测绘,经过整理使其全面反映既有铁路的状态。在进行改扩建的地段，还要在可能涉及的范围进行测量，收集工程设计所需要的资料。

初测阶段应对既有线进行系统、全面的勘测，取得所需要的铁路运营管理、维修养护和技术存档的技术资料；收集整理改扩建技术资料，作为方案研究、比选和工程设计的基础资料。

定测阶段通过详细测量落实线路和工点位置，进一步收集详细、准确、符合技术设计和施工图要求的测量资料。

 里程丈量

1. 里程丈量

里程丈量是对既有铁路中心线长度进行丈量的工作。从既有线的车站中心或桥、隧建筑物等能确定既有里程的点位引出，按原定里程方向连续丈量推算里程。当车站布设为鸳鸯股道时，应从车站中心转入另一条线连续丈量，并推算里程。如车站中心在曲线上时，则改在直线上换股。支线专用线、联络线等，以联轨道岔中心为里程起点。

里程丈量以既有线正线轨道中心的长度为准，一般沿轨道中心线丈量。当直线段较长时，在距曲线起、终点 40～80m 以外的直线段可沿左轨轨面丈量；双线并行区段的里程可沿下行线（或原有里程方向）丈量，直线地段采用下行线向上行线投影，使两线里程一致；曲线地段分别丈量，并在曲线测量终点的直线上取投影断链；当曲线间夹直线很短时，可几个曲线连续丈量，在最后一个曲线测量终点的直线上取投影断链。绕行线应单独丈量，外业断链设在绕行线终点外的百米标处，困难时可设在里程为 10m 整倍数的加标处，不设在车站、桥隧建筑物和曲线范围内。

丈量里程使用经过检定或比长的钢卷尺丈量两次，相对误差在 1/2000 以内时，以第一次丈量的里程为准连续贯通。同时与既有车站及桥隧建筑物的原里程核对，记录并注明差数。在设有轨道电路的地段丈量时，采取绝缘措施。

在既有线测量中，因为测量时不能准确确定出曲线起终点，整正时可能取用不同的曲线半径或缓和曲线长度而改变曲线起、终点位置，而且在曲线两端有时存在称为"鹅头"的小弯，必须一同整正，因此将曲线测量的起、终点延伸到曲线直缓、缓直两点外各 40m 的直线上。

2. 加桩设置

里程丈量按照实测里程位置设置公里标、半公里标、百米标和加标，以便后续工序的开展。纵向丈量到设标位置时，先用轨道方尺将点位平移到钢轨顶、侧面画粉笔线，用钢刷除去铁锈后，用油漆在左轨外侧腹部按粉笔位画竖线（左轨为曲线外轨时，内轨外侧也要画竖线），在左轨竖线左侧标注公里整数，右侧标注里程零数。公里标和半公里标全里程，百米标和加标可不写公里数。

设置加标的地点和里程取位的规定如下：

（1）曲线测量范围，里程为 20m 整倍数的点；直线段里程为 50m 整数的点。

（2）桥梁中心、大中桥的桥台挡砟墙前缘和台尾、隧道进出口、车站中心、进站信号机及远方信号机等，取位至厘米。

（3）涵渠、平交道口、坡度标、跨越铁路的渡槽、跨线桥、电力线、通信线和地下管道等的中心，新型轨下基础、站台及路基防护支挡工程的起、终点和中间变化点，取位至分米。

（4）地形变化处，路堤、路堑边坡的最高、最低处，路堤、路堑交界处，路基宽度变化处，路基病害地段等，取位至米。

（5）需要设置加标的建筑物的点位，宜先做专业调查，在轨腰做粉笔标记。并在轨枕头上注明，以加快丈量进度，防止错漏。建筑物和标志的加标性质如桥中心、洞口、坡度标等，在记录本上注明。

3. 坐标测距法里程测量

坐标测距法里程测量是采用全站仪或 RTK 对线路中线进行加标坐标测量，通过线路加标点坐标推算出线路贯通里程，然后依据特征加标点里程采用钢尺对线路设备进行补充测量，标出线路百米标、公里标。

根据线路加点坐标数据，进行线路里程推算。使用 RTK 测量时，要先建立满足投影变形的独立坐标系然后再测量里程。当既有线纵坡大于 12‰时，用坐标测距法测量推算的平距应进行坡度改正后计算出斜距，再用改正后的斜距推算连续里程。

二 平面测绘

平面测绘主要是沿既有铁路中心线进行方向测量，采用内业计算软件计算曲线要素和偏距，最终进行线路平面计算。

1. 偏角法

用偏角法进行平面测绘，即用全站仪在置镜点连续施测中心线上的偏角。这种测角法能起到两重作用：在直线地段不大于 500m 测量一次，为导线测量，作为平面控制，计算坐标；在曲线地段，测量每 20m 标的偏角，以此计算曲线转角 α、曲线半径 R、缓和曲线长 l 及 ZH、HY、YH、HZ 的里程。

2. 全站仪坐标法

（1）外业平面测绘坐标法的测量采用人工记录或者全站仪机载测量程序采集、记录外业原始数据。

（2）坐标法进行平面测绘测量时，起、终点需闭合于四等及以上控制点。

（3）用坐标法观测待测点轨道的中心位置时，采用方尺和棱镜联合对点器或专用对点器进行测量。

（4）线路上各点测量间距要求曲线每 20m 测量一次，直线不大于 500m 测量一次。进、出曲线的直线边长不宜小于 300m。

（5）测站安置完成后，先对后视点进行测站检核，定向差小于 10mm。

（6）测站检核完成后，需对上一个测站的最后一个里程进行检核，差值小于 30mm。

（7）线路上待测里程的坐标测量采用全站仪正、倒镜分别观测 2 次，正、倒镜坐标反算差值应小于 30mm，结果取其平均值。

3. RTK 坐标法

RTK 外业测量同中线测量，平面测绘时，线路上各点测量间距要求曲线每 20m 测量一个点，直线 500m 测量一个点，根据情况可适当加密测量。进出曲线的直线边长不宜大于 1km，必须观测既有线中线点轨道的中心位置，采用方尺和对中脚架相结合或专用对点器进行测量，测量时水准气泡居中误差应小于 5mm。

三 高程测量

1. 水准点布设

既有线水准点测量，要充分利用原有水准点的点位、编号和高程资料，并了解原有水准点的高程系统。当原有水准点遗失、损坏或水准点间的距离大于 2km 时，补设水准点；在大中桥头、隧道口、车站范围及单独的场、段等处，离原有水准点远于 300m 时，增设水准点。绕行线按新线要求测设水准点。

水准点宜设置在线路两旁 100m 范围内，在不易风化的基岩或坚固稳定的建筑物上可埋设混凝土水准点。

2. 基平测量

改建铁路与另一铁路连接时，确定两铁路高程系统的关系。改建铁路水准测量，根据设计铁路的行车速度，确定水准测量的等级。

动画：基平测量

当改建铁路利用既有铁路水准基点时，既有水准点高程按确定的水准测量等级精度要求连续测量并贯通。当既有水准点高程闭合差符合水准测量精度要求时，采用原有高程；精度超过限差确认既有水准点高程有误时，可更改原有高程。补设或增设的水准点，其高程自邻近的既有水准点引出，并与另一既有水准点联测闭合。

3. 中平测量

既有钢轨面高程测量时，直线地段测左轨轨面，曲线地段测内轨轨面，并测量两次。速度在 160km/h 及以下时，中桩高程测量路线起闭于水准点，当闭合差在 $30\sqrt{K}$mm 以内时，推算中桩高程，较差在 20mm 以内以第一次为准。

动画：中平测量

使用 RTK 测量中平时，应进行专门技术设计，如对高程控制点加密或提高等级，以提高中平高程成果的精度。

四 既有线横断面测量

1. 既有线横断面测量的特点

既有线路基改扩建，是在既有路基上为拨道、抬落道、改线、改坡、增建线路而进行加宽、加固、填切路基面等的工程。所以，既有路基部分的横断面应做较精细的测量。既有线横断面测绘以既有正线中心为横断面中心线，以既有轨面高程为横断面高程基准。

（1）测绘宽度

一般横断面测绘到路基坡脚、堑顶以外 20m，或用地界以外 10m，在改扩建工程超出路基范围一侧，按设计需要确定宽度。

（2）横断面位置和密度

初测阶段只在个别路基设计工点处实测控制性路基横断面，如高路堤、深路堑、陡坡地段边坡最高点，路基宽度不足地段，并行不等高控制线间距地段，填挖分界零断面处，路基与桥、隧、车站接头处，既有或改扩建的路基支挡、防护工程及公里标等处。

定测阶段在百米标、改扩建工程起、终点，路基边坡高度和路基面宽度突出变化点，路基与车站及其他既有、改扩建的工程建筑物分界点，路基支护、防护工程及其结构类型、结构尺寸的变化点,地形、地质变化点等处都需测绘横断面。横断面间距:在直线地段不宜大于 50m,曲线地段不宜大于 40m,个别设计路基工点一般为 10~20m,复杂工点为 5~10m。

2. 既有线横断面测量方法

既有线横断面测量可用轨道方尺定向,用皮尺或钢卷尺量距,用水准仪测量测点与轨面的高程差,距离和高差取位至厘米(cm),或者用全站仪直接测量距离和高差。

横断面比例尺一般为 1:200,特殊情况可用 1:100 或 1:500,在方格纸上人工或利用计算机自动成图软件绘制断面图。线路中心线和轨面高程线在方格纸粗线上,图上要注明冠号、里程和轨面高程及特殊地物点,如房屋、道路、灌渠、河边,以及地质、地类分界点等。

任务三　线路施工放样

一　中线测设

线路工程施工前,勘察设计单位应向建设单位和施工单位提供中线设计资料,包括交点坐标表、逐桩坐标表、断链表和曲线表。

中线设计资料移交时,建设单位应组织召开技术交底会议,由勘察设计单位对中线情况进行说明交底,一般需明确以下内容:

(1)交桩资料中的中线是左线还是右线,在双线时一般为左线资料。

(2)施工复测时,各个工程独立坐标系换带处、两端与其他工程接头处、联络线与正线衔接处以及各相邻标段之间交接处的平面和高程关系。

(3)在推导线路里程时需要注意考虑的断链关系。

(4)施工前应对勘察设计单位移交的资料进行全面复核,必要时应现场实测,因测量误差引起的曲线偏角或纵向里程与设计不符时,应认真分析原因,并及时与勘察设计单位联系,双方沟通解决后方可施工。

施工单位对中线资料复核无误后,即可开展中线放样测量,线路中线加桩应利用 CPⅡ控制点、施工加密控制点或 CPⅢ控制点测设,线路中线放样多采用卫星定位 RTK 作业方式和全站仪坐标法。

RTK 作业步骤:

(1)根据需要测设的中线范围确定所要采用的控制点范围,一般控制在 20km 以内。

(2)在测量控制器导入或键入控制点,点校正后控制点平面残差应小于 15mm,高程残差应小于 20mm。

(3)在测量控制器键入道路文件,在断链处应断开,建立不同的道路文件。

(4)现场放样中线。

(5)注意段落间的衔接,保证全线的贯通,尤其是标段与标段或工区与工区之间,必须要相互检测,确保线路畅通。

(6)复测结果应与勘察设计单位的纵断面资料进行对比,存在问题的要及时反馈到勘察设计单位,如发现新增与线路交叉的公路或交叉公路宽度、高度发生变化等情况。

全站仪坐标法作业步骤为:

（1）在全站仪导入或键入控制点。

（2）根据设计资料,建立道路文件,在断链处应断开,建立不同的道路文件。

（3）现场放样中线。

中线放样后控制点应定测木桩,在木桩顶定设直径为1mm的小钉以标识点位。中线放样后应进行贯通测量,以检查中线放样的精度,桩位限差应满足纵向$S/20000+0.01$(S为相邻中桩间的距离,以m计)、横向$\pm10mm$的要求。

线路中线桩高程应利用线路水准基点测量,中桩高程限差为$\pm10mm$。当桩位间由于通视条件差不能进行贯通测量时,应采用原放样方法进行复测检查,复测后,坐标差应不大于$\pm10mm$、高程差应不大于$\pm10mm$。

二 用地界放样

线路工程开工后,一般需要先进行征地拆迁,首先要放样用地界。线路用地界局部示意图如图2-4-6所示。

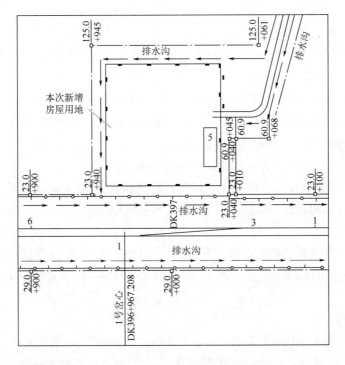

图 2-4-6　线路用地界局部示意图

用地界可以根据放样的中线直接丈量,也可以直接使用全站仪极坐标法或RTK法逐点放样,用地界放样后,应钉设木桩,并在用地界木桩之间用白石灰标识线路用地界线。

地界桩应根据地界宽度测设,直线地段每200m、曲线地段每40m、缓和曲线起终点及地界变化处的两侧均应测设地界桩。

放样用地界边桩的限差不应大于10cm。

线路用地界放样经常使用RTK方式,RTK放样道路一般具有指示里程和左右偏差的功能,可以很直观地找到用地界控制点的位置。

任务四　路基施工放样

一 路基边桩测设

路基边桩测设就是把设计路基的边坡线与地面相交的点测设出来,在地面上钉设木桩(称为边桩),以此作为路基施工的依据。

路基施工放样的边桩可根据地形情况采用横断面法、逐渐接近法、全站仪极坐标法或 RTK 法测设,测设边的限差不应大于 10cm。

采用全站仪极坐标法或 RTK 法测设作业精度可满足要求,效率更高,已普遍应用于施工复测和放样,且放线误差不会累积。

动画:半填半挖
路基施工放样

1. 平坦地区路基边桩的测设

填方路基称为路堤,如图 2-4-7 所示。路堤边桩至中心桩的距离为

$$D = \frac{B}{2} + m \cdot h \tag{2-4-7}$$

挖方路基称为路堑,如图 2-4-8 所示。路堑边桩至中心桩的距离为

$$D = \frac{B}{2} + s + m \cdot h \tag{2-4-8}$$

式中:B——路基设计宽度;

　　m——边坡率;

　　h——填(挖)方高度;

　　s——路堑边沟顶宽。

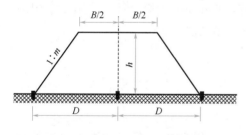

图 2-4-7　平坦地区路基边桩的测设(路提)

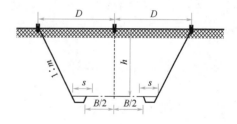

图 2-4-8　平坦地区路基边桩的测设(路堑)

2. 山区地段路基边桩的测设

在山区地面倾斜地段,路基边桩至中心桩的距离随着地面坡度的变化而变化。如图 2-4-9 所示,路堤边桩至中心桩的距离计算公式如下

斜坡下侧

$$D_{下} = \frac{B}{2} + m \cdot (h_{中} + h_{下}) \tag{2-4-9}$$

斜坡上侧

$$D_{\pm} = \frac{B}{2} + m \cdot (h_{\pm} - h_{\pm}) \tag{2-4-10}$$

如图 2-4-10 所示，路堑边桩至中心桩的距离计算公式如下

斜坡下侧

$$D_{\mp} = \frac{B}{2} + s + m \cdot (h_{\pm} - h_{\mp}) \tag{2-4-11}$$

斜坡上侧

$$D_{\pm} = \frac{B}{2} + s + m \cdot (h_{\pm} + h_{\pm}) \tag{2-4-12}$$

上述式中：$D_{\pm}$、$D_{\mp}$——斜坡上、下侧边桩与中桩的平距；

$\quad$ $h_{\pm}$——中桩处的地面填挖高度，为已知设计值；

$\quad$ $h_{\pm}$、$h_{\mp}$——斜坡上、下侧边桩处与中桩处的地面高差（均为绝对值），在边桩未定出
之前为未知数；

$\quad$ B、s、m——意义同前，为已知设计值。

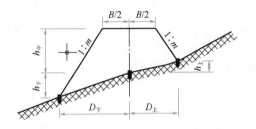

图 2-4-9　山区地段路基边桩的测设（路堤）　　　　图 2-4-10　山区地段路基边桩的测设（路堑）

在实际放样过程中应采用逐渐趋近法测设边桩。先根据地面实际情况，并参考路基横断
面图，估计边桩的位置。然后测出该估计位置与中桩的平距 $D_{\pm}$、$D_{\mp}$ 以及高差 $h_{\pm}$、$h_{\mp}$，并代入
公式，若等式成立或在容许误差范围内，则估计位置与实际位置相符，即为边桩位置；否则应根
据实测资料重新估计边桩位置，重复上述工作，直至符合要求为止。

二　路基基础施工放样

1. 路基加固工程施工放样

地基加固范围施工放样可在恢复中线的基础上采用横断面法、极坐标法或 RTK 法施测。
地基加固工程中各类基础的桩位，应根据设计要求在已测设的地基加固范围内布置，可采用横
断面法测设，相邻桩位距离限差不应大于 5cm。

2. 桩板结构地基施工放样

桩位及承载板平面控制点一般采用全站仪极坐标法放样，放样点线路纵、横向中误差不应
大于 10mm。桩顶及承载板高程控制点一般采用水准测量法放样，放样点的高程中误差不应
大于 2.5mm。

支挡结构、边坡防护、防排水结构物及相关工程的平面测量放样常采用全站仪极坐标法和
RTK 法，高程放样常用全站仪极坐标法、水准测量法或 RTK 法。放样后，路基结构尺寸误差、
基底及顶部高程误差均不应大于 5cm。

任务五　路基工程的变形观测

无砟轨道路基、设计速度为200km/h及以上有砟轨道路基以及设计速度为200km/h的有砟轨道软土、松软土等特殊路基应进行沉降观测与评估。

冻胀变形观测宜在路基填筑完成后进行,建设期间冻胀变形观测应不少于1个冻融周期。

一　路基沉降控制标准

在轨道铺设前,应对路基变形做系统的监测及评估,确认路基的工后沉降和变形等是否满足设计要求。

路基在轨道铺设完成后的工后沉降,应满足扣件调整和线路竖曲线圆顺的要求,工后沉降一般不超过15mm。沉降比较均匀且调整轨面高程后的竖曲线半径应能满足式(2-4-13)的要求,允许的最大工后沉降量为30mm。

$$R_{\mathrm{sh}} \geqslant 0.4 V_{\mathrm{sj}}^2 \qquad (2\text{-}4\text{-}13)$$

式中:R_{sh}——轨面圆顺的竖曲线半径,m;

V_{sj}——设计最高速度,km/h。

路基与桥梁、隧道或横向构筑物交界处的工后差异沉降不大于5mm,过渡段沉降造成的路基与桥梁或隧道的折角不大于1‰。

填筑期间路堤中心地面沉降速率不应大于10mm/d,坡脚水平位移速率不应大于5mm/d。

有砟轨道路基工后沉降控制应满足表2-4-4的要求。

有砟轨道路基工后沉降控制标准　　　　　　　　　　　　　表2-4-4

设计速度(km/h)	一般地段工后沉降(mm)	路桥过渡段工后沉降(mm)	沉降速率(mm/a)
200	150	80	40
250	100	50	30
350	50	30	20

二　一般规定

(1)观测的目的是通过沉降观测,利用沉降观测资料分析、预测工后沉降,指导进行信息化施工,必要时提出加速路基沉降的措施,确定轨道的铺设时间,评估路基工后沉降控制效果,确保轨道结构的安全。

(2)路基上轨道铺设前,应对路基沉降变形做系统的评估,确认路基的工后沉降和沉降变形满足轨道铺设要求。

(3)路基变形观测应以路基面、地基沉降为主,路基填筑完成或施加预压荷载后沉降变形观测期不应少于6个月,并宜经过一个雨季。个别情况采取可靠的工程措施并经论证可确保路基工后沉降满足轨道铺设要求时,路基放置条件可适当调整。观测期内,路基沉降实测值超过设计值的20%及以上时应及时会同建设、勘察设计等单位查明原因,必要时进行地质复查,并根据实测结果调整计算参数,对设计预测沉降进行修正或采取沉降控制措施。

(4)评估时发现异常现象或对原始记录资料存在疑问时,要进行必要的检查。

三 路基地段沉降观测技术要求

路基沉降观测应以路基面沉降和地基沉降观测为主,可在线路两侧的地基、路肩和线路中心线设置观测桩,在地基和基床底层的顶面设置剖面沉降变形观测装置,或在线路中心设置沉降板;在过渡段宜布置剖面沉降管,并在管口设置沉降观测桩。路基观测附合水准路线长度一般为200m,高路堤可延长至600~800m。

1. 断面埋设原则

观测断面及断面点布设须以设计文件为准,基本原则如下:

(1)路基沉降观测断面的设置及观测断面的观测内容应根据沉降控制要求、地形地质条件、地基处理方法、路提高度、堆载预压等具体情况并结合施工工期要求和沉降预测方法要求具体确定。

(2)无砟轨道铁路沉降观测断面的间距不应大于50m,地势平坦、地基条件均匀良好的路堑、高度小于5m的路堤,间距不应大于100m。

(3)新建时速250km及以上的有砟轨道铁路观测断面的间距不应大于100m,软弱土等特殊路基段观测断面应适当加密,地基条件良好的石质路堑可不设观测断面。

(4)新建时速200km的有砟轨道铁路在软弱土等特殊路基段设置断面,间距不应大于100m。

(5)过渡段观测断面布置应符合下列规定:

①路桥过渡段、路隧过渡段,根据过渡段情况在距起点1~5m、10~20m、30~50m处各设1个断面。

②涵洞两侧路涵过渡段各设置1个断面、涵洞中心里程路基面应设置1个断面。

③过渡段长度较短时,可根据实际情况调整观测断面。

2. 观测点的布置原则

观测断面观测点的布置如图2-4-11所示,断面观测点的布设应符合下列规定。

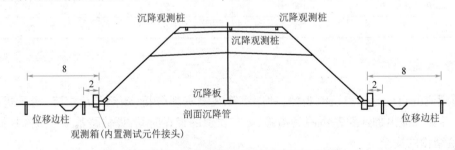

图2-4-11 松软土地段观测断面布置示意图(尺寸单位:m)

(1)各部位观测点宜设在同一横断面上,每个断面设置3个沉降观测桩,布置在双线路基中心及左右两侧路肩处。

(2)一般路堤地段每5个观测断面应设置1个沉降板或单点沉降计,布置在双线路基中心。每段路堤宜设置1个沉降板或单点沉降计。

(3)软土、松软土路堤地段每2个观测断面应设置1个沉降板或单点沉降计,布置在双线路基中心;当设置剖面沉降仪时,应设置于基底;必要时,两侧坡脚外2m、8m处设置位移观测边桩。

(4)路堑地段观测断面分别于路基中心及左右两侧路肩处各设1个沉降观测桩,如

图 2-4-12所示。

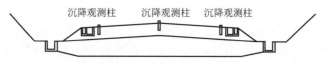

图 2-4-12 路堑观测断面布置图

（5）基床底层填筑完成后,可根据需要埋设临时沉降板和沉降观测桩进行观测。

（6）站场路基观测点数量应根据股道数量、轨道结构类型等适当增加。

（7）冻胀变形观测断面布置应根据地质、水文条件、不同冻结深度以及路基结构形式等具体情况选择典型断面。无砟轨道及速度250km/h以上的有砟轨道铁路观测断面间距不宜大于100m,地下水发育的路堑地段应适当加密。

（8）路基冻胀变形自动观测断面可根据冻胀观测结果和工程实际情况设置,间距不宜大于50km。

（9）路基冻胀变形观测点可设置于路肩或路基中心等位置。

3. 观测元件埋设说明

（1）沉降观测桩。选择 ϕ20mm 不锈钢棒,顶部磨圆,底部焊接弯钩,待基床表层级配碎石施工完成后,在观测断面通过测量埋置在设计位置,埋置深度不小于 0.3m,桩周 0.15m 用 M10 水泥砂浆现浇,如图 2-4-13 所示,完成埋设后测量桩顶高程作为初始读数。

（2）沉降板。如图 2-4-14 所示,沉降板由底板、金属测杆（ϕ40mm 钢管）及保护套管（ϕ75mmPVC 管）组成。钢筋混凝土底板尺寸为 50cm×50cm、厚 3cm,钢底板尺寸为 30cm×30cm、厚 0.8cm。

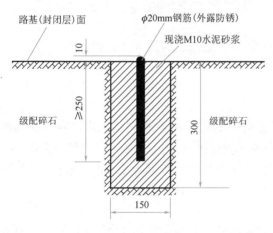

图 2-4-13 路基沉降观测桩埋设布置图(尺寸单位:mm)

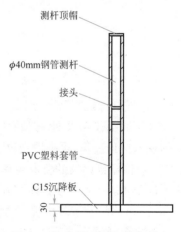

图 2-4-14 路基沉降板埋设布置图
（尺寸单位:mm）

①沉降板埋设位置应按设计测量确定,埋设位置处可垫 10cm 砂垫层找平,埋设时确保测杆与地面垂直。

②放好沉降板后,回填一定厚度的垫层,再套上保护套管,保护套管略低于沉降板测杆,上口加盖封住管口,并在其周围填筑相应填料稳定套管,完成沉降板的埋设工作。

③测量埋设就位的沉降板测杆杆顶高程读数作为初始读数,随着路基填筑施工逐渐接高沉降板测杆和保护套管,每次接长高度以 0.5m 为宜,接长前后测量杆顶高程变化量确定接高量。金属测杆用内接头连接,保护套管用 PVC 管外接头连接。

④接长套管时应确保垂直，避免机械施工等因素导致套管倾斜。

（3）位移边桩。在两侧路堤坡脚外 2m 及 12m（或 10m）处各设一个位移观测边桩。位移观测边桩采用 C15 钢筋混凝土预制，断面采用尺寸为 15cm×15cm 的正方形，长度不小于最大冻深 +0.35m。在桩顶预埋 ϕ20mm 半圆形不锈钢耐磨测头并刻划十字线。边桩埋置深度在地表以下不小于最大冻深 +0.25m，桩顶露出地面不大于 10cm。埋置方法采用洛阳铲或开挖埋设，桩周以 C15 混凝土浇筑固定，确保边桩埋置稳定。完成埋设后采用经纬仪（或全站仪）测量边桩高程及距基桩的距离作为初始读数。

（4）剖面沉降管。路基基底剖面沉降管在地基加固施工完毕后，填土至 0.6m 高度碾压密实后开槽埋设，开槽宽度为 20~30cm，开槽深度至地基加固表层顶面，槽底回填 0.2m 厚的中粗砂，在槽内敷设沉降管（沉降管内穿入用于拉动测头的镀锌钢丝绳），其上夯填中粗砂至与碾压面平齐。沉降管设位置挡土墙处应预留孔洞。沉降管敷设完成后，在两头设置尺寸为 0.5m×0.5m×0.95m 的 C15 素混凝土保护墩。两头应砌筑观测坑，并加设盖板，以方便观测及对孔口进行长期保护，并做好坑内及其周围的排水。在一侧管口处设置观测桩，观测桩采用 C15 素混凝土灌注，断面尺寸采用 0.5m×0.5m×（最大冻深 +0.35m），并在桩顶预埋半圆形不锈钢耐磨测头。待上部一层填料压实稳定后，连续监测数日，取稳定读数作为初始读数。路基剖面沉降管埋设如图 2-4-15 所示。

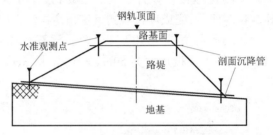

图 2-4-15　路基剖面沉降管埋设布置图

4. 观测方法、精度与要求

（1）横剖面沉降观测方法。

采用横剖仪和水准仪进行横剖面沉降观测。每次观测时，首先用水准仪测出横剖面管一侧的观测桩顶高程，再把横剖仪放置于观测桩顶测量初值，然后用横剖仪测量各测点。区间每 2.0m（或根据剖面仪的要求距离）测量一点，车站内测点间距可为 3.0m。剖面沉降观测的精度不低于 4mm/30m，横剖面沉降测试仪最小读数不得大于 0.1mm。

（2）沉降板及沉降桩观测方法。

沉降板及沉降桩观测按相应等级水准测量精度要求形成附合水准路线，附合长度不大于 1km。图 2-4-16 所示为路基、涵洞沉降观测水准路线示意图。

观测断面间距小于 100m 时，可按图 2-4-17 进行观测。

（3）路基位移边桩观测方法。

路基位移边桩水平位移观测，可采用坐标观测法和相对观测法等方式进行，使用 CPⅠ、CPⅡ 及加密基准点为基准按三等水平位移监测网的要求进行测量。

（4）路基沉降观测水准测量的精度为 ±1.0mm，读数取位至 0.1mm；剖面沉降观测的精度不低于 4mm/30m，横剖面沉降测试仪最小读数不得大于 0.1mm；位移观测测距误差为 ±3mm；方向观测水平角误差为 ±2.5"。

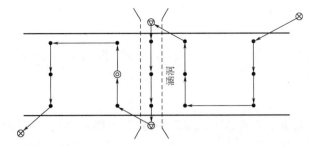

●路基观测点　◎路基沉降板　▽涵洞观测点　⊗工作基点　←水准观测路线

图 2-4-16　路基、涵洞沉降观测水准路线示意图

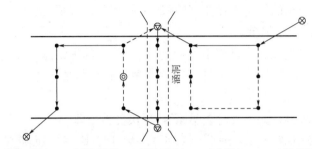

●路基观测点　◎路基沉降板　▽涵洞观测点　⊗工作基点　←水准观测路线

图 2-4-17　观测断面间距小于 100m 时路基、涵洞沉降观测水准路线示意图

5. 观测频次

路基沉降观测的频次不低于表 2-4-5 的规定。实际观测时,观测时间的间隔还要考虑地基的沉降值和沉降速率,两次连续观测的沉降差值大于 4mm 时应加密观测频次。当出现沉降突变、地下水变化及降雨等外部环境变化时应增加观测频次。在冬休期填筑或堆载暂停超过 10d 时可降低观测频次。

路基沉降观测频次表　　　　　　　　　　表 2-4-5

观测阶段	观测频次		平行观测频次
填筑或堆载	一般	1 次/d	1 次/3d
	沉降量突变	2～3 次/d	1 次/d
	两次填筑间隔时间较长	1 次/3d	1 次/9d
堆载预压成路基填筑完成	第 1～3 个月	1 次/周	1 次/3 周
	第 4～6 个月	1 次/2 周	1 次/月
	6 个月以后	1 次/月	1 次/2 月
架桥机(运梁车)通过	全程	首次通过前 1 次,首次通过后前 3 天 1 次/d,以后 1 次/周	首次通过前 1 次,首次通过后 1 次,以后 1 次/3 周
轨道板(道床)铺设后	第 1 个月	1 次/2 周	1 次
	第 2～3 个月	1 次/月	1 次
	3 个月以后	1 次/3 月	—

路基施工各节点时间［包括路基堆载预压土前后、卸载预压土前后、运梁车架桥机通过前后、基床表层施工、轨道板底座施工、铺板、轨道板精调（或铺砟）以及铺轨时间］应具有沉降观测数据。观测过程中及时整理绘制"填土—时间—沉降"曲线图，观测应持续到工程验收并交由运营管理部门继续观测。

6.沉降观测要求

（1）路堤地段从路基填土开始进行沉降观测，路堑地段从级配碎石顶面施工完成开始观测。路基填筑完成或施加预压荷裁后应有不少于6个月的观测和调整期。观测数据不足以评估或工后沉降评估不能满足设计要求时，应延长观测时间或采取必要的加速或控制沉降的措施。

（2）沉降板随着预压土的填筑而接高，随预压土的卸载而降低，观测连续进行，剖面沉降管和位移观测桩不受预压土的影响。

（3）沉降设备的埋设是在施工过程中进行的，施工单位的填筑施工要与设备的埋设协调好，做到互不干扰、影响。观测设施的埋设及沉降观测工作应按要求进行，不能影响路基填筑质量。

（4）观测过程中发现异常必须及时查明原因，尽快妥善处理。

（5）路基填筑过程中应及时整理监测数据，路堤中心地基处沉降观测点沉降量大于10mm/d时，应及时通知项目部，并要求停止填筑施工，待沉降稳定后再恢复填土，必要时采用卸载措施。

（6）元器件保护要求：

①各工程项目部应成立专门小组，进行元器件的埋设、测量和保护工作，小组人员分工明确，责任到人。

②元器件埋设时应根据现场情况进行编号，有导线的元器件应将导线引出至路基坡脚观测箱内。

③凡沉降板附近1m范围内土方应采用人工摊平及小型机具碾压，不得采用大型机械推土及碾压，并配备专人负责指导，以确保元器件不受损坏。

④各施工队应制定稳妥的保护措施并认真执行，确保元器件不因人为、自然等因素而破坏，元器件埋设后，制作相应的标识旗或保护架插在上方。路堤填筑过程中，派专人负责监督观测断面的填筑。

（7）资料整理要求：

①采用统一的路基沉降观测记录表格，做好观测数据的记录与整理，观测资料齐全、详细、规范，符合设计要求。所有测试数据必须真实准确，不得造假；记录必须清晰，不得涂改；测试、记录人员必须签名。

②所测数据必须当天及时按照沉降评估单位规定的格式输入计算机，并进行分析、整理，核对无误后在计算机内保存。

③按照提交资料要求及时对测试数据进行整理、分析、汇总，及时绘制路基面、填料及路基各项观测的荷载—时间—沉降过程曲线，并按有关规定整理成册，以书面及 Excel 电子表格两种形式同时报送有关单位进行沉降分析、评估。

1.在定测线路上进行中桩水准测量,观测结果如图 2-4-18 所示,已知 BM_5 的高程为 501.276m,BM_6 的高程为 503.795m,试列表计算各点的高程,并检验其闭合差。

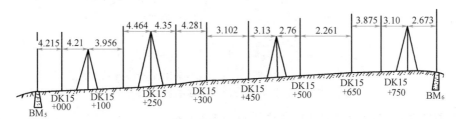

图 2-4-18 观测结果

2.如图 2-4-19 所示,要在圆曲线 DKl3 + 140 处测设横断面,已知 $R = 600m$,置仪器于 DK13 + 140 处后视 DK13 + 100 时,其水平角度盘读数为 45°10′00″,问横断面方向的度盘读数应为多少?

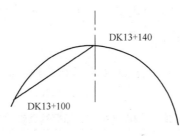

图 2-4-19 圆曲线示意图

3.已知某道路曲线起始端两切线控制点 ZD1、ZD2 和末端切线两控制点 ZD3、ZD4 及该曲线交点 JD1 的坐标,曲线设计半径 $R = 2000m$,缓和曲线长 $l_0 = 400m$。线路关系如图 2-4-20a)所示,线路切线控制点 ZD1 里程为 DK0 + 000。(2019 年中铁四局集团公司第四届工程测量青年技能大赛试题)

工程概况:线路右侧有一段长 40m 的支挡工程(挡土墙),挡土墙控制点 M2 至 DK1 + 500 线路中线点的距离为 20m;M2 和 DK1 + 500 线路中心的连线与 DK1 + 500 的法线成 45°夹角。挡土墙长度、挡土墙与线路中心线详细关系如图 2-4-20b)所示。

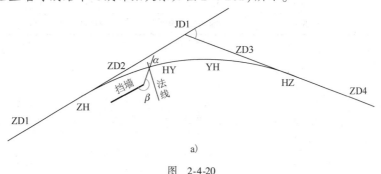

a)

图 2-4-20

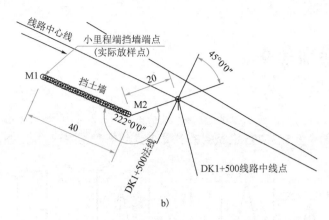

b)

图 2-4-20　线路关系及挡土墙与线路中心线的详细位置关系示意图

a)线路关系示意;b)挡土墙与线路中心线详细位置关系示意图

ZD1、ZD2、ZD3、ZD4 及交点 JD1 等线路切线控制点坐标见表 2-4-6。

根据所给建筑物与线路的位置关系,完成下列要求(计算结果精确到 mm):

(1)计算该曲线的曲线转角 α、T 和 L 等曲线要素;

(2)推算曲线上 ZH、HZ、切线控制点 ZD4 的里程,计算曲线上 ZH、HY、YH、HZ 等四点坐标;

(3)计算 DK1 +500 线路中线点的坐标及该点处线路中心线的切线方位角;

(4)计算挡土墙控制点 M1、M2 点的坐标;

(5)放样 M1 点或 M2 点。

已知控制点 A、B、C、D,坐标系为 WGS84 坐标系统,投影面大地高为 16m,中央子午线为 117°29′,坐标见表 2-4-6。

线路切线控制点坐标和已知控制点坐标　　　　　　　表 2-4-6

项　　目	点　　名	X	Y	高　　程
已知控制点坐标	A	3508509.068	500003.613	15.785
	B	3508481.566	499997.318	15.756
	C	3508401.024	500204.910	15.901
	D	3508436.943	500197.851	15.919
切线控制点坐标	ZD1	3506996.614	499843.778	
	ZD2	3507796.614	499843.778	
	ZD3	3508296.614	499943.778	
	ZD4	3508996.614	500344.778	
	JD1	3508122.050	499843.778	

项目五　桥梁测量

🌀 **项目概要**

本项目主要介绍了桥梁勘测、平面控制测量、高程控制测量、桥梁施工放样、桥梁观测等内容。

任务一　桥梁勘测

一 桥(涵)址中线及横断面测量

1. 桥址中线测量

(1)测绘范围。除按有关规定外,还需补充以下内容:

①两岸应测宽度根据路肩高程而定,以满足在图上足够布置全部桥孔及导流堤的需要为原则,包括导流堤在桥址中线上的投影长度,并能设计桥头填土。

②如桥址纵断面兼作水文断面,并用以进行流量计算,则应测至岸边高出最高水位或设计水位至少1.0m,水流量大且宽度很宽的河流视具体情况而定,但必须满足流量计算的要求。

③如两岸或一岸为山地时(包括高架桥),以在图上能正确决定桥址及台尾附属工程为原则。

(2)测量方法及精度。应尽量在路中线测量,按要求一次完成。如线路中线加桩不足,可根据中线桩在地形变化处加密。测点距离在山区不得大于5m,平坦地区不得大于20~40m,水面以下部分测点按水文断面测量要求办理。加桩应用全站仪或RTK施测,其误差不得大于0.1m。

(3)绘制桥址纵断面图比例尺(1:50~1:500),特长桥可采用1:1000的比例尺。

2. 桥址横断面测量

(1)陆地断面测量

桥址中线测定后,要进行一次全断面测量,包括陆地和水下断面。陆地断面测量范围:依照水文断面要求,两岸测至历史最高洪水位加0.5m以上;漫滩较宽的河流测至洪水边界或两岸防洪堤,或根据引桥预计长度施测,断面里程要与桥址控制网假定里程一致。断面上测点依地形变化确定,沿断面每一地形变坡点均应测量。测点高程用全站仪或RTK测量,其限差为0.1m。

(2)水下断面测量

①水深测量。全断面水下部分河床高程按测量时水位(即水面高程)减去水深确定,因此水深测量是水下断面测量的关键,水深测量的工具有测深杆、测深锤、铅鱼、回声测深仪等。

②断面点测量。利用全站仪或机载RTK流动站直接测量断面点的平面坐标及高程。水

下断面测点的最大间距根据水面宽度决定：水面宽 100～300m 时，断面点间距为 10～20m；水面宽 300～1000m 时，断面点间距为 20～50m；水面宽 1000m 以上时，断面点间距为 50m。测探点要能控制河床的起伏变化。相邻点间变化突出或间距过大时，及时补测加密。

二 桥址地形测绘

1. 测绘范围

一般应满足设计桥梁孔径、桥头路堤和导流建筑物和施工场地的需要，个别情况下应满足水工模型试验之用。顺线路方向测至两岸历史最高洪水位或设计水位以上 0.5～1.0m，对于平坦地区河滩过宽时测绘范围不小于桥梁全长加导流堤在桥址中线上的投影长度或以能设计桥头路堤及防波横堤并稍有余量为度。上、下游施测长度根据实际需要而定，平坦地区上游测至桥长的 2 倍且大于 200m，下游为桥长的 1～1.5 倍且大于 100m；对于改建既有线或增建第二线，上游受倒灌或壅水影响及下游受冲刷影响的桥渡施测范围酌情增减。

2. 测绘内容

应测绘地形、地物、地貌、线路导线、中线、既有线中线、桥梁和导流建筑物平面、桥头控制桩、水准基点、农田分类及边界、历史最高洪水泛滥线、水流方向等。初测阶段，一般特大桥、地质复杂或需要做导流设施的一般大中桥、计划设计新结构的桥梁，都需进行地质测绘。定测阶段，特大桥、一般大中桥及地质复杂的小桥亦都需进行地质测绘。水下地形部分，对水流有影响的孤石、陡岸、突出的岩石、堤防等，应在平面图上显示，并标明位置、大小及必要的走向、倾向等。

改建既有线或增建第二线时还应测绘既有线路中心线，桥梁及导流建筑物的位置以及既有桥渡附近的斜流、涡流、死水和冲淤地段的范围。

地形等高线间距，平坦地区为 0.5～2.0m，困难地区为 5～10m；地形测点水平间距一般不得超过图纸上距离 2cm，平坦地区可酌情予以放宽，对于桥址两岸陡峻地段及对于河岸、陡坎、河床沟心、河滩、河岔、流边线、植被边界、建筑物处地形、地貌，适当加测点，不受上述规定的限制。

3. 测量方法

陆上地形测量与常规地形测量相同。水下地形测量方法及精度同水文断面水下测量方法及精度，水下地形一般采用断面法，也可用侧扫声呐测深法及其他方法。

三 既有桥涵丈量

（1）需要进行技术改造的大中桥或修建第二线桥与既有桥有关联时，既有大中桥应进行丈量并挖探基础，其内容包括上、下部结构尺寸，墩台中心线与线路中心线的关系，各部位高程，结构病害和病害部位等，以满足设计需要为原则。如有可靠的竣工资料时，可仅核对主要尺寸和高程，一般不做基础挖探工作。

（2）既有桥墩台需要加高在 0.4m 以内，或运营情况良好，与增建第二线桥无影响时，其基础部分可不进行挖探。

（3）确定无法利用或经调查研究确定报废的既有桥，只丈量主要尺寸，绘制轮廓尺寸图，注明中心里程和主要部分高程。

（4）桩基、沉井及气压沉箱等深基础既有桥应尽量了解其确切结构类型和形状、顶部尺寸及埋置深度,不进行挖探。

(5)小桥需丈量主要尺寸,需要改建检算和对增建第二线桥有影响时,应挖探基础,以取得基础埋置深度及襟边尺寸等有关资料。

(6)涵轴丈量需丈量涵轴线和既有线法线的夹角、纵轴线长及涵洞的主尺寸,涵轴需要接长时,还应详细丈量其接长端的结构细部尺寸。

(7)需要改建或加固的桥涵缺少所需的隐蔽部分尺寸或控制新旧桥涵线同距的基础尺寸时,应进行必要的开挖和丈量。同一线路、同类型的桥涵,可选择有代表性的进行开挖和丈量。

任务二　平面控制测量

一　平面控制网的布设形式

随着测量仪器的更新、测量方法的改进,特别是高精度全站仪的普及,为桥梁平面控制网的布设带来了很大的灵活性,也使网形趋于简单化。比如,一般的中小型桥梁、高架桥和跨越山谷的高架桥等,通常采用一级导线网,或在四等导线控制下加密一级导线;对跨越江河湖海的大型、特大型桥梁,由于其所处的特定地理环境,决定了其施工平面控制网的基本形式为以桥轴线为一边的大地四边形[图2-5-1a)]或以桥轴线为公共边的双大地四边形[图2-5-1b)],对跨越江(湖)心岛的桥梁,条件允许时可采用中点多边形[图2-5-1c)]。

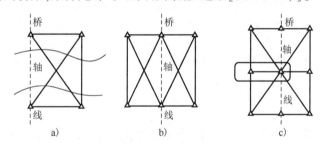

图 2-5-1　大型桥梁施工平面控制网的基本形式

特大桥通常有较长的引桥,一般是将桥梁施工平面控制网再向两侧延伸,增加几个点构成多个大地四边形网,或者从桥轴线点引测敷设一条光电测距精密导线,导线宜采用闭合环。

对于大型和特大型桥梁施工平面控制网,自20世纪80年代以来广泛采用边角网或测边网的形式,并按自由网严密平差。图2-5-2为京沪高速铁路黄河特大桥施工平面控制网,从图2-5-2可以看出,控制网在两岸轴线上都设有控制点,这是传统设计控制网的通常做法,传统的桥梁施工放样主要依靠光学经纬仪,在桥轴线上设有控制点,便于角度放样和检测,易于发现放样错误。全站仪普及以后,施工通常采用坐标放样和检测,在桥轴线上设有控制点的优势已不明显,因此,在首级控制网设计中,可以不在桥轴线上设置控制点。

无论施工平面控制网布设采用何种形式,首先控制网的精度必须满足施工放样的精度要求,其次考虑控制点尽可能便于施工放样,且能长期稳定而不受施工干扰。一般中、小型桥梁控制点采用地面标石,大型或特大型桥梁控制点应采用配有强制对中装置的固定观测墩,如图2-5-3所示。

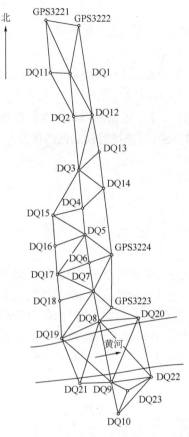

图 2-5-2 京沪高速铁路黄河特大桥施工平面控制网 图 2-5-3 观测埋设图（尺寸单位：cm）

二 桥梁施工平面控制网精度的确定

目前确定控制网精度的设计方法有两种：按桥式确定控制网精度，按桥墩放样的容许误差确定平面控制网的精度。

1. 按桥式确定控制网精度

按桥式确定控制网精度的方法是根据跨越结构的架设误差（它与桥长、跨度大小及桥式有关）来确定桥梁施工控制网的精度。桥梁跨越结构的形式一般分为简支梁和连续梁。简支梁在一端桥墩上设固定支座，其余桥墩上设活动支座，如图 2-5-4 所示。在桥梁的架设过程中，它的最后长度误差来源于两部分：一是杆件加工装配时的误差，二是安装支座的误差。

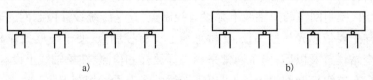

△固定支座 o活定支座

图 2-5-4 桥梁跨越结构形式
a）连续梁；b）简支梁

根据《铁路工程测量规范》（TB 10101—2018）的有关规定，桥轴线长度的精度按表 2-5-1所列公式进行估算。

序号	梁 类 型	跨度类型	估算公式	符 号 含 义
1	钢筋混凝土梁		$m_L = \dfrac{\Delta_D}{\sqrt{2}}\sqrt{N}$	m_L 或 m_l ——桥轴线(两桥台间)长度 中设差(mm); l ——梁长; N ——联(跨)数; L ——桥轴线长度; n ——每联(跨)节间数; Δ_D ——墩中心的点位放样限差 为10mm; Δ_l ——节间拼装限差,为2mm; δ ——固定支座节安装限差, 为7mm; 1/5000——梁长制造限差
2	钢板梁及短跨 ($l \leqslant 64\text{m}$)简支钢桁梁	单联(跨)	$m_l = \dfrac{1}{2}\sqrt{\left(\dfrac{1}{5000}\right)^2 + \delta^2}$	
		多联等跨	$m_L = m_l\sqrt{N}$	
		多联不等跨	$m_L = \sqrt{m_{l1}^2 + m_{l2}^2 + \cdots}$	
3	连续梁及长跨 ($l > 64\text{m}$)简支钢桁梁	单联(跨)	$m_l = \dfrac{1}{2}\sqrt{n + \Delta_l^2 + \delta^2}$	
		多联等跨	$m_L = m_l\sqrt{N}$	
		多联不等跨	$m_L = \sqrt{m_{l1}^2 + m_{l2}^2 + \cdots}$	

注:在估算桥轴线长度中误差时,设计连续梁或长跨简支钢桁梁的梁端预留伸缩空隙,不考虑在测量允许误差之内。

从表 2-5-1 中有关桥轴线长度的精度估算公式可以看出,当桥梁为等跨时,有:

$$m_L = m_l\sqrt{N} \tag{2-5-1}$$

取 1/2 极限误差为中误差,则全桥轴线长的相对中误差为:

$$\frac{m_s}{S} = \frac{1}{\sqrt{2}} \cdot \frac{m_L}{L} \tag{2-5-2}$$

表 2-5-2 是根据《铁路工程测量规范》(TB 10101—2018)以桥式为主结合桥长来确定控制网的精度要求。在实际应用中,尤其是对特大型桥,应结合工程需要确定首级网的等级和精度。

桥梁施工平面控制测量等级和精度   表 2-5-2

测 量 等 级			桥轴线边相对中误差	最弱边相对中误差
GNSS 测量	三角形网测量	导线测量		
一等			≤1/250000	≤1/180000
二等			≤1/200000	≤1/150000
三等	二等		≤1/150000	≤1/100000
四等	三等	三等	≤1/100000	≤1/70000
五等	四等	四等	≤1/70000	≤1/40000

注:对于桥长小于 800m 的桥梁,当桥址两岸已有足够数量的 CPⅠ、CPⅡ控制点且能满足桥梁施工精度要求时,可直接利用,无须另行建网。

2. 按桥墩放样的容许误差确定平面控制网的精度

在桥墩的施工中,从基础至墩台顶部的中心位置要根据施工进度随时放样确定,由于放样的误差使得实际位置与设计位置存在着一定的偏差。

根据桥墩设计理论,当桥墩中心偏差在 ±20mm 以内时,产生的附加力在容许范围内。因

单元二 项目五 桥梁测量

此，目前在《既有铁路测量技术规则》（TBJ 105—1988）中，对桥墩支座中心点与设计里程纵向容许偏差做了规定，对于连续梁和跨度大于60m的简支梁，其容许偏差为±10mm。

上述容许偏差，可作为确定桥梁施工控制网必要精度时的依据。在桥墩的施工放样的过程中，引起桥墩点位误差的因素包括两部分：一部分是控制测量误差的影响，另一部分是放样测量过程中的误差，用式（2-5-3）表示。

$$M^2 = m_{控}^2 + m_{放}^2 \qquad (2\text{-}5\text{-}3)$$

式中：$m_{控}$——控制点误差对放样点处产生的影响；

$m_{放}$——放样误差。

进行控制网的精度设计，就是根据容许偏差和实际施工条件，按一定的误差分配原则，先确定 $m_{控}$ 和 $m_{放}$ 的关系，再确定具体的数值要求。

结合桥梁施工的具体情况，在建立施工控制网阶段，施工工作尚未开展，不存在施工干扰，有比较充裕的时间和条件进行多余观测以提高控制网的观测精度；而在施工放样时，现场测量条件差、干扰大，测量速度要求快，不可能有充裕的时间和条件来提高测量放样的精度。因此，控制点误差 $m_{控}$ 要远小于放样误差 $m_{放}$。不妨取 $m_{控}^2 = 0.2 \times m_{放}^2$，按式（2-5-3）可求得 $m_{控} = 0.4M$。

当桥墩中心测量精度要求 $M = \pm20$mm 时，$m_{控} = \pm8$mm。当以此作为控制网的最弱边边长精度要求时，即可根据设计控制网的平均边长（或主轴线长度，或河宽）确定施工控制网的相对边长精度。根据《铁路工程测量规范》（TB 10101—2018）的有关规定，跨河正桥施工平面控制网中最弱点的坐标误差及最弱边的边长相对中误差应满足式（2-5-4）估算的精度要求。

$$m_x(m_y) \leqslant 0.4M \quad 或 \quad \frac{m_s}{S} \leqslant \frac{0.4\sqrt{2}M}{S} \qquad (2\text{-}5\text{-}4)$$

式中：M——施工放样精度要求最高的几何位置中心的容许误差；

S——最弱边的边长。

3. 平面控制网坐标系统

（1）国家坐标系

长大铁路桥梁建设中都要考虑与相关工程的衔接，因此，平面控制网首选国家统一坐标系统，但在大型和特大型桥梁建设中，选用国家统一坐标系统应具备如下条件：

①桥轴线位于高斯正形投影统一的3°带中央子午线附近。

②桥址平均高程面应接近于国家参考椭球面或平均海水面。

（2）工程独立坐标系

由计算可知，当桥址区的平均高程大于160m或其桥轴线平面位置离开统一的3°带中央子午线东西方向的距离（横坐标）大于45km时，其长度投影变形值将会超过2.5mm/km（1/40000）。通常的做法是人为改变归化高程，使距离的高程规划值与高斯投影的长度改划值相抵偿，但不改变统一的3°带中央子午线进行的高斯投影计算的平均直角坐标系统，这种坐标系统为抵偿坐标系。铁路基础平面控制网CPⅠ、线路平面控制网CPⅡ坐标系统在设计过程中已考虑投影变形的影响（速度250km/h以上的铁路要求投影变形小于1/100000，速度200km/h以下的铁路要求投影变形小于1/40000），并按照其要求，分段设计了工程独立坐标系。因此，在大型桥梁施工中，采用与线路一致的工程独立坐标系统。

（3）桥轴坐标系

在特大桥梁的施工中，尤其是桥面钢结构的施工，定位精度要求很高，一般小于5mm，此时选用国家统一坐标系和抵偿坐标系都不适宜,通常选用任意带高斯正形投影(桥轴线的精度作为中央子午线)平面直角坐标系,称为桥轴坐标系,其高程规划投影面为桥面高程面,桥轴线作为 X 轴。

在实际应用中,常常会根据具体情况共用几套坐标系,如京沪高速铁路黄河特大桥在主轴上使用桥轴坐标系,在线下工程施工放样和线上轨道施工时使用抵偿坐标系(工程独立坐标系),在与相关工程接线及航道上使用北京 54 坐标系或西安 80 坐标系。

4.平面控制网的加密

桥梁施工首级控制网由于受图形强度条件的限制,其岸侧边长都较长。当轴线长度在 1500m 左右时,其岸侧边长大约为 1000m,则当交会半桥长度处的水中桥墩时,其交会边长达到 1200m 以上。在桥梁施工中用交会法频繁放样对桥墩是十分不利的,而且桥墩越是靠近本岸,其交会角就越大。从误差椭圆的分析可知,过大或过小的交会角,对桥墩位置误差的影响都较大。此外,控制网点远离放样物,受大气折光、气象干扰等因素影响也增大,将会降低放样点位的精度。因此,必须在首级控制网下进行加密。这时通常是在堤岸边上合适的位置上布设几个附点作为加密点,加密点除考虑其与首级网点及放样桥墩通视外,更应注意其点位的稳定可靠及方便施工放样。结合施工情况和现场条件,可采用如下加密方法:

(1)由 3 个首级网点以 3 个方向前方交会或由 2 个首级网点以 2 个方向进行边角交会的形式加密。

(2)在有高精度全站仪的条件下,采用导线法,以首级网两端点为已知点,构成附合导线或闭合导线,附合导线或闭合导线环的边数宜为 4~6 条,导线边的长度应根据桥式、地形和使用仪器确定,最短边长不宜小于 300m,相邻边长之比不宜小于 1:3。

(3)在技术力量许可的情况下,也可将加密点纳入首级网中,构成新的施工控制网,这对于提高加密点的精度行之有效。

加密点是施工放样使用最频繁的控制点,且多设在施工场地范围内或附近,受施工干扰,临时建筑或施工机械极易造成不通视或破坏而失去效用,在整个施工期间,常常需要多次加密或补点,以满足施工需要。

5.平面控制网的复测

桥梁施工工期一般都较长,限于桥址地区的条件,大多数控制点(包括首级网点和加密点)位于江河堤岸附近,其地基基础并不十分稳定,随着时间的变化,点位有可能发生变化;此外,桥墩钻孔桩施工、降水等也会引起控制点下沉和位移。因此,桥梁施工前,应对施工控制网进行全面复测,施工期间应对其进行定期或不定期复测。复测周期根据控制网等级、测区地质条件等综合确定,首级控制网及其加密网不超过一年,更低等级的加密网不超过三个月。

桥梁施工过程中,应对控制网进行定期或不定期的检测,当发现控制点的稳定性有问题时,应立即进行局部或全面复测:

(1)当控制网中仅个别控制点位移或沉陷,而周围其他控制点仍然可靠时,可进行局部复测,将已产生位移的控制点与周围的稳定点联成插点网。

(2)当控制网中少量控制点发生明显位移,而其他控制点的稳定性难以判断时,或者当控制网中较多控制点发生位移时,均应进行全面复测,全面复测宜在原控制网的基础上进行,复测网精度等级应与原网相同,复测所采用的仪器、数据处理软件、观测方法及技术要求宜与原始测量保持一致;原控制网的坐标系统和高程系统不得更动,控制网的起算点与原网一致。

当原控制网起算点发生明显位移时，可改用其他稳定可靠的控制点起算，但必须保持位置基准、方向基准、尺度基准和高度基准不变。复测完成后，进行严密平差，并采用现场勘验与统计检验相结合的方法对施工控制点进行稳定性分析和评定，也可采用式(2-5-5)的简便方法。

$$\Delta_{限} = \pm 2 \sqrt{m_{原}^2 + m_{复}^2} \tag{2-5-5}$$

式中：$\Delta_{限}$——复测坐标与原测坐标（高程）较差的限差；

$\quad m_{原}$——原测坐标中误差；

$\quad m_{复}$——复测坐标中误差。

经复测后的施工控制网，应根据施工进度和控制点稳定等情况合理采用复测成果，并提出控制点保护、加固及监测措施。对开工前的复测，或当控制点位移量不致影响已施工工程的质量时，应全部采用复测后的平差值。对开工后的复测，当控制点位移量影响到已施工工程的质量时，对稳定点采用原测成果；对不稳定点不宜继续使用，除非确认其已趋于稳定，必要时可在稳定点下进行插点加密，并应对不稳定点的放样成果进行检测和分析，根据需要采取相应的补救措施。

值得提出的是，在未经复测前要尽量避免采用极坐标法进行放样，否则应有检核措施，以免产生较大的误差；无论是复测前或复测后，在施工放样中，除后视一个已知方向外，都应加测另一个已知方向（或称双后视法），以观察该测站上原有的已知角值与所测角值有无超出观测误差的情况，这个方法应避免在后视点距离较长，特别是气候不好、视线较差时发生观测误差的影响。

任务三　高程控制测量

 桥址区水准基点资料的调查

在测设铁路桥梁施工高程控制网前必须收集两岸桥轴线附近国家水准点资料，城市段落还应收集有关市政工程水准点资料和铁路勘测已有水准点资料，包括其水准点的位置、编号、等级，采用的高程系统及其最近测量日期等。

在我国，规定统一采用黄海高程系统，但是由于历史原因，有些地区曾采用自己的高程系统，如长江流域曾采用淞沪高程系统，珠江流域曾采用珠江高程系统等；因此在收集已有水准点资料时，应特别注意其高程系统及其与其他高程系统的关系；在收集已有水准点资料时，桥轴线两岸应不少于两个已知水准点，以便在联测时或发现有较大出入时有所选择。

 水准点的布设

水准点的选点埋设工作一般都与平面控制网的选点与埋石工作同步进行，水准点应包括水准基准点和工作点。水准基点是在整个桥梁施工过程中的高程基准，因此，在选择水准点时应注意其隐蔽性、稳定性和方便性，即水准基点应选择在不致被损坏的地方，同时要特别避开地质不良、过往车辆影响和易受其他振动影响的地方，在埋石时应尽量埋设在基岩上。在覆盖层较浅时，可采用深挖基坑或用地质钻孔的方法使之埋设在基岩上；在覆盖层较深时，应尽量采用架设基桩（即开挖基坑后打入若干根大木桩的方法）以增加埋石的稳定性；水准基点除了考虑其在桥梁施工期间使用之外，还要尽量可能做到在桥梁施工完毕交付运营后能长期用作桥梁沉降观测之用。水准点根据地质情况和精度要求分别埋设混凝土标石、钢管标石、岩石标石、管桩标石、钻孔桩标石或基岩标石。当工期短、桥式简单、精度要求较低时,可在建筑物上设立施工水准点标志,并加强检测。

施工高程控制网中的水准点,沿桥轴线两侧均匀布设,间距宜为 400m 左右,并构成连续水准环。墩台较高、两岸坡陡时,可在陡坡上一定高差内加设辅助水准点。对于特大桥,每岸选设不少于 3 个水准点,当埋设基岩水准点时,每岸不少于 2 个水准点;当引桥较长时,不大于 1km 布设 1 个水准点,并且在引桥端点附近设有水准点。

在桥梁施工过程中,单靠水准基点是难以满足施工放样需要的,因此,在靠近桥墩附近再设置水准点,通常称为工作基点。这些点一般不单独埋石,而是利用平面控制网的导线或三角点的标志作为水准点,采用强制对中观测桥墩时则是将水准标志埋设在观测墩旁的混凝土中。

三 跨河水准测量

跨河水准测量是桥梁施工高程控制网测设工作中十分重要的环节,这是因为桥梁施工要求两岸的高程系统是统一的,同时,桥梁施工高程精度要求高,因此,即使两岸附近都有国家或其他部门的高等级水准点资料,也必须进行高精度的跨河水准测量,使之与两岸自设水准点一起组成统一的高精度高程控制网。

在桥梁施工阶段,为了在两岸建立可靠而统一的高程系统,需要将高程从河的一岸传通到另一岸,这时,存在以下两个问题:由于过河视线较长,使得照准标尺读数精度太低;前后视距相差悬殊,仪器 i 角误差、地球曲率和大气折光对高差影响较大。为确保两岸水准点之间高差的相对精度,跨河水准测量的精度至关重要,它在桥梁高程控制测量中精度要求最高。跨河水准测量必须采取一些特殊的方法,技术要求见表 2-5-3。对于作为特大桥施工的高程控制网的跨河水准测量,其跨河水准路线一般都选在桥轴线附近,避免离桥轴线太远而增加两岸联测施工水准点的距离,为慎重起见,往往采用双处跨河水准测量,即在桥轴线上、下游处分别进行跨河水准测量,再通过陆上水准路线使两处跨河水准测量自身组成水准网;跨河水准测量的精度与施工高程控制网的精度一致。

跨河水准测量技术要求 表 2-5-3

方　　法	测量等级	最大视线长度 D(km)	单测回数	半测回观测组数	测回高差互差限差(mm)
直接读尺法	三等	0.3	2		8
	四等	0.3	2		16
光学测微法	三等	0.5	4		30D
	四等	1.0	4		50D
经纬仪倾角法或测距三角高程法	三等	2.0	8	3	24$\sqrt{D}$
	四等	2.0	8	3	40$\sqrt{D}$

注:D 为最大视线长度。

根据《铁路工程测量规范》(TB 10101—2018)的规定,桥梁施工高程控制网中跨河两水准点间高差的中误差按式(2-5-6)估算。

$$m_H \leqslant 0.2 \Delta_H \tag{2-5-6}$$

式中:m_H——跨河两水准点间高差的中误差;

Δ_H——施工中放样精度要求最高的几何位置中心的高程容许误差。

跨河水准测量等级及适用范围应符合表2-5-4的规定。

跨河水准测量等级及适用范围 表2-5-4

跨河距离 $S(m)$	项 目	
	$1000 \leqslant S \leqslant 3500$	$S < 1000$
跨河高程测量	二等	三等
网中水准点间联测	三等	四等
网的起算点高程引测	三等	四等

注：当跨河距离大于3500m或有变形观测等特殊要求时，应做专项设计。

图2-5-5为京沪高速铁路黄河特大桥高程控制网，其中两处为跨河水准测量，a_1、a_2和b_1、b_2为4个跨河水准点，分别位于桥轴线上、下游约500m的位置，跨河水准观测采用2台N_3水准仪及配套钢瓦水准尺按倾斜螺旋法进行同时对向观测，每条线观测2个双测回，半测回中的有效组数为4组，以二等跨河水准测量要求进行施测。

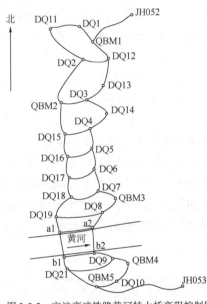

图2-5-5　京沪高速铁路黄河特大桥高程控制网

四　水准测量及联测

桥梁施工高程控制网测量的主要工作是跨河水准测量，在进行跨河水准测量前，应对两岸高程控制网按设计精度进行测量，并联测将用于跨河水准测量的临时（或永久）水准点，同时将两岸国家水准点或部门水准点的高程联测到桥梁施工高程控制网的水准点上，并比较其两岸已知水准点高程是否存在问题，以确定是否需要联测到其他已知高程水准点上；水准点间联测和起算高程引测，宜采用水准测量方法施测，四等网也可采用光电测距三角高程测量方法；最后均采用由一岸引测的高程来推算全桥水准点的高程，在成果中应着重说明其引测关系及高程系统。

桥梁施工高程控制网复测一般与平面控制网复测一并进行，复测时采用不低于原侧精度的方法，当水中已有建成或即将建成的桥墩时，可予以利用，以缩短其跨河视线长度。

任务四　桥梁施工放样

桥梁施工放样前应检查控制点情况，当控制点密度不能满足施工定位放样要求后，应按同精度扩展或降级加密的方法增设。加密控制点应选在距离桥中线较近、通视条件良好且不受施工干扰、比较稳固的地基或建（构）筑物上。长距离跨河、海桥梁施工中，可在河、海中相隔2km左右的优先施工桥墩承台上布设GNSS加密控制点。

桥梁施工放样工作主要包括以下主要内容：墩台纵、横轴线的确定，基坑开挖及墩台扩大基础的放样，桩基础的桩位放样，承台及墩身结构尺寸、位置放样，墩帽及支座垫石的结构尺寸、位置放样，桥涵上部机构中心及细部尺寸放样，施工各阶段的高程放样。

典型桥梁示意图如图 2-5-6 所示。

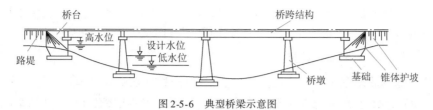

图 2-5-6　典型桥梁示意图

1.桥墩、桥台定位测量

在桥梁施工测量中,测设桥墩、桥台中心位置的工作称为桥梁墩、台定位。桥梁墩、台中心点定位宜采用全站仪极坐标法、导线法。

在桥梁设计中,墩、台中心坐标(x、y)已设计,可用全站仪按极坐标法测设。原则上可将仪器放置在任何一个控制点上,根据墩、台坐标和测站点坐标,反算出极坐标放样数据,即角度和距离,然后依此测设墩、台的中心位置。

(1)岸上桥梁墩、台定位

使用全站仪极坐标法由不同控制点放样的点位的不符值不应大于2cm,在限差以内时取放样点连线构成图形的几何中心为墩(台)中心点。

用全站仪进行直线桥梁墩、台定位具有简便、快速、精确的特点,只要墩、台中心处可以安置反射棱镜,仪器与棱镜能够通视,即可采用。测设时最好将仪器置于桥轴线的一个控制桩上,瞄准另一个控制桩,此时远镜所指方向为桥轴线方向。在此方向上移动棱镜,通过测距定出各墩、台中心。这样测设可有效控制横向误差。为确保测设点位的准确,测后应将仪器迁至另一控制点上再测设一次进行校核。

桥垮长、跨数少的曲线桥,宜采用导线法确定墩位中心。导线角度应以不低于1″级的全站仪测设,偏角总闭合差f_β不应大于式(2-5-7)的规定。

$$f_\beta = 8\sqrt{N} \qquad (″) \qquad (2\text{-}5\text{-}7)$$

式中:N——桥梁跨数。

(2)水中桥梁墩定位

水中桥墩基础采用水上作业平台施工时,用全站仪极坐标法或交会法进行中心点定位。水中桥墩基础施工采用单侧(或双侧)栈桥时,可沿栈桥布设桥梁中心线的平行线,通过岸上控制点沿平行线方向用直接丈量法设置桥墩的中心里程点,与交会法测点坐标的互差不得大于2cm,以直接丈量法为准。

水下基础施工过程中应加强对水上平台或栈桥上设置的桥墩中心点的检核,及时掌握平台或栈桥的位移情况。当两次测量不符值大于2cm 时,应重新测设桥中心点。

(3)纵横轴线的放样

在桥墩、桥台中心定位之后,还应放样出墩、台的纵横轴线,作为墩、台细部放样的依据。对旱桥或浅水桥,可以直接用全站仪采用拨角法放样;位于水中的桥墩,如采用筑岛或围堰施工时可以把纵横轴线测设于岛上或围堰上。直线桥的墩、台轴线应与桥轴线垂直;若曲线桥墩、台中心位于路线中心上,则墩、台的纵轴线为墩、台中心处曲线的切线方向,而横轴与纵轴垂直。

施工过程中,由于墩位中心及纵横轴线的标志一般都不易长期保存,往往在前一个施工环节中已被破坏,因此必须采取重新交会的方法或根据护桩恢复墩位中心及纵横轴线,再进行下一步的细部放样工作。墩、台轴线的护桩在每侧应不少于两个,尽量在每侧设 3 个护桩,以防护桩被破坏。护桩的位置一般是在放样出的桥梁墩、台纵横轴线上,这样有利用于校核。特殊情况(如水中桥墩护桩)也可以不在轴线上,这时要用方向交会法设置护桩。

2. 基坑开挖及扩大基础的放样

明挖基础基坑放样宜采用全站仪极坐标法,基础高程应在基底处理后测量。

如图 2-5-7 所示,在地面已定出桥墩中心位置 O 及纵横轴线 XX'、YY'。已知基坑底面尺寸长 28m、宽 6m,挖基深度为 5m,基坑坑壁坡度为 1:1.5,现欲放样基坑的开挖边线 $PQRS$。

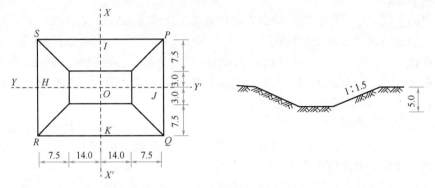

图 2-5-7 基坑开挖边线放样(尺寸单位:m)

根据基坑底面尺寸计算出 P、Q、R、S 各点对纵横轴线的垂距,即可按直角坐标法放样 4点。通过几何关系可得 P 点对纵轴的垂距:

$$PI = J_0 = 14 + 5 \times 1.5 = 21.5\text{m}$$

P 点对横轴的垂距:

$$PJ = I_0 = 3 + 5 \times 1.5 = 10.5\text{m}$$

在现场根据 I_0、J_0 的计算值用钢尺沿纵横轴线方向在地面定出 I、J 两点,然后分别在 I、J两点以 PI、PJ 两距离相交定出 P 点。采用相同方法可依次定出其他各点在地面上的位置,即得基坑的开挖边线 $PQRS$。

岸上桥墩的沉井(原地或筑岛)施工测量时,沉井制造、下沉和接高放样测量,应以桥墩中心纵横十字线和统一的高程基准面为依据,并逐层向上传递。沉井下沉过程中,应定时测量推算沉井顶、底位置和高程。沉井下沉到设计高程后,应检查并调整沉井顶部十字线和基准面,推算沉井顶、底位置和高程。

水上桥墩的沉井施工测量时,在水上沉井拼装前,应在拼装船上设放十字线、轮廓线、检查线及高度基准面,各对角线间或中点连线间的长度互差限值为 10mm,高度基准面的平面符合性验算限差为 5mm。沉井拼装完成后,应检查顶面尺寸及高度,并应投放顶面十字线与高度面。沉井下沉就位过程中应定时测量沉井位置,并根据需要测量沉井附近河床冲刷、局部流速和流向。从沉井定位至嵌入河床处于稳定状态的过程中,应及时测定沉井的位置、扭角、倾斜、刃脚高程,并根据施工需要进行局部水文测量。

3. 桩基础的桩位放样

桩基础钻孔放样和桥墩定位放样方法相同,常采用全站仪极坐标法,桩基础定位放样应注意以下几点:

(1)认真熟悉图纸,详细核对各轴线桩布置情况,例如,是单排桩还是双排桩、梅花桩等,每行桩与轴线的关系是否偏中,桩距多少、桩个数、承台高程、桩顶高程。

(2)根据轴线控制桩纵横间距,把轴线放到地面上,从纵横轴线交点起,按桩位布置图进行逐个桩定位,在桩中心钉上木桩。

(3)每个桩中心都固定标志,一般用尺寸为4cm×4cm的方木桩钉牢,用浅颜色做标志,以便钻机在成孔过程中及时正确地找准桩位。

(4)桩基成孔后,灌注混凝土前应在每个桩附近重新测量高程,以便正确掌握桩顶高程。

管桩施工测量时,每根管桩打入、接桩过程中及到达设计高程后,应定时测定桩位中心的平面位置、倾斜度和桩顶高程,并推算桩尖高程及承台底处的桩顶位置。管桩的平面测设限差为20mm。斜桩应按设计坡度推算至地面高程后再测设。承台浇筑前,应测定管桩群顶部位置,编列单根管桩及管桩群的位移及倾斜竣工资料。

钻(挖)孔灌注桩测量放样时,埋设护筒后,桩位中心平面位置允许偏差为20mm,并测定护筒顶面高程。灌注混凝土后应测定桩位中心坐标,并在桩侧按桩头设计高程测定高程线。

海中桥墩基础施工放样及其竣工测量可采用RTK技术,平面测量限差为20mm、高程测量限差为50m。打桩船GNSS定位系统进场后及每个承台第一根桩的施工过程中,可采用下列方法校核:

(1)全站仪辅助定位。

(2)改换使用另一个GNSS参考站的信号。

(3)船上布设校核点,测量其三维坐标,再根据校核点与桩身的几何关系推算出桩身偏位。

承台其余桩位的校核可量取各桩之间的几何距离来比对。

测量海中钢管桩桩顶高程时,在上、下游的承台钢管桩中各选一个倾斜度相对较小的钢管桩。高程可用RTK放样,每根桩放样3次,再用塑料水管进行两桩校核,选取其相符值。海中其他钢管桩截桩高程测量满足以下规定:

(1)承台其他桩的高程,从已测桩开始用塑料水管顺次引测至已测桩。当已测桩两次测量高程之差超过5mm时,进行返测,直至符合要求为止。

(2)每次测高前,在控制点上进行RTK比对,求取RTK测高改正常数,并在已放样好的标志上进行验证。

钢管桩桩头处理完毕后按下列规定测量钢管桩中心点的坐标,将其归算至设计高程处并与设计坐标比较,其较差不大于$d/4$(d为桩径)。

(1)截桩后,在桩顶安放十字架,用RTK测定桩心坐标,计算桩心偏位。

(2)RTK测取桩心坐标时观察屏显数据随桩体晃动的变化情况,记录晃动中心值,每根桩记录3次,取其均值。

4.桥台、墩身施工放样

基础部分做完后,墩中心点应再利用控制点交会测设出。然后在墩中心点设置全站仪放出纵横轴线,并将纵横轴线投影到固定的附属结构物上,以减少交会放样次数。同时根据岸上水准基点检查基础顶面的高程,其精度应符合四等水准要求。根据纵横轴线即可放样承台、墩身砌筑的外轮廓线。随着桥墩砌筑的升高,可用较重的垂球将标定的纵、横轴线转移到上一段,但每升高3~6m后须检查一次桥墩中心和纵横轴线。

承台、墩身、顶帽及垫石平面形状和尺寸应依据桥墩中心纵横十字线放样,高程可采用几何水准或光电测距三角高程测量方法测定。

承台模板尺寸的设放限差为40mm,高程设放限差为30mm;墩身模板尺寸的测量限差为20mm,高程设放限差为30mm,模板上同一高程线的测量限差为10mm。

顶帽立模前应检查中心十字线的正交性。顶帽模板尺寸的设放限差为10mm,高程精度应符合四等水准测量要求。灌注混凝土前,应检查该墩至两邻墩的跨距。

使用全站仪进行承台、墩身、顶帽、垫石放样及模板检查时,应检测后视点坐标,实测坐标与已知坐标的互差不应大于10mm,且前视距离不应超过后视距离。

长距离跨河或跨海桥梁的水中承台施工时,可先在承台上测设GNSS加密控制点,然后采用全站仪极坐标法进行水中承台轴线点施工放样。承台高程可采用GNSS高程拟合法测定,高程拟合误差不应大于30mm。墩身高程必须进行全桥贯通测量。

灌注顶帽混凝土至顶部时,根据需要在墩顶桥梁中线上埋设中心标1~2个,并在墩顶上、下游异侧各埋设水准标一个(图2-5-8)。在桥墩建成后,应测定中心标里程及高程。

圆头墩身平面位置的放样方法如图2-5-9所示。欲放样墩身某断面尺寸为长12m、宽3m、圆头半径为1.5m的圆头桥墩。在墩位上已设出桥墩中心O及其纵横轴线XX'、YY',则可以O点为准,沿纵线XX'方向用钢尺向两侧各放出1.5m得I、K两点,再以O点为准,沿横轴YY',用钢尺放出4.5m得圆心J点,然后再分别以I、J及K、J点用距离交会法测出P、Q点,并以J点为圆心,以$JP=1.5$m为半径,作圆弧得弧上相应各点。用同样方法可放出桥墩的另一端。

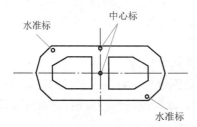

图2-5-8 桥墩顶帽预埋点示意图

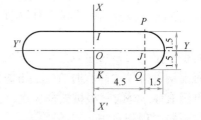

图2-5-9 圆头墩身放样(尺寸单位:m)

承台全部或部分竣工后,应依据施工控制点进行贯通测量。当实测跨距与设计跨距的值超过2cm时,应根据桥墩设计允许偏差逐墩进行跨距调整。

5. 斜拉桥施工测量

斜拉桥主塔塔座竣工后,应按下列规定建立高塔柱施工控制点:

(1)采用测边交会法、边角后方交会法或GNSS静态相对测量技术,精密测放主塔墩墩中心点,点位限差为5mm。同时应设立上、下游墩中心线控制点。

(2)当主跨实测跨距与设计跨距的差值超过5mm时,应适当调整两主塔中心点位置,同时调整相邻桥中心点位置。边跨实测跨距与设计跨距的较差不应超过5mm。

(3)以两主塔中心连线作为斜拉桥桥中线,检测主塔两端相邻墩的位置。当相邻墩偏离桥中线方向的距离超过5mm时,应适当调整相邻墩墩中心点的位置。

(4)设立四个水准标,分别位于桥中线和墩中心线方向上。相邻墩墩顶水准标的测定应与主塔塔座水准标进行二等跨河水准联测。

斜拉桥主塔塔柱施工测量基准的传递应符合下列规定:

(1)平面基准的传递:塔柱内中心点的位置可采用激光准直法、精密天顶基准法、全站仪逐次趋近法或全站仪坐标差分法等方法,由墩中心点向上铅垂投放。当两次投影中心位置的偏距不超过3mm时,取其平均位置,再利用不低于2″级仪器,放出塔柱内基本控制点（柱中心线和墩中心线）。

（2）高程基准可使用水准仪借助经鉴定合格的钢卷尺，沿塔柱方向逐次向上传递。也可在相邻墩上设置全站仪，采用全站仪三角高程差分法，观测主塔塔座水准标 2 次或 2 次以上，求出观测值与原水准高程程值（理论值）的差值，并及时进行差分改正。当全站仪仰角超过 15°时，应悬挂钢卷尺复核。

（3）斜拉桥主塔塔柱模板的检查测量应以塔柱内基本控制点为依据进行，模板平面尺寸误差的限差为 10mm。

（4）塔柱内基本控制点及高程临时控制点的测设应在日出前或夜间进行。

斜拉桥主塔塔顶索道管的定位测量应符合下列规定：

（1）索道管顶口与底口定位的三维坐标偏差不宜大于 5mm。

（2）索道管顶口与底口中心坐标的相对偏差不宜大于 3mm，索道管中心线的空间方位偏差不宜大于 30′。

任务五 桥梁变形观测

无砟轨道桥涵、设计速度 250km/h 及以上的有砟轨道桥涵应进行沉降观测与评估，并且无砟轨道桥梁梁体应进行徐变变形观测与评估。桥梁变形观测应以墩台基础的沉降和预应力混凝土梁的徐变变形为主，涵洞变形观测应以自身沉降观测为主。

桥涵主体工程完工后，沉降变形观测期不应少于 6 个月；岩石地基等良好地质区段的桥梁，沉降观测期不应少于 2 个月。观测数据不足或工后沉降评估不能满足设计要求时，应适当延长观测期。

大跨度桥梁等特殊桥梁的沉降变形和梁体徐变变形应按设计方案进行观测。水中墩（台）和地形复杂的特殊桥梁，可根据工程实际情况制定沉降变形观测方案。

一 桥涵变形控制标准

在轨道铺设前，应对桥涵变形做系统的监测及评估，确认桥涵基础和梁体长期变形等是否满足设计要求。

无砟轨道桥梁的梁体徐变限值应符合表 2-5-5 的规定。特殊桥跨结构的竖向徐变变形应符合设计文件要求。

无砟轨道常用跨度桥梁的梁体徐变限值　　　　表 2-5-5

简支梁跨长 L	徐变上拱度	简支梁跨长 L	徐变上拱度
L≤50m	<10mm	L>50m	<L/5000，且≤20mm

桥梁墩（台）基础的工后沉降应符合表 2-5-6 的规定，特殊条件下，无砟轨道桥梁沉降限值可结合预留调整量与线路具体情况确定。

桥梁墩（台）基础的工后沉降控制标准　　　　表 2-5-6

沉 降 类 型	有砟轨道（mm）		无砟轨道（mm）
	时速 200km	时速 250~350km	
墩（台）均匀沉降	≤50	≤30	≤20
相邻墩（台）沉降差	≤20	≤15	≤5

超静定结构相邻墩台沉降差除应满足静定结构的规定外,还应满足设计文件给出超静定结构允许的沉降差要求。

框构、旅客地道及涵洞工后沉降限值应与相邻路基工后沉降限值一致。

二 桥梁工程沉降测量的一般规定

控制桥涵沉降,主要是控制工后沉降。在计算工后沉降的值时,由于受到各种因素的影响往往偏差很大,因此有必要进行实测验证,积累观测数据。

无砟和有砟轨道铺设前,应对桥涵沉降、变形做系统的评估,确认桥涵基础沉降、梁体变形等是否符合技术标准要求。

通过各施工阶段对墩台沉降的观测,验证和校核设计理论、设计计算方法,并根据沉降资料的分析预测总沉降和工后沉降量,进而确定桥梁工后沉降是否满足铺设无砟或有砟轨道要求。

根据沉降资料分析,对沉降量可能超标的墩台研究对策,提出改进措施,以保证桥梁工程的安全;同时积累实体桥梁工程的沉降观测资料,为完善桩基础沉降分析方法提供基础资料。

观测期内,基础沉降实测值超过设计值20%及以上时,应及时查明原因,必要时进行地质复查,并根据实测结果调整计算参数,对设计预测沉降进行修正或采取沉降控制措施。

三 桥墩台变形观测方案

桥梁沉降观测应以桥梁墩台的沉降和预应力混凝土的徐变变形为主,建设期间分别在桥台及墩身上设置变形监测点。桥梁观测附合水准路线长度一般为200m。观测断面及断面点布设须以设计文件为准,基本原则如下:

1. 变形观测点布置

为了满足变形观测的需要,需要在梁部、桥墩及承台上设置观测标,自梁体预应力张拉开始至无砟轨道铺设前,应系统观测梁体的竖向变形,预应力张拉前为变形起点。承台观测标为临时观测标,当墩身观测标正常使用后,承台观测标随基坑回填将不再使用。观测断面及断面点布设须以设计文件为准,基本原则如下:

(1)对原材料变化不大、预制工艺稳定、批量生产的预应力混凝土预制梁,每个梁场前3片梁进行徐变观测,以后每100片梁选测一片。移动模架施工的简支梁,对前6孔梁进行重点观测,以验证支架预设拱度的精度,验证达到设计要求后,可每10孔梁选择1孔梁设置观测标。其余现浇梁应逐跨观测。

简支梁的1孔梁设置6个观测标,分别位于两侧支点及跨中;现浇梁上的观测标,分别在支点、中跨跨中及边跨的1/4附近设置,相邻跨墩顶观测点可共用。桥面系防水层等部位施工时,观测标志可转移到挡土墙上。确保观测标不与挂篮滑道等冲突破坏。

连续梁梁体徐变观测标如图2-5-10所示,梁体徐变观测标布置如图2-5-11所示。

(2)每个桥墩均设置承台观测标和墩身观测标。

(3)承台观测标分为观测标1、观测标2。承台观测标1设置于底层承台左侧小里程角上,承台观测标2设置于底层承台右侧大里程角上,如图2-5-12所示。

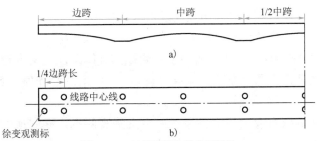

图 2-5-10　连续梁梁体徐变观测标

a)立面;b)平面

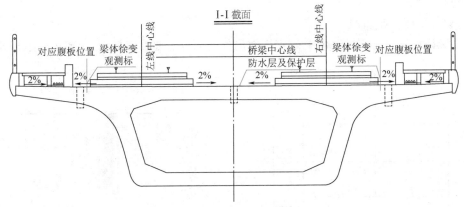

图 2-5-11　梁体徐变观测标布置示意图

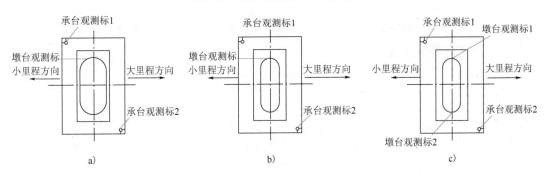

图 2-5-12　承台观测标平面位置示意图

a)截面及基础平面;b)基础平面 1;c)基础平面 2

（4）桥墩观测标的埋设：

①一般情况下当墩全高大于 14m 时（指承台顶至墩台垫石顶），墩身上埋设 2 个观测标，当墩全高小于或等于 14m 时,埋设 1 个观测标,如图 2-5-13 所示。

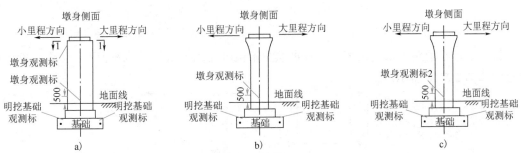

图 2-5-13　桥墩监测标埋设图（尺寸单位:mm）

a)当墩高小于 4m 时埋标示意图;b)当墩高在 4~14m 之间时埋标示意图;c)当墩高大于 14m 时埋标示意图

②桥墩观测标一般设置在墩底高出地面或常水位 0.5m 左右；当墩身较矮立尺困难时，桥墩观测标可在对应墩身埋标位置的顶帽上埋设。特殊情况可按照确保观测精度、观测方便、利于测点保护的原则，确定相应的位置。桥墩上观测标的具体设置位置如图 2-5-13 所示。

③桥台观测标的埋设观测点原则上应设置在台顶（台帽及背墙顶），数量不少于 4 处，分别设在台帽两侧及背墙两侧（横桥向）。

④涵洞进出口两侧帽石或涵体应各设置 1 个沉降观测点。涵洞顶中心应设置 1 个沉降板，如图 2-5-14 所示。

2. 观测标构造

（1）梁体沉降变形观测

观测标采用 $\phi20mm$ 的不锈钢棒，钢棒露出外面部分需要磨圆处理，如图 2-5-15 所示。

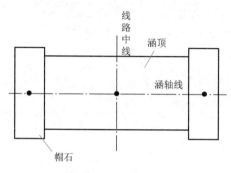

图 2-5-14　涵洞观测标

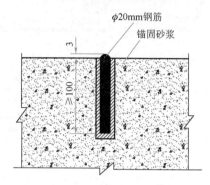

图 2-5-15　梁体沉降变形观测标（尺寸单位：mm）

（2）墩身沉降变形观测标

采用 $\phi15mm$ 不锈钢螺栓，如图 2-5-16 所示。

3. 观测方法

桥梁梁部水准路线观测按二等水准测量精度要求形成闭合水准路线，沉降观测点位布设及水准路线观测示意图如图 2-5-17 所示，其中测点 1、2、3、4 构成第一个闭合环，测点 3、4、5、6 构成第二个闭合环。

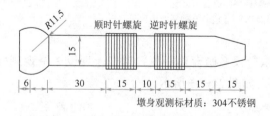

墩身观测标材质：304不锈钢

图 2-5-16　墩身沉降变形观测标（尺寸单位：mm）

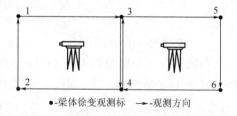

●-梁体徐变观测标　→-观测方向

图 2-5-17　桥梁梁部沉降观测水准路线示意图

桥梁墩台水准路线观测按相应等级水准测量精度要求形成附合水准路线，水准路线观测示意图如图 2-5-18 所示。

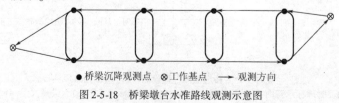

●桥梁沉降观测点　⊗工作基点　→ 观测方向

图 2-5-18　桥梁墩台水准路线观测示意图

四 观测资料要求

桥涵基础沉降和梁体徐变变形的观测精度为 ±1mm,读数取位至 0.1mm。

测量单位要按照观测时间要求及时进行沉降观测。观测数据及时计算存入数据库,所有测试数据必须真实准确,不得造假;记录必须清晰,不得涂改,观测数据要求结合施工过程,详细记录各个施工节点前后的观测数据,如架梁时间、轨道板底座施工时间、铺板时间、轨道板精调时间以及铺轨时间。

五 观测频次

1. 梁体徐变变形观测

自梁体预应力张拉开始至无砟或有砟轨道铺设前,应系统观测梁体的竖向变形。预应力张拉前为变形起始点,梁体徐变观测的阶段及频次要满足表2-5-7的要求。

梁体徐变观测频次 表2-5-7

观 测 阶 段	观 测 频 次		备 注
	观测期限	观测周期	
梁体施工完成	—	—	设置观测点
预应力张拉期间	—	张拉前后各1次	测试梁体弹性变形
预应力张拉完成至轨道板(道床)铺设前	张拉完成后第1天	1次	—
	张拉完成后第3天	1次	
	张拉完成后第5天	1次	
	张拉完成后1~3月	1次/周	
轨道铺设期间	—	铺设前后各1次	—
轨道铺设完成后	0~3月	1次/月	残余徐变形长期观测
	4~12月	1次/3月	
	12月以后	1次/6月	

2. 墩台沉降观测

每个墩台从承台施工后就要开始进行沉降首次观测,以后根据表2-5-8中要求的时间间隔进行观测。

墩台变观测频次 表2-5-8

观 测 阶 段		观测期限	观 测 频 次	平行观测频次	备 注
墩台施工到一定高度			1次	1次	设置观测点
墩台混凝土施工		全程	完成后1次	完成后1次	相应墩台
预制梁桥	架梁前	全程	1次/月	1次	相应墩台
	预制梁架设	全程	架梁前后各1次	架梁后1次	
桥位施工桥梁	制梁前	全程	1次/月	1次	—
	上部结构施工中	全程	荷载变化前1次,荷载变化后前3d为1次/d	1次	—

续上表

观测阶段	观测期限	观测频次	平行观测频次	备 注
架桥机(运梁车)通过	全程	首次通过前 1 次,首次通过后前 3d 为 1 次/d,以后 1 次/周		相应墩台
桥梁主体工程完工后	第 1~3 月	1 次/周	1 次/月	—
	第 4~6 月	1 次/2 周	2 次	
	6 个月以后	1 次/月		
轨道铺设期间	前后	1 次	—	
轨道铺设完成后	第 1 个月	1 次/2 周	—	工后沉降长期观测
	第 2~3 月	1 次/月	—	
	4~12 月	1 次/3 月	—	
	12 个月以后	1 次/6 月	—	

表 2-5-8 同样也适用于有砟轨道桥梁。

3.涵洞沉降观测

涵洞沉降变形观测可在涵顶路基填土开始后进行,观测频次与路基沉降观测同步进行。

六 其他注意事项

(1)观测仪标保护。观测期间应对观测点采取有效的保护措施,防止施工机械的碰撞、人为因素的破坏等,观测标位置应采取醒目标志等措施,以保证观测仪标的长期功能及安全要求。

(2)沉降观测按照规定时间和频次要求严格执行,并定期复测避免沉降异常。

(3)将观测数据中各加载阶段标识清楚,避免数据分析时造成误判,如架梁完成、架梁、桥面恒载施工等。

(4)加强对观测标的定期检查并严格落实,如出现观测标被敲击、挖橇、丢失等情况时及时恢复并进行复测。

(5)无砟或有砟轨道铺设前可根据具体情况,如各段落铺设轨道的间隔时间相差较大或沉降非常敏感的地段等适当增加观测频次,为无砟或有砟轨道铺设条件的评估提供数据支持。

(6)地基为岩石等良好地基的桥涵,设计和观测沉降量小于 5mm 时,可考虑不再进行预测、评估。

测量技能等级训练

哈大客运专线××标段××桥梁项目施工三角网如图 2-5-19 所示,各控制点的坐标值见表 2-5-9,Ⅰ 点到 0 号台的距离为 20m,0 号台到 2 号墩的距离为 32m,2 号墩到 4 号墩的距离为 32m。

求:

(1)计算 0 号台、2 号墩、4 号墩的坐标。

（2）说明测量步骤。

各控制点的坐标值　表 2-5-9

编号	x 坐标（m）	y 坐标（m）
Ⅰ 点	21.563	−316.854
Ⅱ 点	0.000	0.000
Ⅲ 点	−7.686	+347.123
Ⅳ 点	+473.435	0.000

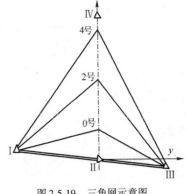

图 2-5-19　三角网示意图

273

项目六 隧道测量

📧 项目概要

本项目介绍了隧道勘测、洞外控制测量、洞内控制测量、联系测量和贯通测量、隧道施工放样以及隧道变形观测等内容。

任务一 隧道勘测

一 隧道及辅助坑道中线测量

隧道段落中线测量的方法和要求同中线测量。辅助坑道也应进行中线测量。

隧道进出口、明挖施工段、洞身浅埋段、辅助坑道洞口等处根据地形、地质情况适当加桩，桩距宜为 5～10m，满足洞口调查和专业设计要求，并在加桩范围内至少测设 2 个方桩。

洞顶线路中线桩，除公里桩、转点桩、曲线控制桩、地形特征点、地质加桩外，其他桩可不测设，确保洞顶加桩间距不大于 300m，便于地质、物探等专业调查。洞顶山脊最高点、山谷最低点应加桩。

辅助坑道的中线测设一般以辅助坑道与正线的交叉点为中线起点（即零点），洞口方位以大里程进行测设。测设方法同中线测量。

二 洞口地形测绘

定测阶段，隧道进出口、辅助坑道洞口应测绘 1:500 地形图。测绘范围一般为洞口里前、后、左、右各宽 60～100m，特殊地形条件及有引桥、改沟（防护）等工程处理措施时，根据专业设计需要适度扩大测绘范围。隧道明挖施工段、洞身浅埋段也应测绘 1:500 地形图，测绘范围应满足设计需要。

隧道洞口 1:500 地形图在施工独立坐标系下进行测绘，也可以线路中线建立相对坐标系进行测绘，在地形图上绘制线路中线并标注里程。

隧道洞口地形图测绘的方法有全站仪极坐标法、航测成图法、机载激光雷达扫描成图法、地面近景摄影测量法和地面激光雷达扫描成图法等。测绘时视地形条件采用适当的方法。

三 洞口横断面测量

洞口地段中线加桩均施测横断面。洞身浅埋地段或穿越地质不良地段、设计明挖地段的中线加桩也应施测横断面。横断面比例尺为 1:200。

洞口横断面面向洞口分左右侧绘制，洞身横断面面向大里程分左右侧绘制。横断面的宽度一般为每侧 50m 或按实际需要确定。

横断面应结合 1∶500 地形图进行测绘。采用常规方法测绘横断面时,应与比例尺为 1∶500 的地形图测绘同时开展并且测点共享;采用非常规测量手段时,测绘横断面的模型应与生成地形图的模型相同,以保证横断面与地形图的一致性。

四 既有隧道测量

既有隧道需要改造或加固时需进行以下测量工作:

(1)根据平面测绘的既有轨道中线,测量隧道平剖面的现状及隧道中线与既有轨道中线的偏移距值。其偏移距值的测量:洞内直线上宜每隔 50m、曲线上每隔 20m 量测一次,取位至厘米(cm)。

(2)洞内横断面测量:在直线上宜每隔 50m、曲线上每隔 20m 量测一个隧道横断面,断面变化处另行加测。实测中在净空不足的地段,每 10m 测一个,并确定其起讫里程。每个断面可测量 7 点,最少不得少于 5 点,可根据既有隧道断面形状不同及需要,酌情增加实测点数,具体要求如图 2-6-1 所示。

图 2-6-1 中 1-1′点为轨面上 121cm 处;2-2′点为拱脚;3-3′点为拱腰;4 点为拱顶;5-5′为边墙中点;一般直墙隧道断面按 1-1′、2-2′、3-3′、4 其 7 点测绘;曲边墙断面增加 5-5′点,按 9 点测绘;h_3 与 h_4 分别为内轨顶面及盖板顶面至水沟底的高度;高程和尺寸均取位至厘米(cm)。其他类型衬砌可参照图 2-6-1 取点丈量。

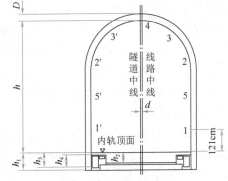

图 2-6-1 隧道洞内横断面测量

(3)根据隧道内每百米开挖的道砟厚度,计算并标注隧底高程。

(4)洞口地形图及洞口横断面的测量基本同新建线。

任务二 洞外控制测量

长大隧道洞外控制测量包括平面控制测量与高程控制测量。它的任务是测定隧道各洞口控制点的平面位置和高程,作为向洞内引测坐标、方向及高程的依据,并使洞外与洞内在同一控制系统内,从而保证隧道的准确贯通,目前常用的隧道洞外平面控制测量方法为 GNSS 控制测量。

一 GNSS 控制测量

GNSS 控制测量技术在隧道控制测量中得到比较广泛的应用,本章主要对长大隧道 GNSS 控制测量及数据处理中的不同于其他 GNSS 控制网的一些关键问题进行详细阐述,对布网、洞口投点、观测等外业测量方法及经验进行论述,对独立坐标系下的平差计算方法、坐标转换进行研究,对控制网平差后对线路中线的调整设计的影响、里程的推算、进洞关系的计算等问题进行论述。

1.选点及布网

(1)选点

①隧道 GNSS 网的点位既要满足 GNSS 测量的要求,又要适合隧道贯通测量对控制点的点

位要求,即满足进洞施工测量需要;GNSS 测量要求高度角 15°以上没有成片障碍物,以免阻挡卫星信号,因此,选择进出洞口控制点位时,应顾及 GNSS 测量的这一要求;GNSS 测量还要求远离大功率无线电发射源,以免干扰卫星信号,避开成片平坦的表面,以防多路径效应等。

②一般来说,隧道的每个洞口至少要布设 3 个控制点,其中 1 个点位于隧道的中线上,这 3 个点必须相互通视,以便能用常规方法引测起始方位,另一方面可以在洞口控制点被破坏时利用另两个点进行恢复;对于在中线上的点,直线隧道可以在进出口各布设 1 个点,对于曲线或组合形式隧道,要在每条切线边上至少布设两个控制点,以便控制整个隧道的方向;中线上的点应用线路定测控制点及中线资料,在实地应用 RTK 放设,确保其精度,以便与线路衔接。

③各洞口间的距离一般不会超过 20km,用 GNSS 施测小于 20km 的基线边,即使采用商用软件计算,也能达到比常规方法更高的精度;对于长度大于 20km 的基线边,采用精密星历、专用软件进行基线解算;由于 GNSS 测量不要求控制点相互通视,只需布设位于隧道洞口服务于进洞测量的点位,因此 GNSS 隧道控制网不必增设任何过渡点,可直接用 GNSS 联测各洞口的起始方位控制点,形成洞口子网及子网间的联系网,比常规测量节省大量工作;由于地形原因,洞口子网点间的距离受到一定的限制,《铁路工程测量规范》(TB 10101—2018)中规定定向边长不少于 300m,而无砟轨道控制测量中对 CP I 边的要求是不小于 1000m,综合两方面考虑,边长应尽可能长一些。

④洞口控制点一般布设于不填不挖地段,便于保存和引测,洞口开挖后不影响通视及避开施工干扰。洞口投点纳入控制网内,并采用较好的图形强度连接;有困难时,宜采用图形强度较好和观测条件有利的单三角形与主网连接。洞口投点在直线段不少于 2 个,曲线段不少于 3 个。

(2)布网

①洞外平面控制网设计尽量沿两洞口连线方向布设,以减少测量误差的横向影响;布设控制点应控制隧道施工范围内的线路位置,将线路中线控制点纳入控制网内,双线隧道一般控制线路左线;直线隧道至少选择进、出口附近两点作为中线控制点;曲线隧道分别在两条切线上选择两点为中线控制点,一般情况下尽可能利用线路交点;控制点点位可选择线路定控制桩,或者根据现场情况以线路控制桩为依据测设或延长线路控制桩。

②控制网由各洞口(包括斜井)联系网组成,洞口子网布设的控制点不得少于 3 个,其中至少 1 个点为洞口投点。

③隧道每个开挖洞口布设的不少于 3 个稳定可靠的 GNSS 控制点(包括至少 1 个洞口投点)应互相通视,点间距离根据测量等级要求确定:布设洞口投点时,应考虑用常规测量方法检测、恢复以及洞内引测的实际需要,洞口投点应与子网的其他两个控制点通视。

④洞口投点连接边的边长不宜太短,连接边的两端控制点宜与洞口线路设计高程等高。

⑤隧道 GNSS 控制网宜布设成三角形网、菱形网或大地四边形网:各控制点与隧道中线点直接构成 GNSS 基线向量的观测值,每个点至少有 2 条 GNSS 基线向量的观测值,多数点有 3 条以上 GNSS 基线向量的观测值。

⑥布网完成后应进行横向贯通误差的估算,以确定是否满足工程的要求。

2. 外业观测

隧道 GNSS 网采用静态作业模式作业,接收机标称精度不低于 ±(5mm + 1ppm),且检定合格。作业前按规范要求进行相关检测,作业过程中保持接收设备工作状态良好。观测前,按设计的控制网网形、卫星可见预报表、GNSS 接收机数量、交通情况编制 GNSS 观测计划;特别是对于测区环视条件差的测区,因各个点上障碍物的高度角、方位角都不一致,容易造成每站上观测均有 4 颗或 4 颗以上卫星,而差分后的共同卫星数少于 4 颗,因此必须在观测前进行预报分析,制订准确的调度计划,这样才能保证工作的顺利完成。同时根据确定的作业模式,设置作业任务参数,作业中通过对讲机和移动电话及时沟通信息。

观测应按设计控制网网形进行,洞口子网和联系网可统一观测,每条基线观测 2 个时段,时段长度大于 90min。观测时,为减小对中及相位中心误差,应对 GNSS 天线进行统一定向,第一时段指北定向,第二时段指南定向。目前 GNSS 天线相位中心偏差有的可达 2mm,若起始方位边长 300m,由此引起的方位角误差可达 1.94s,因此,观测时必须对 GNSS 天线进行定向,如统一指北。最好对天线相位中心进行检测,以防天线定向后,剩余误差还会影响进洞方位的精度。若施测两组基线,一组指北定向,一组指南定向,取均值后消除此剩余误差对起算方位的影响。

GNSS 测量宜使用具有管水准器的基座,测量前按要求进行仪器检校,最少每周对光学对中器检校一次并记录。对中误差小于 1mm,每个时段观测前、后各量天线高一次,两次较差值小于 2mm,取均值作为最后成果。观测过程中不得在天线附近 50m 以内使用电台,10m 以内使用对讲机;在一时段观测过程中不允许进行以下操作:接收机关闭又重新启动,进行自测试,改变卫星仰角限,改变数据采样间隔,按动关闭文件和删除文件等。

观测按照整体计划作业表进行,测量时使用仪器电子手簿进行自动记录点号、天线高数据,同时认真填写 GNSS 静态观测手簿。

为保证基线向量计算的精度时,选择已知一点在 WGS-84 坐标系中精度优于 20m 的绝对坐标,这就要求控制网中至少有一点连续观测 6h 以上,以获取精度较高的单点定位解。

GNSS 测量技术指标要求见表 2-6-1。

GNSS 测量作业的基本技术要求   表 2-6-1

项　目		级　别
		二等
静态测量	卫星高度角(°)	≥15
	有效卫星总数	≥5
	时段中任一卫星有效观测时间(min)	≥30
	时段长度(min)	≥90
	观测时段数	≥2
	数据采样间隔(s)	15
	PDOP 或 GDOP	≤6

观测 2 个时段时应采用不同的卫星星座。根据 GNSS 定位的特点,每一时段的观测时间与洞口间的距离有关,采用 2 个时段观测时,不同长度基线的观测时间见表 2-6-2。

隧道 GNSS 网的观测时间   表 2-6-2

贯通面距离(km)	<5	5~10	10~15	15~20
观测时间(min)	>60	>90	>120	>150

3. 数据处理

对于隧道 GNSS 网独立环闭合差检验,在外业观测后应对观测数据进行计算并检核观测成果的质量。首先根据商用软件进行基线解算,然后进行同步环检验,再根据实际布网选择独立基线构成独立环。由于隧道控制网的特殊性,对独立环闭合差的限差计算如下:

若基线观测的加常数误差为 $a(mm)$,乘常数误差为 $b(ppm)$,则边长为 D 的基线长度观测中误差为

$$m_s = \pm \sqrt{a^2 + b^2 D^2} \qquad (2\text{-}6\text{-}1)$$

一般可认为 GNSS 基线各分量的方差大致相等且等于长度的方差,设独立环中有 n 条基线边,取 2 倍中误差为极限误差,则独立环闭合差限差为

$$w = \pm 2\sqrt{\sum_{i=1}^{n} 3m_i^2} \qquad (2\text{-}6\text{-}2)$$

相对误差限差为

$$\Delta = \frac{\omega}{\sum\limits_{i=1}^{n} s} \qquad (2\text{-}6\text{-}3)$$

从隧道 GNSS 网贯通误差的估算可以看出,两相邻洞口的观测精度直接影响隧道的贯通精度。两洞口点构成的独立环有两种:一种是包含两洞口点的闭合环,另一种是只包含一个洞口内控制点的闭合环。各环一般只有 3 ~ 4 条基线边,下面对这两种闭合环的限差做进一步的探讨。

设隧道长为 s,洞口内部点间距离平均为 s_1,对第一种闭合环设其有 4 条基线,其中两条为相邻洞口间基线,其基线三维中误差按静态观测精度不低于 $\pm(5mm + 1ppm)$ 的要求观测,取 2 倍中误差为限差,则第一种异步闭合环的相对误差限差为

$$\frac{f_w}{\sum s} = \frac{\sqrt{2 \cdot 3(5^2 + s_1^2) + 2 \cdot 3(5^2 + s^2)}}{s_1 + s} = \frac{\sqrt{6}\sqrt{50 + s_1^2 + s^2}}{s_1 + s} \qquad (2\text{-}6\text{-}4)$$

以 $s_1 = 400$ 可计算出各长度隧道第一种闭合环相对中误差限差,见表 2-6-3。

第一种闭合环相对中误差限差 表 2-6-3

两隧道洞口长度(km)	<4	8	10	13	17	20
限差(ppm)	4.5	3.1	2.9	2.8	2.6	2.5

对第二种独立环设基线数为 3 条,边长平均为 s_1,则其相对闭合差限差为

$$\frac{f_w}{\sum s} = \frac{2\sqrt{3 \cdot 3(5^2 + s_1^2)}}{3 s_1} = \frac{2\sqrt{25 + s_1^2}}{s_1} \qquad (2\text{-}6\text{-}5)$$

按 $s_i = 300m、400m、500m$,可算出各种长度隧道第二种独立环闭合差限差,见表 2-6-4。

第二种独立环闭合差限差 表 2-6-4

基线精度	5mm + 1ppm			3mm + 1ppm		
边长(mm)	300	400	500	300	400	500
闭合差(mm)	30	30	30	18	18	18
相对闭合差(ppm)	33	25	20	20	15	12

若按 GNSS 基线观测精度取 ±（5mm+1ppm），则第二种基线独立环闭合差限差均小于 30mm，若观测精度为 ±（3mm+1ppm），则闭合差的限差为 18mm。

高程控制测量

隧道洞外高程控制网观测时，对于二等水准的观测采用不低于 DS1 的数字水准仪及其自动记录功能采集数据，水准仪、水准尺及观测按下列要求进行：

（1）水准仪视准轴与水准管轴的夹角 i，在作业开始的第一周内每天测定一次，i 角稳定保持在 10″以内时，可每隔 15d 测定一次，DS05、DS1 级不超过 15″；DS3 级不超过 20″。

（2）水准尺的米间隔平均长与名义长之差，钢瓦标尺不大于 0.15mm，木质标尺不大于 0.5mm。

（3）二等水准测量采用补偿式自动平安水准仪时，其补偿误差 Δa 不超过 0.2″。

（4）观测前 30min，应将仪器置于露天阴影处，使仪器与外界气温趋于一致。往返测宜安排在不同的时间段进行。晴天观测时应给仪器打伞，避免阳光直射。扶尺时应借助尺撑，使标尺上的气泡居中，标尺垂直。

（5）测量时仪器距前、后视水准标尺的距离应尽量相等，其差小于表 2-6-5 规定的限值，可以消除或削弱与距离有关的各种误差对观测高差的影响，如 i 角误差和垂直折光等影响。

水准测量计算取位　　　　　　　　　　　　　　表 2-6-5

等　　级	往（返）测距离总和（km）	往（返）测距离中数（km）	各测站高差（mm）	往（返）测高差总和（mm）	往（返）测高差中数（mm）	高程（mm）
二等水准	0.01	0.1	0.01	0.01	0.1	0.1

（6）在两相邻测站上，按奇、偶数测站的观测程序进行观测，奇数测站按"后前前后"、偶数测站按"前后后前"的观测程序在相邻测站上交替进行。每一测段的往测与返测，其测站数均应为偶数，由往测转向返测时，两水准标尺应互换位置，并应重新整置仪器，用来削减两水准标尺零点不等差等误差对观测高差的影响。

（7）在连续的各测站上安置水准仪的三脚架时，应使其中两脚与水准路线方向平行，而第三脚轮换置于路线方向的左侧与右侧。

（8）同一测站上观测时，不得两次调焦；转动仪器的倾斜螺旋和测微螺旋，其最后旋转方向均应为旋进，以避免倾斜螺旋和测微器隙动差对观测成果的影响。

（9）除了线路路线转弯外，每一测站上仪器与前后视标尺的三个位置宜为一条直线。

（10）水准测量限差符合表 2-6-6 ~ 表 2-6-9 中测量等级为二等的水准观测的要求。

水准测量限差要求（单位：mm）　　　　　　　　表 2-6-6

水准测量等级	测段往返测高差不符值	附合路线或环线闭合差		检测已测测段高差之差
		平原	山区	
一等	$\pm 1.8\sqrt{K}$	$\pm 2\sqrt{L}$	$\pm 2\sqrt{L}$	$\pm 3\sqrt{R_i}$
二等	$\pm 4\sqrt{K}$	$\pm 4\sqrt{L}$	$\pm 4\sqrt{L}$	$\pm 6\sqrt{R_i}$
三等	$\pm 12\sqrt{K}$	$\pm 12\sqrt{L}$	$\pm 15\sqrt{L}$ 或 $\pm 4\sqrt{n}$	$\pm 20\sqrt{R_i}$
四等	$\pm 20\sqrt{K}$	$\pm 20\sqrt{L}$	$\pm 25\sqrt{L}$ 或 $6\sqrt{n}$	$\pm 30\sqrt{R_i}$
五等	$\pm 30\sqrt{K}$	$\pm 30\sqrt{L}$	$\pm 30\sqrt{L}$	$\pm 40\sqrt{R_i}$

注：K 为测段路线长度，以 km 计；L 为路线长度，以 km 计；n 为测站数；R_i 为检测段长度，以 km 计。

单元二　项目六　隧道测量

279

水准测量的主要技术要求　　表 2-6-7

等级	水准仪类别	水准尺类型	视距（m）		前后视距差（m）		测段的前后视距累积差（m）		视线高度（m）		数字水准仪重复测量次数
			光学	数字	光学	数字	光学	数字	光学（下丝读数）	数字	
一等	DSZ$_{05}$、DS$_{05}$	铟瓦	≤30	≥4且≤30	≤0.5	≤1.0	≤1.5	≤3.0	≥0.5	≤2.8且≥0.65	≥3次
二等	DSZ$_1$、DS$_1$	铟瓦	≤50	≥3且≤50	≤1.0	≤1.5	≤3.0	≤6.0	≥0.3	≤2.8且≥0.55	≥2次
三等	DSZ$_1$、DS$_1$	铟瓦	≤100	≤100	≤2.0	≤3.0	≤5.0	≤6.0	三丝读数	≥0.35	≥1次
	DSZ$_2$、DS$_2$	双面木尺单面条码	≤75	≤75							
四等	DSZ$_1$、DS$_1$	双面木尺单面条码	≤150	≤100	≤3.0	≤5.0	≤10.0	≤10.0	三丝读数	≥0.35	≥1次
	DSZ$_3$、DS$_3$	双面木尺单面条码	≤100	≤100							
五等	DS$_3$	—	≤100	—	大致相等		—		—		—

水准测量的主要方式　　表 2-6-8

等级	水准仪等级	水准尺	观测次数		往返较差或闭合差（mm）	观测方法
			与已知点联测	附合或环线		
一等	DS$_{05}$	铟瓦	往返	往返	1.8$\sqrt{L}$	奇数站：后—前—前—后
						偶数站：前—后—后—前
二等	DS$_1$	铟瓦	往返	往返	4$\sqrt{L}$	奇数站：后—前—前—后
						偶数站：前—后—后—前
三等	DS$_1$	铟瓦	往返	往测	12$\sqrt{L}$	后—前—前—后
	DS$_3$	双面		往返		
四等	DS$_3$	双面	往返	往返	20$\sqrt{L}$	后—后—前—前，或后—前—前—后
五等	DS$_3$	单面	往测	往测	30$\sqrt{L}$	后—前

注：1. 结点之间或结点与高级点之间，其路线的长度，不大于表中规定的 0.7 倍。

　　2. L 为往返测段、附合或环线的水准路线长度，以 km 计。

水准测量观测的限差（单位：mm）　　表 2-6-9

等级		基、辅分划（黑红面）读数之差	基、辅分划（黑红面）所测高差之差	检测间歇点高差之差	上、下丝读数平均值与中丝读数之差
一等		0.3	0.4	0.7	3
二等		0.5	0.7	1	3
三等	光学测微法	1	1.5	3	—
	中丝读数法	2	3		
四等		3	5	5	—
五等		4	7	—	—

任务三 洞内控制测量

隧道洞内控制测量包括洞内施工导线测量和洞内施工高程测量,无砟轨道隧道还增加一项洞内 CPⅡ测量及高程控制测量。它们的目的是以必要的精度,根据联系测量传递到洞内的方位角、坐标及高程,建立地下平面与高程控制,用以指导隧道开挖方向,并作为隧道洞内施工放样的依据,保证相向开挖隧道在精度要求范围内贯通,并满足无砟隧道的铺设条件。

一 洞内施工导线测量

隧道洞内平面控制测量,通常有两种形式:当直线隧道长度小于 1000m,曲线隧道小于 500m 时,可不作洞内平面控制测量而是直接以洞口控制桩为依据,向洞内直接引测隧道中线,作为洞内平面控制;但当隧道长度较长时,必须建议洞内精密导线作为隧道洞内平面控制。

隧道洞内导线测量的起算数据是通过联系测量或直接测定等方法传递至地下洞内定向边的方位角和定向点坐标。隧道洞内导线等级的确定,取决于隧道的长度,见表 2-6-10。洞内控制导线应从测量设计确定的洞外联系边引入,洞内洞外平面控制网宜以边连接。

隧道洞内导线测量设计要素   表 2-6-10

测 量 方 法	测 量 等 级	适用长度(km)	测角中误差(″)	边长相对中误差
导线测量	二等	9~20	1.0	1/100000
	隧道二等	6~9	1.3	1/100000
	三等	3~6	1.8	1/50000
	四等	1.5~3	2.5	1/50000
	一级	<1.5	4.0	1/20000

1. 隧道洞内导线的特点和布设

(1)隧道洞内导线由隧道洞口、斜井等处定向点开始,按坑道开挖形状布设,在隧道施工期间,只能布设成支导线的形式,随隧道的开挖而逐渐向前延伸。

(2)隧道洞内导线一般采用分级布网的方法:先布设精度较低、边长较短(边长为 25~50m)的施工导线;当隧道开挖到一定距离后,布设边长为 50~100m 的基本导线;随着隧道开挖延伸,还可布设边长为 150~800m 的主要导线,如图 2-6-2 所示。三种导线的点位可以重合,有时基本导线的边长在直线段不易短于 200m,曲线段不短于 70m,导线点力求沿隧道中线方向布设。对于大断面的长隧道,可布设成多边形闭合环导线或主副导线环,如图 2-6-3 所示。

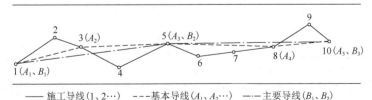

图 2-6-2 隧道洞内导线分级布设示意图

(3)洞内导线点应选在顶板或底板岩石坚固、安全、测设方便、便于保存的地方,控制导线(主要导线)的最后一点应尽量靠近贯通面,以便于实测贯通误差。

（4）洞内导线采用往返观测，由于洞内导线测量的间歇时间较长且又取决于开挖面进展速度，故洞内导线采取重复观测的方法进行检核。

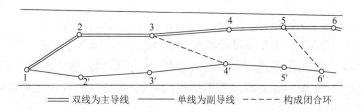

双线为主导线 ——— 单线为副导线 ------ 构成闭合环

图2-6-3　主副导线环形式

2.隧道洞内导线观测技术要求及注意事项

（1）每次建立新导线点时都必须检测前一个"旧点"，确认没有发生位移后，才能发展新点。

（2）有条件的隧道，主要导线点应埋设带有强制对中装置的观测墩或内外架式的金属吊篮，并配有灯光照明，以减少对中照准误差的影响，这有利于提高观测精度。

（3）使用全站仪按照支导线（多以导线网的形式、有条件的情况下可以加测陀螺定向边，以提高导线定向精度），采用标称精度不低于 $1''$、$2\text{mm}+2\text{ppm}$ 的全站仪施测。技术要求见表2-6-11 和表2-6-12。

水平角方向观测法的技术要求　　　　　　　　　　表2-6-11

等　　级	仪器等级	半测回归零差(″)	一测回内2c互差(″)	同一方向值各测回间互差(″)
四等及以上	0.5″级仪器	4	8	4
	1″级仪器	6	9	6

注：当观测方向的垂直角超过 $\pm 3°$ 的范围时，该方向2c互差可按相邻测回同方向进行比较，其值满足表中一测回内2c互差的限值。

边长测量技术要求　　　　　　　　　　表2-6-12

等　　级	使用测距仪精度等级	每边测回数		一测回读数较差限值（mm）	测回间较差限值（mmn）	往返观测平距较差限值
		往测	返测			
二等	Ⅰ	4	4	2	3	$2m_D$
	Ⅱ			5	7	
三等	Ⅰ	2	2	2	3	$2m_D$
	Ⅱ	4	4	5	7	
四等	Ⅰ	2	2	2	3	$2m_D$
	Ⅱ			5	7	
一级及以下	Ⅰ	2	2	2	3	$2m_D$
	Ⅱ			5	7	

注：1. 一测回是全站仪盘左、盘右各测量一次的过程。

2. 测距仪精度等级如下：Ⅰ级，$|m_D|\leqslant 2\text{mm}$；Ⅱ级，$2\text{m}<|m_D|\leqslant 5\text{mm}$；$m_D$ 为每千米测距标准偏差。

（4）测距边的斜距计算需进行气象改正和仪器常数改正，因此观测时需记录气压、气温；三等及以上等级测量在测站和反射镜站分别测记，四等及以下等级在测站进行测记，当测边两端气象条件差异较大时，在测站和反射镜站分别测记；气象改正值按式(2-6-6)计算。

$$\Delta D = (n_0 - n) \cdot D \tag{2-6-6}$$

式中:D——测量斜距长,km;

　　n——实际群折射率;

　　n_0——仪器基准折射率。

(5)导线测量前,应对洞口控制点进行检测,检测精度不低于原测精度,平面控制点角度、边长检测与原测较差限差按式(2-6-7)计算,当检测与原测成果较差满足限差要求时,采用原测成果;不满足限差要求时,应分析超限原因。确定点位位移,并逐级检测至稳定控制点。

$$f_限 = 2\sqrt{m_1^2 + m_2^2} \tag{2-6-7}$$

式中:m_1、m_2——分别为原测、检测的测边或测角中误差。

(6)观测前应先将仪器开箱放置 20min 左右,让仪器与洞内温度基本一致;洞口测站观测宜在夜晚或阴天进行;隧道洞内观测应充分通风,无施工干扰,避免尘雾;目标棱镜人工观测时应有足够的照明度,受光均匀柔和、目标清断,避免光线从旁侧照射目标;采用自动观测时应尽量减少光源干扰。

(7)如导线长度较长,为限制测角误差积累,可使用陀螺经纬仪加测一定数量导线边的陀螺方位角;一般加测一个陀螺方位角时,宜加测在导线全长的 2/3 处的某导线上;若加测两个以上陀螺方位角时,宜以导线长度均匀分布;根据精度分析,加测陀螺方位角数量宜以 1~2 个为好,对横向精度的增益较大。陀螺经纬仪标称精度应小于 20″,陀螺方位角的测量可采用逆转点法、中天法。

(8)对于布设主副导线环,一般副导线仅测角度,不测边长;对于陀螺形隧道,由于难以布设长边导线,每次施工导线向前延伸时,都应从洞外复测;对于长边导线(主要导线)的测量宜与竖井定向测量同步进行,重复点的重复测量坐标与原坐标较差应小于 10mm,并取加权平均值作为长边导线延伸的起算值。

(9)隧道掘进长度大于 2 倍设计导线边长时,应进行一次洞内平面控制测量;洞内导线测量完成后,根据导线成果及时纠正施工中线。

二 洞内施工高程测量

隧道洞内施工高程测量以通过水平坑道、斜井或竖井传递到地下洞内水准点作为起算依据,然后随隧道向前延伸,测定布设在隧道内的各水准点高程,作为隧道施工放样的依据,并保证隧道在高程上准确贯通。

隧道洞内施工水准测量的等级和使用仪器主要根据开挖洞口间洞外水准路线长度确定,见表 2-6-13。

隧道洞内水准测量主要技术要求　　　　　　　　表 2-6-13

等级	两开挖洞口水准路线长度(km)	水准仪等级	每公里高差中数的偶然中误差 M_Δ(mm)	水准尺类型	备　注
二等	>32	DS_1	<±1.0	铟瓦水准尺	二等水准
三等	11~32	DS_3	<±3.0	区格式水准尺	三等水准
四等	5~11	DS_3	<±5.0	区格式水准尺	四等水准
五等	<5	DS_3	<±7.5	区格式水准尺	五等水准

1.隧道洞内施工高程测量的特点和布设

（1）隧道洞内施工水准路线与洞内导线路线相同,在隧道贯通前,其水准路线均为支水准路线,因而需要往返或多次观测进行检核。

（2）在隧道施工过程中,地下水准路线随开挖面的进展而向前延伸,一般先测定精度较低的临时水准点(可设在施工导线点上),然后每隔200～500m测定精度较高的永久性水准点。

（3）隧道洞内施工水准点可利用隧道洞内导线点位,也可以埋设在隧道顶板、底板或边墙上,点位应稳固、便于保存;为了施工方便,应在内拱部边墙至少每隔100m埋设一个临时水准点。

2.隧道洞内施工水准观测与注意事项

（1）洞内施工水准测量的作业方法与洞外水准测量相同,由于洞内通视条件差,视距不宜大于50m,应用目估法保持前、后视距相等;水准仪可安置在三脚架上或安置在悬臂的支架上,水准尺可直接立在洞内底板水准点(导线点)上,有时也可用倒尺法顶立在洞内水准点标志上。

（2）在开挖面向前推进的过程中,对布设的支水准路线,要进行往返观测,其往返测不符值在限差以内,取高差平均值作为最后成果,用以推算各洞内水准点高程。

（3）为检查洞内水准点的稳定性,还应定期根据洞外水准点进行重复水准测量,将所得高差成果进行分析比较;若水准标志无变动,则取所有高差平均值作为高差成果;若发现水准标志变动,则取最近一次的测量成果。

（4）当隧道贯通后,根据相向洞内布设的支水准路线,测定贯通面处高程贯通误差,并将两支水准路线联成符合于两洞口水准点的附合水准路线;要求对隧道未衬砌的高程进行调整,高程调整后,所有开挖、衬砌工程均以调整后的高程指导施工。

任务四　联系测量和贯通测量

一　联系测量

联系测量是将地面测量坐标和高程系统传递到地下,使地上、地下坐标和高程系统相一致的测量工作。联系测量包括:地面近井导线测量和近井水准测量,通过竖井、斜井、平洞、钻孔的定向测量和传递高程测量,地下近井导线测量和近井水准测量等。对于铁路越岭隧道,一般由洞外控制测量从进出洞口、斜井直接进洞,然后进行洞内控制测量;个别情况及城市隧道、地铁隧道等通过竖井等进行联系测量。

定向测量主要有联系三角形法、陀螺经纬仪与铅垂仪(钢丝)组合法、导线直接传递法、投点定向法。

高程传递测量主要有悬挂钢尺法、光电测距三角高程法、水准测量法。

1.联系三角形测量

如图2-6-4所示,在同一竖井内可悬挂两根钢丝组成联系三角形,有条件时,也可悬挂三根钢丝组成

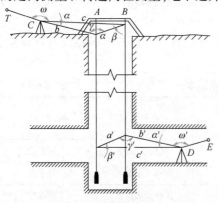

图2-6-4　联系三角形测量示意图

双联系三角形。在地面上根据控制点测定两悬挂钢丝的坐标 x 和 y 及其连线的方位角。在井下,根据投影点的坐标及其连线的方位角,确定地下导线的起算坐标及方位角。

联系三角形测量工作可分为投点和连接测量工作。

通过竖井用悬挂钢丝投点,通常采用单荷重稳定投点法。吊锤的重量与钢丝的直径随井深而不同,一般情况下宜选用直径为 0.3mm 的钢丝,10kg 的重锤。为使吊锤较快地稳定下来,可将其放入盛有油类液体的平静器中。投点时,首先在钢丝上挂以较轻的荷重,用绞车将钢丝导入竖井中,然后在井底换上作业重锤,并使它自由地放在平静器中,不与容器壁及竖井中的物体接触;也可以采用激光铅直仪投点,它比悬挂钢丝法方便。

连接测量的任务是由地面上距离竖井最近的控制点布设导线直至竖井附近设立近井点,并用适当的几何图形与悬挂钢丝连接起来,这样便可确定两悬挂钢丝的坐标及其连线的方位角。在井下的隧道中,将地下导线点连接到悬挂钢丝上,以便求得地下导线起始点的坐标以及起始边的方位角。联系三角形测量边长可采用全站仪测距或经检定过的钢尺丈量,角度观测采用不低于Ⅱ级的全站仪,测角中误差不大于 2.5″。

在连接测量中,常用的几何图形为联系三角形。在图 2-6-4 中,C 点为地面上的近井点,A、B 为两悬挂钢丝,D 为地下的近井点,即地下导线起点。待两悬挂钢丝稳定后,即可开始联系三角形的测量工作。此时,在地面上测量水平角 α 及连接角 ω,并测量三角形的边长 a、b、c,在井下测量水平角 α' 及连接角 ω',测量三角形边长 a'、b'、c'。根据测量结果解算联系三角形,进而计算地下导线起点 D 的坐标及起始边的方位角。悬挂钢丝间距 a 应尽可能长,联系三角形锐角 α、β 宜小于 1°,呈直伸三角形,b/a 及 b'/c 宜小于 1.5。

为了使隧道精确贯通,根据掘进长度应利用联系三角形法进行多次定向,每次定向独立进行三次,取三次平均值作为定向成果。

2. 陀螺经纬仪与铅垂仪(钢丝)组合测量

如图 2-6-5 所示,陀螺经纬仪与铅垂仪(钢丝)组合定向测量是在联系三角形测量的基础上,在隧道内使用陀螺经纬仪对地下定向边 α_1、α_2 进行陀螺方位角的测量。测量时采用"地面已知边—地下定向边—地面已知边"的测量程序。陀螺仪的标称精度应小于 20″,投点中误差小于 ± 3mm。地下定向边边长应大于 60m,视线距边墙的距离大于 0.5m,陀螺方位角测量每次测量三个测回,测回间陀螺方位角较差小于 20″。

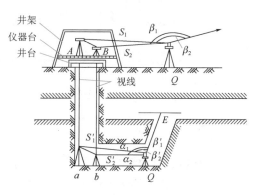

图 2-6-5　陀螺经纬仪与铅垂仪(钢丝)组合法

3. 投点定向测量

在上述一个竖井的联系三角形测量中,投点方法有悬挂钢丝投点、铅垂仪投点,在两相邻竖井间开挖隧道贯通时,可采用两井投点定向。投点定向测量所使用的投点仪精度不低于 1/30000,投点中误差小于 ± 3mm,地下定向边方位角互差小于 12″,平均值中误差小于 8″。

如图 2-6-6 所示,两井定向是在两竖井(或通风孔)中分别悬挂一根悬挂钢丝,利用地面上布设的近井点或地面控制点采用导线测量或其他测量方法测定两悬挂钢丝的平面

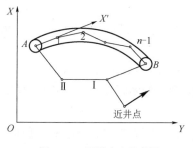

图 2-6-6　两井定向示意图

坐标值。在隧道中,将已布设的地下导线与竖井中的悬挂钢丝联测,即可将地面坐标系中的坐标与方位角传递到地下,经计算求得地下导线各点的坐标与导线边的方位角。

4. 竖井高程传递测量

在隧道开挖过程中,可通过洞口、横洞、斜井、竖井将地面高程传递到隧道内。通过洞口、横洞或斜井传递高程时,可由地面向隧道中布设水准路线,用水准测量方法进行测量。经过竖井传递高程时,可采用悬挂钢尺或全站仪进行测量。

(1)悬挂钢尺法

如图2-6-7所示,将钢尺悬挂在支架上,使钢尺零端向下垂入竖井中,并挂一重锤,使钢尺静止时处于铅锤位置。在地面上和隧道中适当位置各安置一台水准仪。地面和隧道内水准仪在同一时刻观测。

(2)全站仪法

如图2-6-8所示,将全站仪安置在井口盖板上的特制支架上,转动望远镜,使视线处于铅锤状态。竖直度盘读数为0°,即竖直角为90°,在井下安置反射棱镜,使棱镜中心位于全站仪视线上,用全站仪距离测量功能测量全站仪横轴中心与棱镜中心的距离 D_h。然后在井上、井下分别同时用两台水准仪,测量地面水准点 A 与全站仪横轴中心的高差、井下水准点 B 与反射棱镜中心的高差。用全站仪将地面高程传递到井下比悬挂钢尺的传统方法快捷、精确,大大减轻了劳动强度,提高了工作效率。尤其对于 50m 以上的深井测量,更显示出它的优越性。

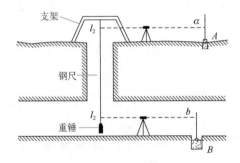
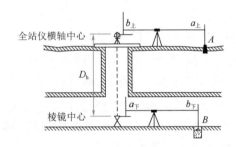

图2-6-7　通过竖井传道高程示意图　　　图2-6-8　全站仪传递高程示意图

二　贯通测量

贯通测量是对相向掘进隧道或按要求掘进到一定地点与另一隧道相通的施工所进行的测量工作。由于各项测量工作中都存在误差,导致相向开挖中具有相同贯通面里程的中线点在空间上不重合,此两点在空间的连接线段就是实际的贯通误差。贯通误差在线路中线方向的分量称为纵向贯通误差,在水平面内垂直于中线方向的分量称为横向贯通误差,在高程方向的分量称为高程贯通误差。

由隧道两端洞口附近的水准点向洞内各自进行水准测量,分别测出贯通面附近的同一水准点的高程,其高差即为实际的高程贯通误差。

洞内平面控制应用中线法的隧道,当贯通之后,应从相向测量的两个方向各自向贯通面延伸中线,并各钉设一临时桩,测量出两临时桩之间的距离,即得隧道的实际横向贯通误差;两临时桩的里程之差,即为隧道的实际纵向贯通误差。

应用导线作洞内平面控制的隧道,可在实际贯通点附近设置一临时桩点,分别由贯通面两侧的导线测出其坐标,按中线方向或曲线法线方向分别推算其贯通误差。

如果隧道贯通误差在容许范围之内，就可认为测量工作已达到预期目的。然而，由于贯通误差将导致隧道断面扩大及影响衬砌工作的进行，因此，要采用适当的方法将贯通误差加以调整，进而获得一个对行车没有不良影响的隧道中线，作为扩大断面、修筑衬砌以及铺设路基的依据。

平面上调整贯通误差，在贯通误差范围内的，原则上应在隧道未衬砌地段上进行，一般不再变动已衬砌地段的中线，以防减小限界而影响行车。对于曲线隧道还应注意尽量不改变曲线半径和缓和曲线长，否则需经上级批准。若超过规范规定限差，采用线位拟合方法进行调整，调整后的线路应满足轨道平顺性标准和隧道建筑限界的要求。

由两端测得的贯通点高程，应取两贯通高程的平均值作为调整后的贯通面高程。高程贯通误差调整可按贯通误差的 1/2，分别在两端未衬砌地段，以未衬砌段的线路长度按比例调整其范围内各水准点高程。以调整后的水准点高程作为未衬砌段高程放样的依据。

总之，调整后的线路应满足线路设计和验收规范的要求。

任务五　隧道施工放样

隧道施工的特点：开挖顺着中线不断地向洞内延伸，衬砌和洞内建筑物（避车洞、排水沟、电缆槽等）的施工紧跟其后，贯通之前隧道内的大部分建筑物已经建成。为了保证工期，常利用增加开挖面的方法，将整个隧道分成若干段同时施工。增加开挖面的主要方法有：设置平行导坑或在隧道中部设置横洞、斜井或竖井，如图 2-6-9 所示。

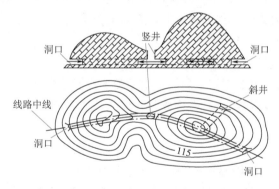

图 2-6-9　隧道开挖作业示意图

隧道施工测量的主要任务：保证相向开挖的工作面，按照规定的精度在预定位置贯通；保证洞内各项建筑物以规定的精度按照设计位置修建，不得侵入建筑限界。作为指导隧道施工的测量工作，在隧道开挖前一般要建立具有必要精度、独立的隧道洞外施工控制网，作为引测进洞的依据；对于较短的隧道，可不必单独建立洞外施工控制网，而以经施工复测并确认的基础平面控制网 CP Ⅰ 或线路平面控测网 CP Ⅱ 为引测进洞的依据。

隧道贯通前，洞内平面控制测量只能采用支导线的形式，测量误差随着开挖的延伸而积累，洞内施工控制测量应保证必要的精度，控制点应设置在不易被破坏的位置处。洞内控制点控制正式中线点（正式中线点是洞内衬砌和洞内建筑物施工放样的依据），正式中线点控制临时中线点，临时中线点控制掘进方向。

洞内高程控制与平面相仿，临时水准点控制开挖面的高低，正式水准点控制洞内衬砌和洞内建筑物的高程位置。

先导坑后扩大成形法对隧道的位置还有一定的纠正余地,隧道施工测量可先粗后精;全断面开挖法一次成形,隧道施工测量必须一次到位。对于采用全断面开挖法开挖的隧道,其测量过程与先挖导坑后扩大成形开挖的隧道基本一样,不同的是对临时中线点、临时水准点的测设精度要求较高。

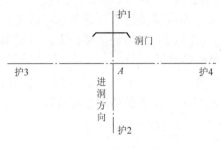

图 2-6-10　洞门施工测量

1. 洞口的施工测量

进洞数据通过坐标反算得到后,应在洞口投点安置全站仪,测设出进洞方向,并将此掘进方向标定在地面上,即测设洞口投点的护桩,如图 2-6-10 所示。

在投点 A 的进洞方向及其垂直方向上的地面上测设护桩,量出各护桩到投点 A 的距离。在施工中若投点 A 被破坏,可以及时用护桩进行恢复。在洞口的山坡面上标出中垂线位置,按设计坡度指导劈坡工作。劈坡完成后,在洞帘上测设出隧道断面轮廓线,即可进行洞门的开挖施工。

2. 洞内中线测量

中线建立可分两种情况:用中线法贯通的短隧道,中线是在坑道掘进临时中线复测的基础上建立的;用导线法贯通的隧道,中线点是用导线放设的。为了衬砌放样,还应在永久点基础上加密临时中线点。临时中线用于指导坑道开挖和局部衬砌放样。临时中线点的间距,一般曲线上为 10m、直线上为 20m。测设时在中线点间置镜定向,直线上应正倒镜压点或延伸,曲线上可用偏角法或极坐标法测设。

独立的中线法测设适用于中线法贯通的较短隧道,直线上采用正倒镜延伸直线法。该方法简便、适用,有利于消除仪器误差。曲线上由于受通视长度限制。一般宜采用偏角法,当测设永久中线时因每个中线点需置镜,即构成弦线偏角法。视现场条件及施工需要也可采用其他曲线测设方法。

由导线测设中线适用于洞内施测导线贯通的隧道。由于采用极坐标放样,计算简便,测设方便又便于检测。在使用光电测距仪和全站仪时更为方便。采用导线测设中线点,一次测设不应少于 3 个点,并相互检核。直线上放设 3 点后,通常用串线法检核;曲线上放出 3 个点后,一般置镜中间点检测偏角。当中线上只测设 1 个点或两点时,一般需测设与 2 个以已知点的方位,构成检核角。

洞内中线点宜采用混凝土包桩,严禁包埋木板、铁板和在混凝土上钻眼。设在顶板上的临时点可灌入拱部混凝土中或打入坚固岩石的钎眼内。

当曲线隧道设有导坑时,可根据隧道中线和导坑的横移偏移距离,按一定密度计算导坑中线的坐标,放设导坑中线,指导导坑开挖。由于全站仪的大量使用,现在的隧道洞内放样方法一般采用极坐标法,当曲线隧道设有平道时,中线平移施工测量可以通过中线偏移量计算出相应里程的坐标,以此确定平道的施工中线。

全断面开挖的施工中线可先用激光导向,后用全站仪、光电测距仪测定。采用上、下半断面施工时,上半断面每延伸 90～120m 时应与下半断面的中线点联测,检查校正上半断面中线。

3. 洞内高程测量

洞内高程测量应根据洞内高程控制点引测加密,加密点可与永久中线点共桩。采用光电测距三角高程测量施工高程时,考虑到边长较短,通常在100m左右,而且一般最多传递2~3条边,因此地球曲率对高差影响极小,垂直折光影响也忽略不计,故不需要作对向观测,只要求变动反射器高度观测两次以防粗差或利用加密点作转点闭合到已知高程点上。

在隧道施工中,为了随时控制洞底的高程及进行断面放样,通常在隧道侧面岩壁上沿中线前进方向每隔一定距离(5~10m),标出比洞底设计地坪高出1m的抄平线,称为腰线。

腰线的高程是由引测入洞内的施工水准点进行测设的。由于隧道的纵断面有一定的设计坡度,因此隧道腰线的高程按设计坡度随中线的里程变化而变化,它与隧道底板高程线是一致的。腰线标定后,对于隧道断面的放样和指导开挖都十分方便。洞内测设腰线的临时水准点应设在不受施工干扰、点位稳定的边墙处,每次引测时都要和相邻点检核,确保无误。

4. 掘进方向指示

在全断面掘进的隧道中,常用中线来给出隧道的掘进方向。如图2-6-11所示,P_1、P_2为导线点,A为设计的中线点。已知A点设计坐标以及隧道中线的坐标方位角,根据已知点P_1、P_2的坐标,可推算得β_2、D和β_A。在P_2点安置仪器,测设β_2角和丈量D,从而得到A点的实际位置。在A点(顶板或底板)上埋设标志并安置仪器,然后后视P_2点,拨β_A角,从而测得中线方向。如果已放出的中线点A离掘进工作面较远,则可在接近工作面的附近建立新的中线点B,A与B之间的距离应该大于100m。

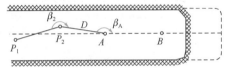

图2-6-11 洞口掘进方向示意图

应用激光定向经纬仪或激光指向仪发射的一束可见光,可指示出中线(掘进方向)及腰线方向或它们的平行方向。它具有直观性强、作用距离长、测设时对掘进工序影响小、便于实现自动化控制的优点。如采用机械化掘进设备,则配以装在掘进机上的光电跟踪靶,当掘进方向偏离了指向仪的激光束,光电接收装置将会通过指向仪表给出掘进机的偏移方向和偏移量,并能为掘进机的自动控制提供信息,从而实现掘进定向的自动化。激光指向仪可以安置在隧道顶部或侧壁的锚杆支架上,以不影响施工和运输为宜。还可应用全站仪,根据导线点和待定点的坐标反算数据,用极坐标的方法测设出掘进方向。

5. 开挖断面的放样

开挖断面的放样是在中垂线和腰线基础上进行的,包括两侧边墙、拱顶、底板(仰拱)三部分。根据设计图纸给出的断面的宽度、拱脚和拱顶的高程、拱曲线半径等数据放样,常采用断面支距法测设断面轮廓。每次钻爆前,应在开挖断面上标示隧道中线、轨顶高程线和开挖断面轮廓线。

已开挖段,应即时测量开挖断面,绘制开挖断面图,以判断开挖断面是否符合净空要求及超欠挖情况,并根据断面测量成果计算已完成的土石方数量和回填数量。开挖断面的测量间距不宜大于20m。断面测量可采用自动断面仪法、全站仪极坐标法、断面支距法等方法,有条件时尽量采用自动断面极坐标系统,以减轻测量人员的劳动强度。

当采用支距法测量断面时,应按中线和外拱顶高程从上到下每0.5m(拱部和曲墙)和1.0m(直墙)间隔分别测量中线左右侧相应高程处的支距,并应考虑曲线隧道的中线内移值、设计加宽值、施工误差预留值。仰拱断面测量,应从隧道中线向两侧边墙按0.5m间隔测量设计轨顶线至开挖仰拱底的高差。然后把各支距的端点连接起来，即为拱部开挖断面的轮廓线，如图2-6-12所示。

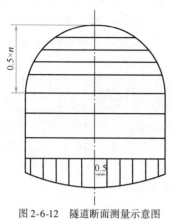

图2-6-12　隧道断面测量示意图
（尺寸单位：m）

全断面开挖的隧道，当衬砌与掘进工序紧跟时，两端掘进至距预计贯通点各100m时，开挖断面可适当加宽，以便于调整贯通误差，但加宽值不应超过该隧道横向预计贯通误差的1/2。

6.结构物的施工放样

在结构物施工放样之前，应对洞内的中线点和高程点加密。中线点加密的间隔视施工需要而定，一般为5～10m一点，加密中线点应以公路定测的精度测设。加密中线点的高程，均以五等水准精度测定。在衬砌之前，还应进行衬砌放样，包括立拱架测量、边墙及避车洞和仰拱的衬砌放样，洞门砌筑施工放样等一系列的测量工作。

衬砌立模前，应利用洞内控制点检查永久中线点或临时中线点位置及高程。检测与原测成果较差不应大于5mm。检测合格后，在立模范围内放设不少于三个中线点及其横断面十字线方向，同时在断面上标定出拱架顶、起拱线和边墙底的高程位置。立模后应再一次检查校正模板。

任务六　隧道变形观测

一　隧道沉降控制标准

隧道基础工后沉降值不大于15mm，地质条件好、沉降趋势稳定且设计及实测沉降总量不大于5mm时，可判定沉降满足轨道铺设条件。

二　一般规定

（1）隧道沉降观测的目的主要是利用观测资料的工后沉降分析结果，指导轨道的铺设时间。轨道铺设前，应对隧道基础沉降做系统的评估，确认其工后沉降符合设计要求。

（2）隧道主体工程完工后，沉降变形观测期原则上不少于3个月。观测数据不足或工后沉降评估不能满足设计要求时，适当延长观测期。

（3）评估时发现异常现象或对原始记录资料存在疑问时，应进行必要的检查。

三　隧道沉降观测技术要求

隧道沉降观测是指隧道内线路基础的沉降观测，即隧道的仰拱部分。其他如洞顶地表沉降、拱顶下沉、断面收敛沉降变形等不列入本沉降观测的内容。

1.沉降观测断面的布置原则

单座隧道沉降变形观测断面总数不应少于3个，隧道内沉降变形观测断面的布设应根据地质围岩级别确定，并符合下列规定：

（1）Ⅱ级围岩断面间距不大于600m。

（2）Ⅲ级围岩断面间距不大于400m。

（3）Ⅳ级围岩断面间距不大于300m。

（4）Ⅴ级围岩断面间距不大于200m。

（5）明暗洞分界里程在两侧各设置1个观测断面。

（6）地应力较大、断层破碎带、膨胀土、湿陷性黄土等不良和复杂地质区段应加密布设。

（7）隧道断面突变段落内观测断面不应少于1个。

（8）隧道洞口至隧路、桥隧分界里程范围内观测断面不应少于1个。

（9）Ⅱ、Ⅲ、Ⅳ、Ⅴ、Ⅵ级围岩隧道仰拱（底板）施作完成后，每个观测断面宜在仰拱（底板）两侧及中间附近布设沉降观测点，如图2-6-13所示。

2. 观测方式及精度

隧道水准路线观测按相应等级水准测量精度要求形成附合水准路线，沉降观测点位布设于观测断面隧道内壁两侧，水准路线观测示意图如图2-6-14所示。

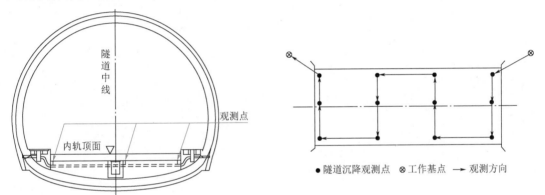

图2-6-13　隧道观测标施工期间埋设位置示意图　　　图2-6-14　隧道沉降观测水准路线示意图

3. 沉降观测频度

隧道沉降观测应从仰拱（底板）施工完成后开始。隧道沉降观测的频次不应低于表2-6-14的规定。

隧道沉降观测的频次　　　　　　表2-6-14

观测阶段	观测期限	观测频次	平行观测频次
仰拱（底板）施工完成后	第1个月	1次/周	1次/月
	第2~3个月	1次/2周	1比/月
	3个月后	1次/月	1次/3月
无砟轨道铺设后	第1~3个月	1次/月	1次
	4~12个月	1次/3月	—
	12个月以后	1次6月	—

测量技能等级训练

如图2-6-15所示，为武广客运专线××标段××隧道项目，A、C投点在线路中线上，导线坐标计算如下:$A(0,0)$,$B(238.820,-42.376)$,$C(1730.018,0)$,$D(1876.596,0.007)$,仪器安置在A、C点时如何进行洞测设？

图 2-6-15　武广客运专线××标段××隧道项目

项目七 BIM 在铁路工程的应用

◎ 项目概要

本项目介绍了 BIM 的功能特点和在铁路工程的应用,为后续 BIM 在工程建设中的应用奠定了基础。

建筑信息模型(Building Information Modeling,简称 BIM)的理念最早于 20 世纪 70 年代由佐治亚理工大学的 Chunk Eastman 教授提出。BIM 是以三维数字技术为基础,集成建筑工程项目各种相关信息的工程数据模型,是对工程项目相关信息的详尽表达。BIM 是利用先进的数字技术集成了建筑物的物理及功能特性等各种相关信息的工程模型,不仅包括几何信息,还包括非几何属性信息,能为工程项目的规划、设计、施工、运营维护直至拆除的全生命周期信息进行存储和运用,为工程决策提供更好的依据,最大限度地实现工程价值。

BIM 不是指比 CAD 更先进的另外一种设计软件,相比于传统 CAD 模型,BIM 引入时间轴和费用轴,即 5D 模型,既可实现项目虚拟建设及管理,又可实现工程计量和费用计算的自动化。BIM 也不是建筑物的一个三维模型。BIM 是一种技术、一种方法、一种过程,BIM 把建筑业业务流程和表达建筑物本身的信息更好地集成起来,运用多维模型和数据库技术实现数字化、可视化的建造,从而提高整个行业的效率。据斯坦福大学调研表明,BIM 可以减少设计变更 40%,提高施工现场劳动率 20% ~30% 。

任务一 BIM 的功能及特点

BIM 包含了各项与建筑工程相关信息的模型,涵括了构建性能、结构要求、施工进度和维护管理及施工环境等相关信息。在建设工程项目中,利用 BIM 的完整建筑信息来进行指导施工,可在很大程度上缩短工期、降低成本、减少资源浪费,从而提升项目价值。在当前的建筑项目施工管理过程中,BIM 以其各项完整的功能及可视化、协调性、模拟性、可出图性等特点,用于建筑施工管理中,体现出了极强的应用价值。

随着技术的发展,BIM 功能已不再仅用于设计阶段进行碰撞检查、三维设计等,而是逐步开始应用于施工及运维等阶段,逐步形成了在项目全生命周期中的应用趋势。BIM 的基础是由先进的工程软件及三维数字构建成可视化数字模型,可为建筑师、设计师、物业维护和开发商等各个环节的专业人员提供"模拟与分析"的科学协作平台,使整个工程项目从设计到使用的各个阶段都能实现如控制资金风险、建立资源计划、节约成本、节省能源、降低污染等目标,实现真正意义上的工程项目全生命周期管理。

1. 可视化

可视化是使不可见转变为可见的一种方式。将可视化真正应用到建筑工程管理中,对建筑行业具有重大意义。以往很多工程施工中常出现因图纸功能有限、各人理解不同导致的各类问题,致使建筑与施工图纸不符或图纸与建设单位最初期待不符,甚至南辕北辙。当前建筑造型日趋复杂,通常的设计图纸和三维模型较建筑业的迅速发展而言已经落后。BIM 的可视化是根据建筑自身实际数据生成、仿真程度高的模型,将每个构建的信息都涵括在内,使各方人员都能对建筑模型有很好的了解,从而减少变更及返工。BIM 的可视化还可随建筑信息的不断完善进行填充、发展,不仅可用于效果图的展示或报表生成,更重要的是能为项目设计、建造、运营过程中的沟通、讨论及决策提供基础,使得建筑工程管理更加方便顺利。

2. 协调性

在建筑行业中,无论是设计单位还是建设单位、施工单位、监理单位,都需要通过协调、配合进行工作。如项目实施过程中出现问题,各环节相关人员就必须进行协调解决。若涉及的环节多、人员杂,一次协调涉及的人员及工作量很大,且协调过程中关于利益和责任的划分也会在一定程度上影响项目质量和工期。BIM 建筑信息模型可在建筑物建造前期对各专业的碰撞问题进行协调,生成协调数据,提供另一种建设项目的各类信息存储在 BIM 数据库中,属于前期碰撞处理的即可利用数据减少协调工作量。

3. 模拟性

BIM 模拟性还可模拟无法真实操作的事物。在建筑项目设计阶段,BIM 可进行如节能模拟、热能模拟、紧急疏散模拟等模拟试验;在建筑项目施工阶段,BIM 可进行 4D 模拟(三维模型加项目发展时间),即可以施工组织设计为基础模拟施工,从而确定科学、合理的方案进行施工指导。同时,还可在 BIM 基础上进行 5D 模拟,以达到成本的有效控制。在后期运营阶段,也可运用 BIM 进行日常紧急情况及其处理方式的模拟。

4. 可出图性

斯坦福设施集成化工程中心定义 BIM 为:具有明确需求、作为与非专业人士进行沟通的工具、设计方案比选、冲突检查与可建造性分析、创建图纸、生成工程量、供应链管理、进行施工计划安排 8 种功能的模型。通过对建筑物进行可视化展示、协调、模拟、优化后,可帮助建设单位取得如下成果:综合管线图;综合结构留洞图;碰撞检查侦错报告和建议改进方案。

任务二　BIM 与 GIS 的结合

地理信息系统(Geographic Information System,简称 GIS)是一种特定的空间信息系统,能查询和分析建筑物所处的地理相关环境信息,对环境进行预测与模拟。

BIM 理念被引入铁路行业中,以增强信息在各阶段间共享和传递的能力,节省人力和资源投入,提高作业和管理的信息化水平。然而,铁路作为一个与地形紧密结合的线状土木工程,具有跨度长、范围广、信息量大等特点,由此引起的大尺度信息综合和集成、三维快速浏览等问题是 BIM 无法解决的,需要借助 GIS 的空间分析和三维可视化等技术手段作为支持。

铁路工程是条带状工程,受到地理环境、地质条件、经济因素、城市规划等多方面的影响,目前的 BIM 模型设计软件支持的空间范围较小,无法承载海量大范围的地形数据,也不具备对地理信息进行分析的功能,无法满足铁路工程设计应用的要求。GIS 正好从地理信息空间数据处理及分析的角度给予 BIM 应用支持。

铁路勘察设计是一个从宏观到微观的过程,一开始要确定线路的基本走向,然后再根据城市位置、资源分布、工农布局和自然条件等情况确定线路走向,即选线设计。选线设计过程中地理信息是设计的主要参考内容,GIS 能为设计提供数据支持和决策分析。在线路确定之后,整个铁路工程被划分为多个工点和区段进行工点设计。工点设计过程中,GIS 一方面为设计提供局部的地形数据,另一方面提供一个整体的地理空间将各工点设计结果进行整体表达。线路设计和工点设计是循环迭代的过程,在铁路勘察设计的各个阶段都要进行迭代。单从BIM 设计的技术角度来讲,两者是两类不同的设计实施方式。与其他建筑物相比,铁路工程地理空间跨度大,在选线时 GIS 能提供铁路设计所需的数据以便进行决策分析,确定最合理的走线方案,并通过三维形式展现出来。选线确定后,GIS 技术可以对工点内环境进行预测与分析,如确定工点存放临时设备的最优位置、工点内危险区域、跟踪监测建筑材料如何通过供应链等。BIM 注重项目本身的"内环境",GIS 则负责项目周围的"外环境",两者结合可以为工程设计与施工发挥更大作用。此外,铁路工程建设涉及多个专业,通过 GIS 可以将各专业 BIM模型整合并表现出来,实现全线路的 BIM 展示。无论是选线设计还是工点设计,对于 BIM 与GIS 模型及数据的集合,都要解决如下的关键技术。

1. 模型的多分辨率处理及轻量化

BIM 模型的特点是设计细节丰富、对象繁多、数据量大。在 GIS 中进行三维综合表达,对GIS 模型数据的承载力提出了非常高的要求。研究 BIM 模型的多分辨率层次模型自动生成,利用轻量化模型的手段达到不同比例尺细节的按需表达,是解决两种模型在同一空间内进行结合的关键。为满足三维浏览速度的需要,将 BIM 模型进行处理,建立与 GIS 表达的多分辨率地面模型层级相适应的多分辨率模型。

2. 地形修改与套合

铁路工程设计,不但要设计出构筑物,同时也是对地表形态的重新设计。重新设计的地形与工程本体相符合,有较高精度要求,还可能需要做挖空处理,如隧道的出入口。因此局部设计地面模型采用不规则三角网(TIN)数据结构。GIS 中对于大范围地形模型一般采用连续规则格网(Grid)数据结构。需要研究 TIN 与 Grid 结构的混合表达方法,将带有孔洞的 TIN 地形模型融入 Grid 模型之中。

3. 语义信息的传递和表达

BIM 模型有三维模型,还有其附带的语义信息。在将 BIM 设计的模型结合到 GIS 系统平台时,不但要对三维模型进行可视化表达,还要能将模型附带的语义信息完全的继承。BIM 公开标准数据交换标准 IFC,也是工程建设行业数据互用的基于数据模型面向对象的文件格式,对 BIM 语义数据有完整的描述。但目前 GIS 系统并不支持从 IFC 文件中提取语义数据。另外 GIS 作为整体表现平台,只需要选择性地描述整体对象的语义信息,不需要完全理解 BIM模型中复杂多维度的语义信息。因此如何转换 BIM 的语义信息,提取出需要在 GIS 系统中表达的语义信息,是 GIS 与 BIM 结合的要点之一。

4. 面向服务的结合模式

目前的 BIM 系统相对独立,厂商的软件产品对 GIS 系统的对接非常有限。而 GIS 系统已经走向了服务化和规范化,国际标准的 WFS(网络要素服务器)、WMS(仓库管理系统)地理信息服务接口已经广泛应用。BIM 软件需要完成对 GIS 软件服务标准的支持,才能达到与 GIS系统的无缝对接。

GIS 为 BIM 在铁路勘察设计中的应用提供了地理信息数据支持、地理分析功能以及三维综合表达的平台。推动 BIM 技术和 GIS 技术的结合,是铁路工程 BIM 实施的必要条件。

BIM 在铁路工程中与地理信息的结合仅局限于对文件数据的读取,其在大范围地形及海量模型数据的表达还存在技术难点,BIM 的技术厂商也在寻求与 GIS 的结合点;另一方面,GIS 也在向 BIM 靠拢,将 BIM 模型对象引入地理空间中。要达到 GIS 与 BIM 的深度结合,无缝衔接,尚需要解决地形局部修改套合、模型多分率与轻量化、语义信息传递、面向服务的结合模式等技术难点问题。通过关键技术的突破,完善接口标准体系,最终实现 GIS 系统在铁路 BIM 解决方案中的价值体现,是未来地理信息领域和铁路工程设计领域共同努力的方向。

任务三　BIM 在铁路工程中的应用

铁路是一个庞大的系统工程,随着计算机技术的快速发展,BIM 应用于铁路工程建设已是大势所趋。传统的 CAD 二维设计仅关注项目中的某一阶段或某一方面,易导致某阶段各专业间或不同阶段间各参与方信息难以共享、传递,容易形成信息孤岛,无法满足复杂铁路项目的设计要求,而 BIM 技术注重的是项目整体进程,可实现多方协同设计与作业,保证信息的及时传递,大大降低返工次数,提高工作效率、节约成本,目前已得到国内各铁路相关单位的积极应用与推广。

1. 多专业协同设计

铁路工程建设涉及专业多达二十几个,站前专业如线路、站场、桥梁、路基等,站后专业如暖通、给排水、机械、电力等,每个专业内或不同专业间都要密切配合与协作,确保信息沟通顺畅、准确。传统的二维设计抽象复杂,多专业图面零乱繁杂,很难直观表述模型的设计意图,特别是工程进行时因图纸差错导致的返工,单专业错误可能导致其他专业的图纸变更,大幅度增加了设计工作量,严重影响工程进度,甚至增加项目成本。

应用 BIM 技术能够使各专业协同设计与作业,在设计初期及时沟通,进行模型汇总整合,及时修正错误,确保设计信息及时准确的呈现,将传统方式下项目后期出现的问题提前解决。完善的 BIM 模型可最大限度地降低图纸变更带来的损失,从根本上减少因此而产生的人力、物力的浪费。

2. 综合管线碰撞检测

综合管线是车辆基地的专项设计内容,其涉及专业广且信息繁杂,最能体现工程的经济性与质量水平。一直以来,车辆基地内系统众多且复杂,机电管线更是异常庞杂,传统二维管线综合设计中水、暖、电 3 个专业分别独立进行设计,各专业内图纸又会分为若干张,检查管线排放的差错漏碰问题往往比设计更花费时间和精力,同时二维图纸表达不够直观、系统,图纸内很多问题难以发现,从而为工程埋下隐患。将 BIM 技术应用于管线综合,可以在设计时通过三维模型直观表述设计意愿,初期可通过观察发现碰撞问题,后期可通过碰撞检测软件检查并生成报告,可清楚地表达所有碰撞问题,以便快速调整修改,避免了后期设计过程中出现大量的调整和返工。

3. 项目各阶段的衔接

铁路工程项目要经历立项、设计、施工、运营几个阶段,以二维图纸表述的建筑设计,项目各阶段内无法及时更新图纸信息,无法为其他参与方提供准确数据。在项目工程进行中,每一方设计变更都会导致另一方在相应文件中做出调整,一旦出现修正不及时,会导致工期延长。传统方法建造过程中,设计、施工单位的隔离与信息闭塞,使双方沟通困难,让设计方案无法按时施工或出现错误。

BIM 模型弥补了铁路项目每个阶段各参与方可能存在的问题,通过项目在各阶段的信息共享,使各方更紧密的合作。BIM 将设计、施工和运营知识结合在一起,顺畅衔接并共同服务于项目,打破了传统企业间的壁垒。

4. 站场运营管理

站场是铁路工程建设的节点,也是铁路客货服务运营管理的中心。基于 BIM 技术的三维模型,在建模初期就集成了非几何属性信息。BIM 模型在设计、施工阶段录入的站场设备信息,如设备型号、管理单位、维修周期与内容等,为后续运营维护提供了数据支持,显著提高了运营管理阶段对前期工程信息的利用率。此外,BIM 模型通过结合互联网技术可及时发送、传递信息,帮助管理人员办理客、货运业务,管理列车接发、会让等。相比传统二维设计与运营管理阶段的割裂,BIM 为站场检修设备及管理等提供了有力的信息支持,充分发挥了 BIM 中"I"的优势。

5. 信息化管理平台

依托三维可视化和 BIM 方面的技术优势,以三维可视化平台为基础,以工程 BIM 模型为核心,在移动互联、分布式存取、物联网等技术的支撑下,围绕工程建设过程中的"投资""进度""质量""安全"等方面,可以建立铁路工程信息化管理平台,实现工程质量的监管、把控,提高项目管理水平和效益。如阳大铁路管理平台按照"一个门户,四个平台"进行建设,一个门户即统一认证、统一鉴权、一点接入和全网服务,四个平台即综合管理平台、施工组织平台、监控量测平台、施工动态平台。系统具有开放性,各类信息化系统能够快速融入平台,同时也能与其他平台进行数据交换,符合铁路工程信息化平台要求。

综合管理平台主要包括办公系统(OA)、即时通信、资料管理、技术管理、诚信体系等模块,是对工程项目过程事务进行规范化的流程管理,整合项目各个阶段、各个部门的业务,实现项目信息在各参与方之间的快速传递与协作。

施工组织是系统的核心平台,基于 BIM 技术对工程建设过程进行信息化、规范化管理,通过二维图形化施工进度填报、三维形象进度预警和展示、施工组织计划安排、物资人员设备管理报表统计分析等手段,保障工程质量和进度。技术沟通在三维可视化平台上,实现基于 BIM 模型的施工技术交流、施工方案讨论等。虚拟施工基于 BIM 模型和三维可视化技术,按照施工工法,研究实现重点工点的施工过程展示。施工进度依据施工进度数据驱动 BIM 模型,在三维场景中进行施工形象进度浏览,包括实际进度与计划进度的对比、进度预警分析等。

监控量测用于试验室、拌和站、围岩量测、变形监测、视频监控、智能张拉、智能梁场等,对工程质量、安全等环节进行把控。

施工动态是对外开放的公共平台,包括工程概况、机构设置、动态信息等,对项目基本情况、施工动态、人物事迹等进行宣传报道。工程概况结合高精度的三维地形场景和工程 BIM 模型对工程项目进行整体介绍。

参 考 文 献

[1] 国家测绘局. 国家一、二等水准测量规范：GB/T 12897—2006[S]. 北京：中国标准出版社，2006.

[2] 丁雪松. 公路工程测量[M]. 北京：人民交通出版社股份有限公司，2017.

[3] 职业技能鉴定、竞赛辅导丛书编审委员会. 工程测量工[M]. 北京：中国铁道出版社，2008.

[4] 中国铁路设计集团有限公司. 铁路工程测量手册[M]. 北京：人民交通出版社股份有限公司，2018.

[5] 曹永鹏. 轨道工程测量实训教程[M]. 北京：人民交通出版社股份有限公司，2016.

人民交通出版社股份有限公司 轨道与航空出版中心
高职交通运输与土建类专业系列教材

一、公共基础课

土木工程实用应用文写作(第二版)(朱　旭)…… 39 元

二、专业基础课

1. 工程力学(上)(王建中) ………………… 34 元
2. 工程力学(下)(王建中) ………………… 24 元
3. 土木工程实用力学(第二版)(李　颖) … 38 元
4. 工程制图与识图(牟　明) ……………… 28 元
5. 工程制图与识图习题集(牟　明) ……… 20 元
6. 工程地质(任宝玲) ……………………… 29 元
7. 工程地质(彩色)(沈　艳) ……………… 39 元
8. 工程测量(第 3 版)(冯建亚) …………… 48 元
9. 土木工程材料(第 3 版)(活页式教材)
　　(赵丽萍　何文敏) …………………… 89 元
10. 混凝土结构(李连生) …………………… 35 元
11. 钢筋混凝土结构(胡　娟) ……………… 39 元
12. 土力学与地基基础(第二版)(靳晓燕) … 45 元
13. 施工临时结构检算(第 2 版)(李连生) … 32 元

三、专业课

(一)铁道工程/高速铁道工程技术专业

1. 铁道概论(张　立) ……………………… 29 元
2. 铁路线路施工与维护(第二版)(方　筠) … 46 元
3. 高速铁路路基施工与维护(第 2 版)
　　(安　宁) ……………………………… 65 元
4. 高速铁路轨道施工与维护(第 2 版)
　　(方　筠) ……………………………… 55 元
5. 隧道施工(第 3 版)(宋秀清) …………… 55 元
6. 桥梁工程(付迎春) ……………………… 46 元
7. 铁路工程施工组织(吴安保) …………… 27 元
8. 铁路工程概预算(吴安保) ……………… 25 元
9. 铁路工程概预算(第二版)(樊原子) …… 42 元
10. 施工内业资料整理(徐　燕) …………… 29 元
11. 无砟轨道施工测量与检测技术(赵景民) … 29 元
12. 工程材料试验与检测(夏　芳) ………… 38 元
13. 铁路机械化养路(汪　奕) ……………… 38 元
14. 道路与铁道工程试验检测技术(第二版)
　　(白福祥　韩仁海) …………………… 45 元
15. 混凝土(钢)结构检算(丁广炜) ………… 32 元

16. 施工企业财务管理(孔艳华) …………… 44 元

(二)城市轨道交通工程/地下与隧道工程技术专业

1. 城市轨道交通工程概论(张　立) ……… 32 元
2. 城市轨道交通工程(安　宁) …………… 38 元
3. 地下铁道(毛红梅) ……………………… 35 元
4. 地铁盾构施工(张　冰) ………………… 29 元
5. 隧道施工(第 3 版)(宋秀清) …………… 55 元
6. 盾构构造与操作维护(毛红梅) ………… 45 元
7. 地铁车站施工(战启芳) ………………… 30 元
8. 高架结构(刘　杰) ……………………… 34 元
9. 工程材料试验与检测(夏　芳) ………… 38 元
10. 城市轨道交通工程施工组织与概预算
　　(王立勇) ……………………………… 86 元
11. 城市轨道交通工程测量(钱治国) ……… 39 元
12. 施工内业资料整理(徐　燕) …………… 29 元
13. 地下工程监控量测(毛红梅) …………… 39 元
14. 隧道施工质量检测与验收(毛红梅) …… 38 元
15. 工程机械(第 2 版)(卜昭海) …………… 45 元
16. 混凝土(钢)结构检算(丁广炜) ………… 32 元
17. 盾构法施工(陈　馈　焦胜军　冯欢欢) … 49 元

(三)道路与桥梁工程技术专业

1. 路基路面施工(叶　超　赵　东) ……… 49 元
2. 路基路面施工技术(梁世栋) …………… 42 元
3. 桥梁工程(付迎春) ……………………… 46 元
4. 公路工程施工组织与概预算(第二版)
　　(梁世栋) ……………………………… 41 元
5. 路基路面试验与检测(张小利) ………… 34 元
6. 工程材料试验与检测(夏　芳) ………… 38 元
7. 施工内业资料整理(徐　燕) …………… 29 元
8. AutoCAD2016 道桥制图(张立明) …… 48 元
9. 公路工程预算(罗建华) ………………… 33 元
10. 建设法规实务(夏　芳　齐红军) ……… 32 元

(四)城市轨道交通运营管理/铁道运营管理专业

1. 城市轨道交通概论(叶华平) …………… 35 元
2. 城市轨道交通概论(翁　瑶　朱　鸣) … 45 元
3. 城市轨道交通行车组织(费安萍) ……… 39 元
4. 城市轨道交通安全管理(第二版)(李慧玲) … 39.5 元
5. 城市轨道交通应急处理(第二版)(李宇辉) … 39 元
6. 铁路客运组织(李　亚) ………………… 39 元

了解教材信息及订购教材,可查询:天猫"人民交通出版社旗舰店"